SHIPIN DANBAIZHI JIEGOU YU
XINGZHI

食品蛋白质结构与
性质

徐　微　董世荣　著

中国纺织出版社有限公司

图书在版编目（CIP）数据

食品蛋白质结构与性质 / 徐微，董世荣著 . -- 北京：
中国纺织出版社有限公司，2025.7. -- ISBN 978-7
-5229-2953-8

Ⅰ . TS201. 2

中国国家版本馆 CIP 数据核字第 2025GX8833 号

责任编辑：罗晓莉　国　帅　　责任校对：李泽巾
责任印制：王艳丽

中国纺织出版社有限公司出版发行
地址：北京市朝阳区百子湾东里 A407 号楼　邮政编码：100124
销售电话：010—67004422　传真：010—87155801
http://www.c-textilep.com
中国纺织出版社天猫旗舰店
官方微博 http://weibo.com/2119887771
三河市宏盛印务有限公司印刷　各地新华书店经销
2025 年 7 月第 1 版第 1 次印刷
开本：710×1000　1/16　印张：14
字数：248 千字　定价：98.00 元

前　　言

蛋白质，作为生命的基石，在食品领域扮演着不可替代的关键角色。它不仅是构成人体组织和维持新陈代谢的核心物质，更是食品品质和营养价值的重要决定因素。在食品体系中，蛋白质以其多样的功能特性，深刻影响着食品的感官体验、质地结构、流变学特征以及风味呈现，是食品科学研究的核心对象之一。

从营养角度来看，蛋白质为人体提供必需氨基酸，支撑着身体的生长、修复和日常生理活动。在食品加工过程中，其独特的水合性质、表面性质等，直接关系到食品的稳定性、加工工艺的可行性以及产品的最终质量。例如，蛋白质的凝胶形成能力赋予肉制品、乳制品独特的质地；其乳化和起泡性则在烘焙食品、饮料的制作中发挥着关键作用，影响着产品的口感和外观。

随着全球食品工业的迅猛发展，消费者对食品的品质、营养和功能性提出了更高要求。市场上不断涌现出各类新型食品，如高蛋白代餐食品、功能性饮料、模拟肉产品等，这些创新产品对蛋白质的功能和特性有着更为多样化和精细化的需求。然而，单一来源的天然蛋白质往往存在局限性，难以全方位满足复杂多变的食品加工需求。为突破这一困境，科研人员积极探索，借助物理、化学和生物等多种手段对蛋白质进行结构修饰和性质调控，以拓展其应用范围，提升应用效果。

在众多研究方向中，对蛋白质结构与功能关系的深入剖析成为关键焦点。蛋白质的结构和组成精细地决定了其功能表现，这一认知推动了化学修饰等技术的发展。化学修饰凭借其直接、高效的特点，成为改变蛋白质性质的有力工具。与此同时，物理法、酶法以及基因工程等修饰技术也不断取得新进展，为蛋白质的改造和优化提供了丰富的策略。

本书著者凭借长期在食品蛋白质领域的研究积累，深刻认识到该领域相关理论知识在食品科学体系中的重要地位，以及蛋白质作为特殊食品成分所蕴含的巨大研究价值。为了系统地梳理和总结这些知识，促进食品蛋白质研究成果的广泛传播与应用，特编撰此书。本书涵盖了丰富的内容，从常见食品蛋白质的基础性质，到功能特性的深入解读，再到各类修饰技术的系统阐述，以及蛋白质性质的测定方法，都进行了全面且细致的介绍。尤其对蛋白质糖基化修饰这一前沿热点领域，进行了深入分析。希望本书能为食品科学领域的研究者、从业者提供有价值的参考，助力推动食品蛋白质研究进一步发展。

在全书的编写过程中，徐微承担本书的第 1 章，第 2 章中的 2.1 和 2.2，第 3 章中的 3.2 以及第 5 章的编写工作，共 11.7 万字；董世荣承担第 2 章中的 2.3 和

2.4，第 3 章中的 3.1、3.3 和 3.4，第 4 章以及第 6 章的编写工作，共 13.1 万字。全书最后由徐微进行统稿、修订。

　　本书的出版，得到了哈尔滨市科技计划自筹经费项目植物基人造肉品质综合调控技术研究（ZC2023ZJ020007）、植物蛋白深加工、大豆蛋白和油脂互作对植物基人造肉的影响、哈尔滨学院第二批"专创融合"示范课程建设项目"食品综合设计研究实验"、黑龙江省自然科学基金项目复杂体系中玉米醇溶蛋白纳米颗粒吸附疏/亲水物质动态转化机制（LH2023C067）、黑龙江省教育科学"十四五"规划2023 年度重点课题专创融合视域下应用型本科高校新工科人才培养模式研究（GJB1423390）等基金项目的资助，在此深表感谢。

　　在成书过程中，著者参考了大量前人的研究成果，在此向这些研究者致以最诚挚的感谢。由于知识的不断更新以及作者自身水平的限制，书中可能存在不足之处，恳请广大同行专家和读者批评指正，共同完善这一领域的知识体系。

著者

2025 年 7 月

目　　录

第1章　蛋白质在食品科学中的核心地位

蛋白质作为一种极为重要的生物大分子，广泛存在于各类生物体中，从微观的细胞生理活动到宏观的生态系统维持，都发挥着无可替代的关键作用。在食品科学领域，蛋白质更是占据着核心地位，贯穿于食品的原料、加工、品质控制以及营养健康等各个环节。随着全球人口的增长、人们生活水平的提高以及对健康饮食关注度的不断上升，深入研究蛋白质在食品科学中的功能与应用具有愈发重要的现实意义。这不仅有助于我们更好地理解食品的本质和特性，开发出更优质、更安全、更营养的食品，还能为解决全球粮食安全问题提供新的思路和方法。

1.1　蛋白质是生命活动的物质基础

恩格斯提出"生命是蛋白质的存在形式"，这一哲学论断深刻揭示了蛋白质与生命的紧密联系。从本质上讲，生命的各种活动，无论是新陈代谢、遗传信息传递，还是对外界刺激的响应，都离不开蛋白质的参与。蛋白质作为构成生物体的基本物质，承载着生命活动的关键信息与功能。例如，遗传物质 DNA 需要与特定的蛋白质结合形成染色质，才能稳定存在并进行复制和转录，确保遗传信息的准确传递。在细胞分裂过程中，纺锤体微管蛋白负责染色体的分离，保证子代细胞遗传物质的稳定传承。蛋白质的多样性决定了生命活动的多样性，不同结构和功能的蛋白质协同工作，构建起复杂而有序的生命体系，这充分体现了蛋白质在生命架构中的基石作用。

在人体中，蛋白质处于动态平衡状态，每天约有 3%的蛋白质被更新。这种持续的更新对于维持人体组织的正常功能和结构完整性至关重要。以肌肉组织为例，肌肉蛋白不断地进行合成与分解。在运动过程中，肌肉受到刺激，促使蛋白质分解增加，同时身体会启动蛋白质合成机制，以修复和增强肌肉组织。如果蛋白质摄入不足，无法满足肌肉蛋白更新的需求，就会导致肌肉萎缩、力量下降。肠道黏膜细胞的蛋白质更新速度也很快，这有助于维持肠道的屏障功能，防止病原体入侵，保证营养物质的正常吸收。若蛋白质更新失衡，则可能引发肠道疾病，影响整个身体的健康状态。

蛋白质是由氨基酸通过肽键连接而成的生物大分子，其结构具有复杂性和多样性，从一级结构的氨基酸序列，到二级结构的 α-螺旋、β-折叠等，再到三级结构的三维空间构象，以及四级结构的亚基组装，每一个层次的结构都与蛋白质的功能密切相关。这些复杂的结构赋予了蛋白质多种重要功能，如催化生物化学反应的酶蛋白、参与物质运输的载体蛋白、提供结构支撑的结构蛋白以及调节生理过程的调节蛋白等。

在人体中，蛋白质参与了几乎所有的生理过程。从新陈代谢的角度来看，蛋白质是构成细胞和组织的重要成分，人体的肌肉、骨骼、皮肤、毛发等都主要由蛋白质组成。同时，许多酶作为蛋白质，在人体的消化、吸收、能量代谢等过程中发挥着催化作用，确保各种化学反应能够高效、有序地进行。例如，胃蛋白酶参与食物中蛋白质的初步消化，将其分解为小分子肽段，便于后续的吸收利用。在免疫防御方面，抗体是一类特殊的蛋白质，它们能够识别并结合入侵人体的病原体，如细菌、病毒等，从而启动免疫反应，保护人体免受疾病的侵害。当人体感染流感病毒时，免疫系统会产生相应的抗体，与病毒表面的抗原结合，阻止病毒进入细胞，并促进其被免疫细胞清除。此外，蛋白质还在神经传导、激素调节等生理过程中发挥着重要作用。神经递质的合成和释放需要多种蛋白质的参与，而激素作为一种信号分子，许多也是蛋白质或多肽类物质，它们通过与细胞表面的受体结合，调节细胞的生理功能，维持机体内环境的稳定。

在细胞层面，蛋白质是维持细胞结构和功能完整性的关键因素。细胞膜上存在着大量的蛋白质，如离子通道蛋白、载体蛋白等，它们控制着物质的进出细胞，维持细胞内环境的稳定。离子通道蛋白可以选择性地允许特定离子通过细胞膜，如钠离子、钾离子等，这对于细胞的电生理活动和信号传导至关重要。细胞内的细胞器，如线粒体、内质网、高尔基体等，也都由蛋白质和其他生物分子组成。线粒体中的呼吸链蛋白参与细胞呼吸过程，将有机物氧化分解产生的能量转化为ATP，为细胞的生命活动提供能量。内质网和高尔基体上的蛋白质则参与蛋白质的合成、修饰和运输，确保细胞内各种蛋白质能够正确折叠、加工并运输到相应的位置发挥功能。此外，细胞的分裂、分化等过程也离不开蛋白质的参与。在细胞分裂过程中，微管蛋白组成的纺锤体负责染色体的分离和分配，确保子代细胞获得完整的遗传物质。而在细胞分化过程中，转录因子等蛋白质通过调控基因的表达，决定细胞的分化方向，使细胞逐渐形成具有特定功能的组织和器官。

1.2 蛋白质是食品工业的关键功能载体

1.2.1 凝胶形成

蛋白质凝胶是一种特殊的分散体系，它是由变性的蛋白质分子聚集并形成有序的蛋白质网络结构，其中包含大量的水。当蛋白质分子受到外界因素如加热、pH

变化、添加盐类或酶处理时，其天然的三维结构会发生改变，即变性。变性后的蛋白质分子，内部的疏水基团暴露，分子间的相互作用增强，从而导致蛋白质分子开始聚集。在适当的条件下，这些聚集的蛋白质分子进一步交联形成三维网络结构，将水分子包裹其中，最终形成凝胶。

在食品加工中，蛋白质的凝胶形成特性应用广泛。以大豆蛋白为例，在特定温度、pH 条件，或添加特定盐类时，大豆蛋白分子通过氢键和疏水作用相互连接，构建三维网络结构，包裹水分和其他成分形成凝胶。豆腐、豆干等豆制品就利用了这一特性，大豆蛋白形成的凝胶赋予豆制品独特质地和口感，提升了保水性与稳定性，使其在储存和烹饪时不易破碎。近年来，植物蛋白制品市场发展迅速，豆制品占据较大份额。在酸奶、奶酪等乳制品的生产中，凝胶的形成至关重要。酸奶中的乳酸菌发酵乳糖产生乳酸，使牛奶的 pH 降低，接近酪蛋白的等电点，从而导致酪蛋白聚集形成凝胶，赋予酸奶独特的质地和口感。奶酪的制作则是通过添加凝乳酶使牛奶中的酪蛋白凝固，形成凝胶状物质，再经过后续的加工处理，如切割、搅拌、压榨等，得到不同种类和质地的奶酪。明胶是制作果冻和布丁的常用凝胶剂。明胶在热水中溶解后，冷却时会形成具有弹性和透明性的凝胶。通过添加不同的果汁、糖、色素和香料等，可以制作出各种口味和颜色的果冻和布丁产品，深受消费者喜爱。在香肠、火腿等肉制品中，添加植物蛋白（如大豆蛋白）或动物蛋白（如胶原蛋白）可以形成凝胶，增强肉制品的持水性和保油性，改善肉制品的质地和口感。凝胶还可以使肉制品在加工和储存过程中保持稳定的形态，延长产品的货架期。

近年来，随着对蛋白质凝胶形成机制的深入研究，一些新型的蛋白质凝胶技术不断涌现。例如，利用超声波、高压等物理手段促进蛋白质凝胶的形成，这些方法可以在不改变蛋白质化学结构的前提下，提高凝胶的质量和性能。研究发现，超声波处理可以使蛋白质分子更加均匀地分散，促进分子间的相互作用，从而形成更加细腻、均匀的凝胶。此外，对蛋白质与多糖、脂质等其他成分复合凝胶的研究也日益受到关注。通过将蛋白质与多糖或脂质复合，可以开发出具有独特性能的新型凝胶材料，拓展蛋白质在食品工业中的应用范围。

1.2.2　乳化作用

乳化是指将一种液体以微小液滴的形式分散在另一种不相溶的液体中的过程。在食品体系中，常见的是油—水乳化体系，如牛奶、冰激凌、沙拉酱等。蛋白质能够在油—水界面吸附，形成一层保护膜，降低界面张力，阻止油滴的聚集和合并，从而起到乳化作用。蛋白质分子具有两亲性，即分子中既有亲水基团又有疏水基团。当蛋白质处于油—水界面时，其疏水基团朝向油相，亲水基团朝向水相，在油滴表面形成一层定向排列的分子膜。这层膜不仅降低了油—水界面的表面张力，还增加了油滴之间的静电斥力和空间位阻，使乳化体系更加稳定。

　　许多蛋白质具有优良的乳化性能，能降低油—水界面表面张力，使油滴均匀分散在水相中，形成稳定乳状液。在乳制品加工里，酪蛋白作为关键乳化剂，包裹牛奶中的脂肪球，防止脂肪聚集和上浮，维持牛奶的均匀稳定。在肉制品加工中，添加蛋白质能提高肉糜乳化稳定性，使脂肪均匀分布，改善口感和质地。比如在香肠中添加大豆蛋白，能提升香肠的保水性、弹性和韧性。牛奶是一种典型的油—水乳化体系，其中脂肪球被酪蛋白等蛋白质包裹，形成稳定的乳液。在乳制品加工中，如奶油、冰激凌的制作，需要利用蛋白质的乳化作用来稳定脂肪球，防止脂肪上浮和聚集，保证产品的质地和口感均匀细腻。在香肠、肉丸等肉制品中，添加蛋白质可以起到乳化作用，将肉中的脂肪均匀分散在肉糜中，防止脂肪析出，同时提高肉制品的保水性和嫩度。大豆蛋白、乳清蛋白等常被用作肉制品的乳化剂，改善产品的品质和货架期。在植物蛋白饮料（如豆奶、杏仁露等）和果汁饮料中，蛋白质的乳化作用可以使油脂、香料等成分均匀分散在饮料中，防止分层和沉淀，提高产品的稳定性和外观质量。此外，在一些功能性饮料中，添加乳化剂可以使功能性成分（如维生素、矿物质等）更好地溶解和分散，提高其生物利用度。

　　为了提高蛋白质的乳化性能和乳化体系的稳定性，研究人员不断探索新的方法和技术。一方面，通过对蛋白质进行改性处理，如酶解、糖基化、磷酸化等，改变蛋白质的结构和性质，提高其乳化活性和稳定性。酶解可以将蛋白质分子水解成较小的肽段，增加其溶解性和表面活性；糖基化可以在蛋白质分子上引入糖链，改变其亲水性和空间结构，增强乳化稳定性。另一方面，开发新型的蛋白质—多糖复合乳化剂也是研究的热点之一。蛋白质与多糖通过静电相互作用、氢键等形成复合体系，具有更好的乳化性能和稳定性，能够满足不同食品体系的需求。

1.2.3　起泡性

　　起泡是指在气体存在的情况下，蛋白质溶液形成泡沫的能力。当蛋白质溶液受到搅拌、振荡或喷射等机械作用时，空气被引入溶液中，形成气泡。蛋白质分子迅速吸附到气泡表面，在气—液界面形成一层保护膜，降低界面张力，防止气泡破裂和合并，从而使泡沫稳定存在。蛋白质分子在气泡表面的吸附和排列方式与乳化作用类似，其疏水基团朝向气相，亲水基团朝向液相，形成一层定向排列的分子膜。这层膜不仅具有较低的表面张力，还具有一定的弹性和黏性，能够抵抗气泡受到的外力作用，保持泡沫的稳定性。

　　蛋白质的起泡性是指在搅拌、振荡等条件下形成稳定泡沫的能力。蛋清蛋白是典型代表，制作蛋糕、慕斯等食品时，打发蛋清能使蛋白质形成大量微小气泡，均匀分布在食品体系中，让食品体积膨胀、质地松软。蛋白质形成的泡沫膜具有一定稳定性，可防止气泡破裂。研究表明，在蛋清中添加适量糖和酸性物质，能增强蛋白质的起泡能力和泡沫稳定性，改善食品口感。在蛋糕、面包等烘焙食品中，蛋白质的起泡性起着关键作用。通过搅拌蛋清或面团，使蛋白质形成泡沫，将空气包裹其中，在烘焙过程中，泡沫膨胀，使产品体积增大，质地松软。例如，戚风蛋糕就是利用蛋清蛋白的起泡性，制作出轻盈、蓬松的口感。在冰激凌、奶油等乳制品中，蛋白质的起泡性使产品具有丰富的泡沫结构，增加了产品的体积和口感的细腻度。冰激凌中的乳蛋白在搅拌过程中形成泡沫，使冰激凌质地更加松软、顺滑，同时提高了产品的稳定性和抗融性。在啤酒、碳酸饮料等含有气体的饮料中，蛋白质的起泡性可以使饮料产生丰富、持久的泡沫，增加消费者的饮用体验。啤酒中的蛋白质和多糖等成分共同作用，形成稳定的泡沫，赋予啤酒独特的外观和口感。

为了进一步提高蛋白质的起泡性能和泡沫的稳定性，研究人员开展了一系列研究。一方面，通过对蛋白质进行物理、化学或生物改性，改善其起泡性能。例如，利用超声波、高压等物理手段处理蛋白质，可以改变其结构和表面性质，提高起泡性；通过化学修饰或酶解等方法，调整蛋白质的氨基酸组成和分子大小，优化其起泡性能。另一方面，研究蛋白质与其他成分（如多糖、表面活性剂等）的协同作用，开发新型的复合起泡剂，也是当前的研究热点之一。蛋白质与多糖通过复合形成的体系，具有更好的泡沫稳定性和流变学性质，能够满足不同食品体系对起泡性的要求。

1.2.4　风味结合

食品的风味是由多种挥发性和非挥发性化合物共同构成的，蛋白质可以通过物理和化学作用与这些风味物质结合，从而影响食品的风味特性。物理作用主要包括范德瓦耳斯力、氢键、疏水相互作用等，化学作用则涉及共价键的形成。蛋白质分子具有复杂的三维结构，其中包含许多疏水区域和亲水区域，这些区域为风味物质的结合提供了位点。疏水相互作用是蛋白质与风味物质结合的主要方式之一，风味物质的疏水基团与蛋白质分子的疏水区域相互作用，被包裹在蛋白质分子内部；氢键则通过蛋白质分子中的极性基团（如氨基、羧基、羟基等）与风味物质的极性基团形成，增强了风味物质与蛋白质的结合力。此外，在一些特定条件下，蛋白质还可以与风味物质发生化学反应，形成共价键结合物，进一步影响风味的释放和稳定性。

在食品加工过程中，蛋白质参与的化学反应对食品风味形成意义重大。美拉德反应是蛋白质与还原糖间的非酶褐变反应，会产生多种挥发性化合物，赋予食品独特香气和色泽。以面包烘焙为例，随着烘焙时间延长和温度升高，美拉德反应程度加深，面包表皮色泽和香气更浓郁。此外，蛋白质水解产物如氨基酸和小肽，能与其他风味物质相互作用，进一步丰富食品风味。例如，豆豉中的谷氨酸是其鲜味的主要来源。在食品加工和储存过程中，风味物质容易受到氧化、挥发等因素的影响而损失，导致食品风味变差。利用蛋白质与风味物质的结合作用，可以将风味物质包裹在蛋白质分子内部,形成稳定的复合物,保护风味物质不被氧化和挥发。在食品消费过程中,随着蛋白质的消化和分解,风味物质逐渐释放出来,实现风味的缓释,延长食品的风味持续时间。例如,在微胶囊技术中,常使用蛋白质作为壁材,将风味物质包埋其中,应用于饮料、糖果、烘焙食品等领域。通过选择不同种类的蛋白质或对蛋白质进行改性处理,可以调控蛋白质与风味物质的结合特性,从而实现对食品风味的调整和优化。在发酵食品中,微生物代谢产生的蛋白质和风味物质之间存在相互作用,这种作用可以影响发酵食品的风味品质。通过控制发酵条件和选择合适的发酵菌种,可以优化蛋白质与风味物质的结合,改善发酵食品的风味。此外,在食品配方设计中,合理搭配蛋白质和风味物质,也可以创造出独特的风味组合,满足消费者的多样化需求。

近年来,随着对蛋白质与风味物质相互作用机制的深入研究,一些新的技术和方法被应用于风味结合领域。利用核磁共振、荧光光谱、质谱等现代分析技术,能够深入研究蛋白质与风味物质的结合位点、结合方式和结合动力学,为风味调控提供更精确的理论依据。通过核磁共振技术,可以清晰地观察到蛋白质分子中与风味物质结合的特定区域,以及结合过程中蛋白质结构的变化。此外,基于计算机模拟和分子对接技术,能够预测蛋白质与风味物质的相互作用,筛选具有特定风味结合特性的蛋白质或蛋白质改性方案,加速了新型风味调控技术的开发。利用分子对接技术,可以在计算机上模拟蛋白质与不同风味物质的结合情况,预测结合的亲和力和稳定性,从而有针对性地选择或设计蛋白质,以实现对特定风味物质的高效结合和调控。

1.2.5 营养强化

蛋白质作为人体必需的营养素之一,在食品中发挥着重要的营养强化作用。蛋白质由多种氨基酸组成,其中包含人体无法自身合成的必需氨基酸。通过在食品中添加富含优质蛋白质的原料,或者对蛋白质进行改性处理,提高其消化吸收率和生物利用率,能够有效地增加食品的营养价值,满足人体对蛋白质和氨基酸的需求。在食品中添加大豆蛋白、乳清蛋白等优质蛋白质,可以补充人体所需的多种氨基酸,提高食品的蛋白质营养价值。同时,对蛋白质进行适度的酶解处理,将其分解为小分子的肽段和氨基酸,能够提高蛋白质的消化吸收率,使其更易于被人体吸收利用。

蛋白质在食品营养强化方面作用显著。免疫球蛋白、乳铁蛋白等具有免疫活性和多种生物功能,添加到婴幼儿配方奶粉和功能性食品中,可增强人体免疫力,预防缺铁性贫血等疾病。除了这些,乳清蛋白等特殊蛋白质来源,富含多种必需氨基酸,易被人体消化吸收,常被添加到各类营养补充剂中,满足不同人群营养需求。在乳制品中添加蛋白质进行营养强化是常见的做法。在奶粉生产中,添加乳清蛋白可以提高奶粉的蛋白质含量和营养价值,使其更接近母乳的营养组成。同时,一些功能性乳制品如高蛋白酸奶、强化钙铁锌的牛奶等，通过添加特定的蛋白质和营养素，满足了不同人群对营养的特殊需求。高蛋白酸奶不仅富含蛋白质，还含有益生菌等有益成分，有助于促进肠道健康和提高免疫力。在面包、面条、饼干等谷物制品中添加蛋白质，可以改善产品的营养价值和品质。在面包制作中，添加大豆蛋白可以提高面包的蛋白质含量，同时增强面团的筋力，使面包的体积更大、质地更松软。在面条中添加鸡蛋蛋白或大豆蛋白，可以提高面条的韧性和口感，同时增加其蛋白质含量。此外，一些早餐谷物产品通过添加乳清蛋白、大豆蛋白等，可成为富含蛋白质的营养早餐选择。在饮料领域，蛋白质营养强化也得到了广泛应用。植物蛋白饮料如豆奶、杏仁露等，本身富含植物蛋白，通过进一步添加优质蛋白质或进行营养强化，可以提高产品的营养价值。同时，一些运动饮料和功能性饮料中添加蛋白质和氨基酸，能够补充运动后人体流失的营养物质，促进身体恢复。在运动饮料中添加乳清蛋白和支链氨基酸，有助于减轻肌肉疲劳、促进肌肉修复和生长。

随着人们对健康和营养需求的不断提高，蛋白质营养强化技术也在不断创新和发展。近年来，新型蛋白质资源的开发和利用成为研究热点，如昆虫蛋白、藻类蛋白等。这些新型蛋白质资源具有独特的营养价值和功能特性，有望成为食品营养强化的新选择。昆虫蛋白富含优质蛋白质、不饱和脂肪酸、维生素和矿物质等营养成分，且具有高蛋白、低脂肪、低胆固醇等特点，在食品领域具有广阔的应用前景。此外，蛋白质的微胶囊化技术、纳米技术等也被应用于营养强化领域，通过将蛋白质制成微胶囊或纳米颗粒，可以提高其稳定性、消化吸收率和生物利用率，为食品营养强化提供了新的技术手段。利用微胶囊技术将蛋白质包裹起来，可以保护蛋白质免受外界环境的影响，在胃肠道中缓慢释放，提高蛋白质的吸收效率。

1.2.6　质构调控

蛋白质在食品体系中能够通过自身的物理化学性质以及与其他成分的相互作用，对食品的质构产生重要影响。蛋白质的凝胶形成、聚集、交联等过程，都可以改变食品的质地、硬度、弹性、黏性等质构特性。在形成凝胶时，蛋白质分子通过交联形成三维网络结构，将水分和其他成分包裹其中，使食品具有一定的弹性和硬度。蛋白质与多糖、脂质等其他成分之间的相互作用，也会影响食品的质构。蛋白质与多糖之间通过静电相互作用、氢键等形成复合体系，能够改变食品的流变学性质，使食品具有不同的质地和口感。在肉制品中，蛋白质与胶原蛋白、肌纤维蛋白等相互作用，形成复杂的网络结构，决定了肉制品的质地和嫩度。

在质构调控方面，植物肉的纤维模拟技术是典型例子。通过对植物蛋白进行挤压、纺丝等工艺处理，可模拟出类似动物肉的纤维结构，赋予植物肉逼真咀嚼感和纹理。通过调整蛋白质浓度、添加膳食纤维和胶体等，还能进一步优化植物肉质构。全球植物肉市场规模增长迅速，除植物肉外，在其他食品加工中，蛋白质也通过与其他成分相互作用，影响食品的硬度、黏性、弹性等质构特性。在肉制品加工中，蛋白质的质构调控至关重要。通过添加植物蛋白（如大豆蛋白）、动物蛋白（如胶原蛋白）以及控制加工工艺，可以改善肉制品的质地和口感。添加大豆蛋白可以增加肉制品的持水性和保油性，使肉制品更加鲜嫩多汁；同时，大豆蛋白还可以与肉中的蛋白质相互作用，形成稳定的网络结构，提高肉制品的硬度和弹性。在香肠制作中，通过控制搅拌、斩拌等加工工艺，使肉蛋白和添加的蛋白质充分混合，形成均匀的质地，提高香肠的品质。在面包、蛋糕等烘焙食品中，蛋白质的质构调控对产品的品质起着关键作用。面粉中的面筋蛋白在搅拌和发酵过程中形成面筋网络，赋予面包良好的韧性和膨胀性；而在蛋糕制作中，蛋清蛋白的起泡性和凝胶性，使蛋糕具有松软、多孔的质地。通过调整蛋白质的含量和加工工艺，可以制作出不同质地和口感的烘焙食品。在制作全麦面包时，由于全麦粉中面筋含量较低，需要适当添加高筋面粉或谷朊粉，以提高面筋网络的强度，使面包具有良好的质地和体积。在乳制品中，蛋白质的质构调控影响着产品的口感和稳定性。酸奶中的酪蛋白在乳酸菌发酵作用下形成凝胶，其质地和口感与酪蛋白的聚集状态和凝胶结构密切相关。通过控制发酵条件、添加稳定剂等方式，可以调控酸奶的质构，使其具有细腻、均匀的口感。在奶酪制作中，蛋白质的凝胶化和熟成过程决定了奶酪的质地和风味。不同种类的奶酪，由于蛋白质的组成和加工工艺不同，具有不同的质地，如硬质奶酪、半硬质奶酪、软质奶酪等。

近年来，随着对食品质构研究的深入，一些新的技术和方法被应用于蛋白质的质构调控领域。利用高压处理、超声波处理等物理技术，可以在不添加化学添加剂的情况下，改变蛋白质的结构和相互作用，实现对食品质构的调控。高压处理可以使蛋白质分子发生聚集和交联，形成更加紧密的网络结构，提高食品的硬度和弹性；超声波处理则可以促进蛋白质的溶解和分散，改善食品的质地和口感。此外，对蛋白质与其他成分复合体系的研究也不断深入，通过开发新型的蛋白质—多糖、蛋白质—脂质复合体系，为食品质构调控提供了更多的选择。研究发现，将蛋白质与纳米纤维素复合，可以形成具有独特流变学性质和质构特性的新型材料，有望应用于食品工业中，开发出具有特殊质地和口感的食品产品。

1.3　全球粮食安全的战略资源

1.3.1　食品蛋白的供给格局分析

全球蛋白质的供给体系呈现多元化态势，主要来源于动物蛋白、植物蛋白和微生物蛋白，它们在供给规模、资源利用、环境影响等方面各具特点，共同塑造了当前的蛋白质供给格局。

（1）动物蛋白

动物蛋白凭借其优质的氨基酸组成和较高的消化吸收率，在人类饮食结构中占据重要地位。常见的动物蛋白来源包括肉类（如牛肉、猪肉、羊肉等）、蛋类（鸡蛋、鸭蛋等）以及奶类（牛奶、羊奶等）。据联合国粮食及农业组织（Food and Agriculture Organization of the United Nations，FAO）的数据显示，全球肉类产量在过去几十年间持续增长，从 1961 年的 7100 万吨增长到 2020 年的超过 3.3 亿吨。然而，动物养殖是一个资源密集型产业，需要消耗大量的土地用于饲料种植和牧场养殖，消耗大量水资源用于动物饮用和养殖场运作，以及大量饲料用于动物生长。以牛肉生产为例，每生产 1kg 牛肉大约需要消耗 15000L 水，同时还需占用大量的耕地用于种植牛饲料。此外，动物养殖对环境造成较大压力，畜禽养殖过程中产生的温室气体排放（如甲烷、氧化亚氮等）约占全球温室气体排放总量的 14.5%，且养殖废水排放也易造成水污染，影响生态环境。

（2）植物蛋白

植物蛋白来源广泛，大豆、小麦、玉米等是主要的植物蛋白原料。大豆蛋白因其氨基酸组成较为平衡，富含人体必需的多种氨基酸，尤其是赖氨酸含量较高，被广泛应用于食品加工领域，如制作豆腐、豆浆、植物肉等产品。全球大豆产量逐年递增，2020 ~ 2021 年度全球大豆产量达到 3.63 亿吨，成为植物蛋白的重要支柱。植物蛋白的生产相对资源消耗较少，环境友好，其种植过程中二氧化碳排放量相对较低，且对土地和水资源的依赖程度低于动物养殖。但部分植物蛋白存在氨基酸组成不完善的问题，例如小麦蛋白中赖氨酸含量较低，玉米蛋白中色氨酸和赖氨酸含量不足，这在一定程度上限制了其营养价值的充分发挥。

（3）微生物蛋白

微生物蛋白如单细胞蛋白，近年来受到越来越多的关注。单细胞蛋白主要由酵母、细菌、藻类等微生物发酵产生，具有生长速度快、蛋白质含量高的特点，部分微生物蛋白的蛋白质含量可高达 60% ~ 80%。同时，微生物可以利用多种废弃物为原料，如农作物秸秆、食品加工废料等进行生长繁殖，实现资源的循环利用。然而，目前微生物蛋白的大规模生产和应用仍面临一些技术和成本挑战。在技术方面，微生物发酵过程的精准控制难度较大，需要优化发酵条件以提高蛋白产量和质量；在成本方面，发酵设备的投资、原料的预处理以及产品的分离提纯等环节成本较高，导致微生物蛋白产品价格相对昂贵，限制了其市场推广。

1.3.2　替代蛋白在可持续发展中的战略意义

替代蛋白，如昆虫蛋白和微藻蛋白，在全球可持续发展的大背景下具有不可忽视的战略意义，为解决粮食安全、资源短缺和环境问题提供了新的思路和方向。

（1）昆虫蛋白

昆虫蛋白具有高蛋白、低脂肪、低胆固醇的特点，且昆虫养殖具有占地面积小、饲料转化率高、生长周期短等显著优势。以黄粉虫为例，其蛋白质含量高达50%~70%，远高于许多传统畜禽肉类。同时，黄粉虫的养殖过程中产生的温室气体排放量远低于传统畜禽养殖，据研究，每生产1kg黄粉虫蛋白质所产生的温室气体排放量仅为生产1kg牛肉蛋白质的1/20~1/10。昆虫还可以利用有机废弃物作为饲料，如麦麸、蔬菜边角料等，实现资源的循环利用，减少废弃物对环境的污染。此外，昆虫养殖所需空间小，适合在城市周边或小规模农场进行，能够有效缓解土地资源紧张的问题。目前，昆虫蛋白在食品、饲料等领域的应用逐渐兴起，如将昆虫蛋白添加到宠物食品中，不仅提高了宠物食品的营养价值，还降低了生产成本。

（2）微藻蛋白

微藻蛋白同样具有显著优势，微藻生长速度快，能够在短时间内积累大量蛋白质。一些微藻的生长速度是农作物的数倍甚至数十倍，且可以利用太阳能进行光合作用，无须占用大量耕地，这对于土地资源有限的国家和地区具有重要意义。部分微藻还能吸收二氧化碳，据测算，每生产1t微藻蛋白可固定约1.83t二氧化碳，有助于缓解温室效应。在营养方面，微藻蛋白富含多种必需氨基酸和不饱和脂肪酸，如DHA、EPA等，对人体健康具有重要作用。目前，微藻蛋白在保健品、食品添加剂等领域已有一定应用，随着技术的不断进步和成本的降低，其应用前景将更加广阔，有望成为未来蛋白质供应的重要来源之一。

第2章 蛋白质的结构

2.1 蛋白质的化学结构基础

2.1.1 氨基酸的组成与性质

2.1.1.1 氨基酸的结构

氨基酸作为蛋白质的基本组成单位，在蛋白质的结构和功能中起着基石性的作用。在自然界广袤的生物化学体系里，存在着种类繁多的氨基酸，但参与蛋白质合成的仅有 20 种常见氨基酸。这些氨基酸虽来源和作用各异，却拥有共同的结构通式（图 2-1）：一个中心碳原子上连接着一个氨基（—NH_2）、一个羧基（—COOH）、一个氢原子和一个独特的侧链基团（R 基）。除脯氨酸外均为 α-氨基酸，除甘氨酸外都是 L-型氨基酸。这个看似简单的结构框架，却是构建复杂蛋白质大厦的基础单元。

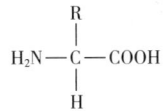

氨基酸可视作为羧酸（R—CH_2—COOH）α-碳原子上的一个氢原子被一个氨基取代后的产物，故是α-氨基酸。在 α-氨基酸中的 R 基团，可以是脂肪烃基、芳香烃基，也可以

$$H_2N—\overset{\overset{\displaystyle R}{|}}{\underset{\underset{\displaystyle H}{|}}{C}}—COOH$$

图 2-1 氨基酸通式

是杂环基。氨基酸的化学分类就是依据 R 基团结构的不同而分类的。有些氨基酸的 R 基团上还含有其他官能团，如—OH、—SH、—SCH_3、—COOH、—NH_2 等。

根据侧链基团的性质，氨基酸可分为非极性氨基酸、侧链不带电荷的极性氨基酸、碱性氨基酸和酸性氨基酸。

（1）非极性氨基酸

也称疏水性氨基酸，共有 8 种，它们分别是丙氨酸、缬氨酸、异亮氨酸、亮氨酸、脯氨酸、苯丙氨酸、色氨酸和甲硫氨酸（也称蛋氨酸）。此类氨基酸的特征在于其侧链 R 基团呈现疏水性（或非极性），且疏水效应随碳链长度的增加而增强。在水环境中，非极性氨基酸的溶解度相较于极性氨基酸显著降低。特别地，脯氨酸凭借其独特的环状结构，被分类为"α-亚氨基酸"，展现了其结构上的特殊性。

（2）侧链不带电荷的极性氨基酸

共有 7 种，即甘氨酸、丝氨酸、苏氨酸、半胱氨酸、酪氨酸、天冬酰胺及谷氨酰胺。此类氨基酸的侧链含有极性官能团，尽管这些官能团在常态下不易解离，但仍能与其他极性官能团形成氢键，从而增强其在水中的溶解度，相较于非极性氨基酸表现出更高的亲水性。值得注意的是，酪氨酸与半胱氨酸在特定条件（如强碱性环境）下可发生解离，导致极性进一步增强。半胱氨酸在蛋白质结构中常以胱氨酸形态存在，这是其—SH 基团氧化形成—S—S—键的结果。此外，天冬酰胺与谷氨酰胺在酸碱条件下会发生水解，酰胺基脱落转化为天冬氨酸与谷氨酸。酪氨酸与半胱氨酸的—OH 与—SH 基团在强碱性条件下亦可解离，释放质子后呈现负电荷状态。

（3）碱性氨基酸

共有 3 种，包括赖氨酸、精氨酸及组氨酸，其侧链具有携带正电荷的能力。这些氨基酸的侧链含有氨基或亚氨基官能团，能够结合质子（H⁺），进而使侧链带正电。此特性赋予了碱性氨基酸在生物化学反应中的独特作用。

（4）酸性氨基酸

主要指天冬氨酸与谷氨酸，其侧链含有羧基官能团，能够解离并携带负电荷。羧基的解离状态决定了酸性氨基酸的电荷性质，使其在生物体内发挥重要的生理功能。

常见的 20 种重要的 α-氨基酸的名称、相对分子质量和常见理化性质见表 2-1，结构式见图 2-2。氨基酸常用的名称，不是它的系统命名而是俗名。每个氨基酸都有国际通用符号，通常由其英文名称的前三个字母组成，如 Gly 表示甘氨酸，Ala 表示丙氨酸。

表 2-1　蛋白质中存在的主要氨基酸

分类	名称	简写符号	单字母符号	相对分子质量	溶解度（25℃）/（g/L）	熔点/℃
非极性氨基酸或疏水性氨基酸	丙氨酸（alanine）	Ala	A	89.1	167.2	279
	缬氨酸（valine）	Val	V	117.1	58.1	293
	异亮氨酸（isoleucine）	Ile	I	132.2	34.5	283~284
	亮氨酸（leucine）	Leu	L	131.2	21.7	337
	脯氨酸（proline）	Pro	P	115.1	1620.2	220~222
	苯丙氨酸（phenylalanine）	Phe	F	165.2	27.6	283
	色氨酸（tryptophan）	Trp	W	204.2	13.6	282
	甲硫氨酸（methionine）	Met	M	149.2	56.2	283
侧链不带电荷（中性）极性氨基酸	甘氨酸（glycine）	Gly	G	75.1	249.9	290
	丝氨酸（serine）	Ser	S	105.1	422.0	228
	苏氨酸（threonine）	Thr	T	119.1	13.2	253
	半胱氨酸（cysteine）	Cys	C	121.1	0.05	175~178
	酪氨酸（tyrosine）	Tyr	Y	181.2	0.4	344
	天冬酰胺（asparagine）	Asn	N	132.2	28.5	236
	谷氨酰胺（glutamine）	Gln	Q	146.1	7.2	185~186

续表

分类	名称	简写符号	单字母符号	相对分子质量	溶解度（25℃）/（g/L）	熔点/℃
碱性氨基酸	赖氨酸（lysine）	Lys	K	146.2	739.0	224
	精氨酸（arginine）	Arg	R	174.2	855.6	238
	组氨酸（histidine）	His	H	155.2	41.9	277
酸性氨基酸	天冬氨酸（aspartic acid）	Asp	D	133.1	5.0	269~271
	谷氨酸（glutamic acid）	Glu	E	147.1	8.5	247

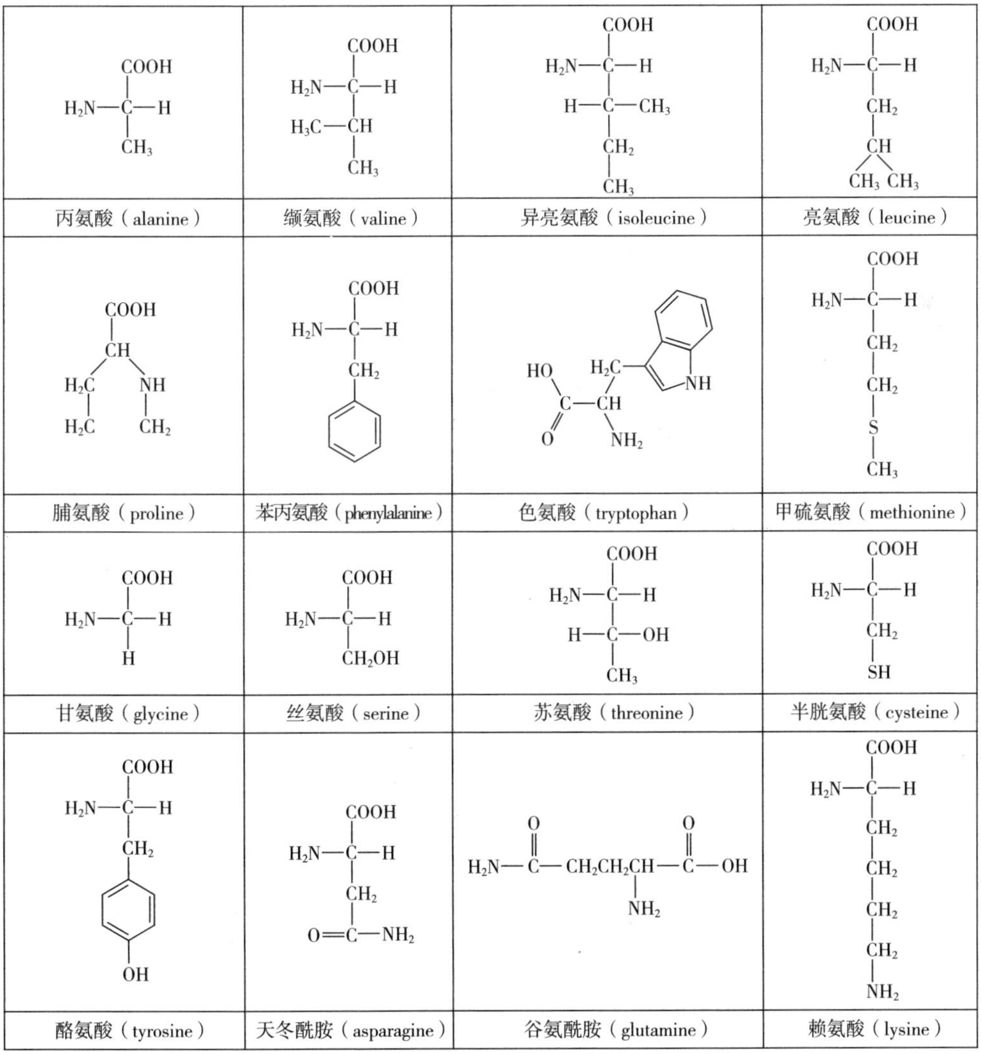

丙氨酸（alanine）　　缬氨酸（valine）　　异亮氨酸（isoleucine）　　亮氨酸（leucine）

脯氨酸（proline）　苯丙氨酸（phenylalanine）　色氨酸（tryptophan）　甲硫氨酸（methionine）

甘氨酸（glycine）　丝氨酸（serine）　苏氨酸（threonine）　半胱氨酸（cysteine）

酪氨酸（tyrosine）　天冬酰胺（asparagine）　谷氨酰胺（glutamine）　赖氨酸（lysine）

图 2-2

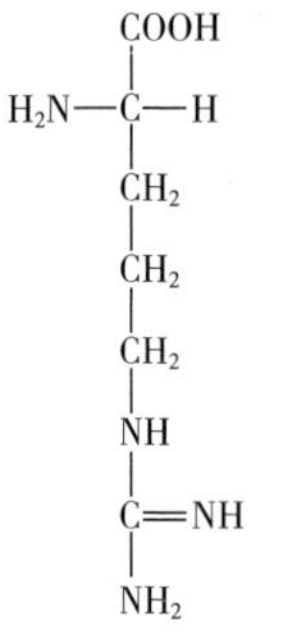	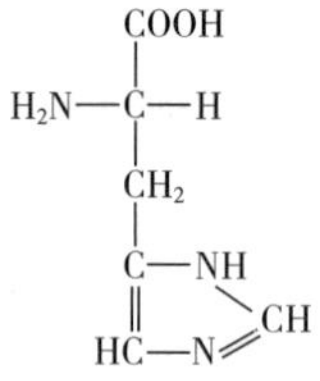	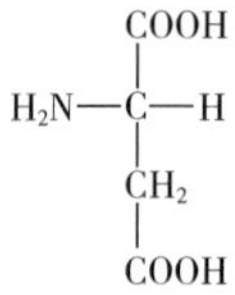	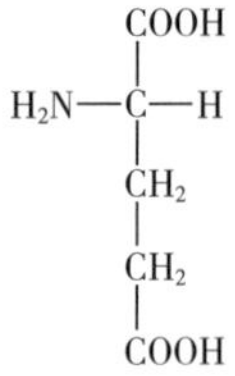
精氨酸（arginine）	组氨酸（histidine）	天冬氨酸（aspartic acid）	谷氨酸（glutamic acid）

图 2-2　常见 20 种氨基酸结构式

表 2-1 列出的氨基酸中，有 8 种氨基酸被称为必需氨基酸，包括缬氨酸、异亮酸、亮氨酸、苯丙氨酸、甲硫氨酸、色氨酸、苏氨酸、赖氨酸。营养学实践证明，缺少这 8 种氨基酸就会使蛋白质的代谢失去平衡，引起疾病，因此它们是维持生命的必需物质。人们可以从不同的食物内获得必需氨基酸，但不能从某一种食物内获得所有的必需氨基酸。因此食物的多样化是非常重要的。

还有几种氨基酸也是蛋白质的组成成分，但含量少，并且是在蛋白质合成后形成的，如羟脯氨酸（hydroxyproline）是脯氨酸经过羟化反应生成的，它是胶原蛋白中特有的氨基酸，约占胶原蛋白氨基酸总量的 13%。除胶原蛋白外，弹性硬蛋白也含有少量羟脯氨酸，其他蛋白质中几乎不含有此种氨基酸，在明胶中，羟脯氨酸的含量可达 14%；羟赖氨酸（hydroxylysine）是经过羟化反应生成的，是动物组织蛋白成分之一；胱氨酸（cystine）是两个半胱氨酸氧化后生成的，胱氨酸是一种含硫氨基酸，在毛、发、角、蹄中含量丰富，特别是在毛发中，胱氨酸的含量可达 15.5%。

蛋白质水解所得到的 α-氨基酸，除甘氨酸外，其他氨基酸有不同基团连接在 α-碳原子（手性碳原子）上，因此，它们可以以 D-或 L-构型存在。在蛋白质中一般只存在 L-异构体，D-氨基酸在自然界很稀少，但在细菌的细胞壁和某些抗生素中存在。

L-和 D-构型的异构体为光学异构体，具有相同的熔点、溶解度等物理性质和相同的化学性质，但其旋光方向相反。这两个立体异构体是不可重叠的镜影关系。

2.1.1.2　氨基酸的理化性质

不同氨基酸的性质差异主要源于其侧链基团的不同。以血红蛋白为例，它是一种负责运输氧气的球状蛋白质，在其氨基酸组成中含有多个不同类型的氨基酸。甘氨酸，作为结构最为简单的氨基酸，其侧链基团仅为一个氢原子，在血红蛋白中，甘氨酸的存在使得多肽链具有一定的灵活性，有助于血红蛋白在结合和释放氧气时进行构象变化。半胱氨酸则因其侧链含有巯基（—SH）而备受关注。在胰岛素这种调节血糖水平的蛋白质中，半胱氨酸通过形成二硫键来稳定蛋白质的空间结构。胰岛素由 A、B 两条链组成，A 链中有 2 个半胱氨酸，B 链中有 1 个半胱氨酸，它们之间形成的二硫键对于维持胰岛素的活性至关重要。

　　氨基酸是肌肉收缩的关键调节因子。在肌肉中的肌动蛋白的结构中，非极性氨基酸如丙氨酸、缬氨酸等，其疏水基团在蛋白质折叠过程中聚集在内部，形成疏水核心，维持蛋白质的稳定性，保障肌肉在收缩过程中结构的稳定。极性不带电氨基酸如丝氨酸、苏氨酸等，其极性基团能够与水分子或其他极性分子形成氢键，参与蛋白质与底物或其他分子的相互作用。在一些酶的活性中心，就常常有极性不带电氨基酸参与底物的结合和催化反应。酸性氨基酸（如天冬氨酸和谷氨酸）在蛋白质中常参与静电相互作用。在血浆白蛋白这种血浆中含量最多的蛋白质里，酸性氨基酸与带正电的氨基酸或其他阳离子结合，影响蛋白质的电荷分布和功能，从而维持血浆的正常生理特性。碱性氨基酸（如赖氨酸、精氨酸和组氨酸）同样在蛋白质的静电相互作用中发挥重要作用。在一些转录因子蛋白中，碱性氨基酸参与与 DNA 的结合，调控基因的表达。

　　（1）氨基酸的物理性质

　　①熔点。氨基酸通常呈现为无色结晶形态，具备较高的熔点，一般为 200℃ 以上。这主要归因于氨基酸分子间存在着多种强相互作用，其中氢键和离子键扮演着关键角色。以甘氨酸为例，其熔点为 232~236℃。在甘氨酸晶体结构中，氨基（—NH$_2$）的氢原子与相邻分子羧基（—COOH）的氧原子之间能够形成氢键，同时，氨基质子化后形成的铵离子（—NH$_3^+$）与羧基解离产生的羧酸根离子（—COO$^-$）之间存在离子键作用。这些分子间作用力的协同效应，极大地增强了分子间的吸引力，使破坏晶体结构所需的能量显著增加，从而导致氨基酸具有较高的熔点。从晶体学角度来看，氨基酸分子通过这些相互作用，在晶格中有序排列，形成了稳定的晶体结构。这种晶体结构的稳定性与氨基酸的分子构型、侧链基团的性质以及分子间相互作用的强度密切相关。

　　②溶解性。氨基酸的溶解性与侧链基团的性质紧密相连，呈现出显著的相关性。极性氨基酸，如丝氨酸、苏氨酸、天冬氨酸和谷氨酸等，在水中展现出较大的溶解度。这是因为它们的侧链基团富含羟基（—OH）、羧基（—COOH）等极性基团，这些极性基团能够与水分子通过氢键相互作用。例如，丝氨酸侧链的羟基可以与水分子的氢原子或氧原子形成氢键，增加了丝氨酸与水分子之间的亲和力，从而使其在水中的溶解度增大。而非极性氨基酸，像丙氨酸、缬氨酸、亮氨酸等，由于其疏水侧链基团主要由碳氢原子组成，缺乏与水分子形成氢键的能力，因此在水中的溶解度相对较小。当将氨基酸置于不同的有机溶剂中时，其溶解性差异更为明显。以丙氨酸在乙醇中的溶解情况为例，乙醇分子的极性相对较

弱，无法像水分子那样与丙氨酸形成有效的相互作用，所以丙氨酸在乙醇中的溶解度远小于在水中的溶解度。此外，氨基酸在有机溶剂中的溶解性还受到溶剂的介电常数、分子结构以及氨基酸与溶剂分子间的范德瓦耳斯力等多种因素的影响。

③旋光性。结构不对称的物质具有旋光活性，如果起偏镜和检偏镜先是正交，视场里呈暗相，插入旋光性物质后，检偏镜需顺时针方向旋转视场才能复原者，可称为右旋（正旋，用"+"表示），反之称为左旋（负旋，用"−"表示）。所谓旋光性是旋光物质旋转偏振光平面的能力，可用比旋光度来表示。旋光性随溶液浓度、pH、温度、离子强度、入射波长、溶剂以及旋光管长度等条件而变化，比旋光度是一种物质在特定条件下的特性。

各种氨基酸有其特定的比旋光度值，这个值受温度、pH、溶剂和入射波波长等的影响。在一定条件下，测定比旋光度值随入射波长的变化来了解分子结构的技术，称为旋光色散。另外，在一定条件下，测定比旋光度值随溶液 pH 的变化，可知道 pH 对氨基酸比旋光度的影响。除甘氨酸外，其余 19 种常见氨基酸均具有旋光性，这一特性源于它们的 α-碳原子为手性碳原子。手性碳原子连接着四个不同的基团，使得氨基酸分子具有两种互为镜像的立体异构体，即 L-型和 D-型。旋光性使得氨基酸能够使偏振光的振动平面发生旋转，旋转的方向和角度不仅取决于氨基酸的构型（L-型或 D-型），还与氨基酸的分子结构密切相关。L-型和 D-型氨基酸对偏振光的旋转方向相反，这是由它们的分子结构在空间上的不对称性导致的。通过旋光仪测定氨基酸溶液对偏振光的旋转角度，能够精确确定氨基酸的构型和纯度。在实际应用中，利用旋光性可以对氨基酸进行光学拆分，分离出不同构型的氨基酸，蛋白质中常见的 L-型氨基酸的比旋光度（$[\alpha]_D$）见表 2-2。此外，旋光性在药物研发领域也具有重要意义，因为不同构型的氨基酸可能具有不同的生物活性和药理作用，准确测定氨基酸的构型和纯度对于保证药物的质量和疗效至关重要。

表 2-2　蛋白质中常见的 L-型氨基酸的比旋光度（温度略）

名称	$[\alpha]_D$（H_2O）/（°）	$[\alpha]_D$（5mol/L HCl）/（°）
甘氨酸	—	—
丙氨酸	+1.8	+14.6
缬氨酸	+5.6	+28.3
亮氨酸	+11.0	+16.0
异亮氨酸	+12.4	+39.5

续表

名称	$[\alpha]_D$（H_2O）/（°）	$[\alpha]_D$（5mol/L HCl）/（°）
丝氨酸	-7.5	+15.1
苏氨酸	-28.5	-15.0
天冬氨酸	+5.0	+25.4
天冬酰胺	-5.3	+33.2（3mol/L HCl）
谷氨酸	+12.0	+31.8
谷氨酰胺	+6.3	+31.8（1mol/L HCl）
精氨酸	+12.5	+27.6
赖氨酸	+13.5	+26.0
组氨酸	-38.5	+11.8
胱氨酸	—	-232
半胱氨酸	-16.5	+6.5
甲硫氨酸	-10.0	+23.2
苯丙氨酸	-34.5	-4.5
酪氨酸	—	-10.0
色氨酸	-33.7	+2.8（1mol/L HCl）
脯氨酸	-86.2	-60.4
羟脯氨酸	-76.0	-50.5

（2）氨基酸的化学性质

①酸碱反应。氨基酸因其同时具备氨基和羧基，而呈现出典型的两性特征，既能够与酸发生反应，又能够与碱发生反应。在酸性溶液中，氨基表现出碱性，接受质子（H^+）形成铵离子（—NH_3^+），从而使氨基酸整体带正电荷。在碱性溶液中，羧基表现出酸性，解离出质子形成羧酸根离子（—COO^-），使氨基酸整体带负电荷。当溶液的 pH 等于氨基酸的等电点（pI）时，氨基酸分子的净电荷为零，此时氨基酸在电场中不会发生移动。不同氨基酸的等电点存在差异，这主要取决于其侧链基团的性质。酸性氨基酸，如天冬氨酸和谷氨酸，由于其侧链含有额外的羧基，在溶液中更容易解离出质子，因此等电点较低，一般在 2.77～3.22。碱性氨基酸，如赖氨酸、精氨酸和组氨酸，侧链含有氨基、胍基等碱性基团，在溶液中更容易接受质子，所以等电点较高，分别约为 9.74、10.76 和 7.59。等电点的概念在蛋白质分离纯化技术中具有广泛应用，例如等电聚焦电

泳，就是利用不同蛋白质等电点的差异，在电场中使其在特定 pH 区域聚集，从而实现蛋白质的分离。

②与茚三酮反应。氨基酸与茚三酮在加热条件下会发生特异性显色反应。在这一反应过程中，氨基酸的 α-氨基和 α-羧基与茚三酮共同参与反应，经过一系列复杂的化学反应，最终生成蓝紫色化合物（脯氨酸和羟脯氨酸由于其特殊的环状结构，与茚三酮反应生成黄色化合物）。该反应极其灵敏，常用于氨基酸的定性和定量分析。在蛋白质的水解产物分析中，常常利用这一反应来检测氨基酸的存在和含量。其反应原理是：在弱酸环境下，当氨基酸与茚三酮混合并加热时，氨基酸首先发生氧化分解，释放出氨和二氧化碳，同时生成醛类化合物，随后，水合茚三酮在反应中被还原成还原型茚三酮，在弱酸性溶液中，还原型茚三酮与释放出的氨以及另一分子茚三酮发生缩合反应，生成一种蓝紫色的化合物，称为罗曼紫，反应机制见图 2-3。通过比色法测定产物的吸光度，再结合标准曲线，就可以准确测定氨基酸的含量。此外，这一反应还可用于氨基酸的分离鉴定，如在薄层层析中，利用氨基酸与茚三酮反应后的显色差异，能够区分不同种类的氨基酸。

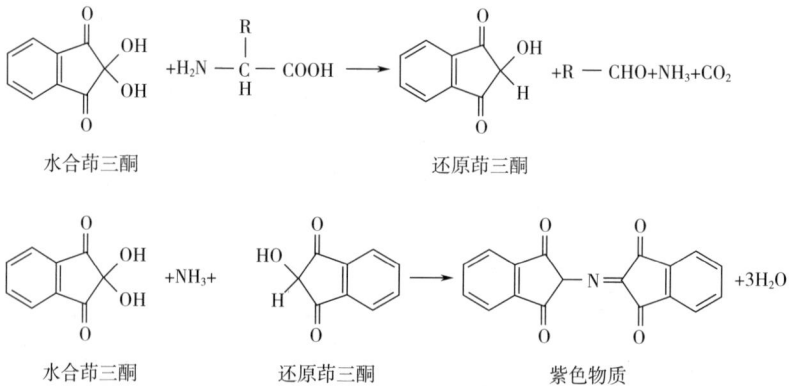

图 2-3　氨基酸与茚三酮反应机制

③氨基的反应。

酰化反应：在有机化学领域，氨基酸的氨基展现出独特的化学活性，能够与酰氯、酸酐等酰化试剂发生酰化反应。以乙酰氯（CH_3COCl）与氨基酸［以通式 R—CH（NH_2）—COOH 表示］的反应为例，这一过程遵循典型的亲核取代反应机制。在碱性条件下，碱性试剂（如三乙胺等）能够中和反应过程中产生的氯化氢，推动反应正向进行。氨基的氮原子因具有一对孤对电子，成为亲核试剂，主动进攻乙酰氯的羰基碳原子。由于羰基碳原子与电负性较大的氧原子相连，使得羰基碳原子带有部分正电荷，容易受到亲核试剂的攻击。在氮原子进攻羰基碳原子后，形成一个不稳定的四面体中间体。随后，该中间体发生电子重排，氯原子带着一对电子离去，从而形成稳定的酰胺键（—CONH—），生成 R—CH（NH—COCH$_3$）—COOH。

此反应在多肽合成中扮演着至关重要的角色，主要用于保护氨基。在多肽合成过程中，为了确保羧基能够按照预定的顺序与其他氨基酸的氨基发生缩合反应，需要对不需要参与当前反应的氨基进行保护，以避免其在后续反应中参与不必要的副反应。例如在固相多肽合成技术中，常用叔丁氧羰基（Boc）或 9-芴甲氧羰基（Fmoc）等保护基对氨基酸的氨基进行酰化保护。当使用 Boc 保护基时，通常以二叔丁基焦碳酸酯（Boc$_2$O）作为试剂，在碱性条件下，Boc$_2$O 分解产生叔丁氧羰基阳离子，与氨基酸的氨基发生酰化反应，形成 Boc-氨基酸。而 Fmoc 保护基则是通过 9-芴甲基-N-琥珀酰亚胺基碳酸酯（Fmoc-OSu）与氨基酸氨基反应引入。待羧基参与完与其他氨基酸的缩合反应后，再通过特定条件去除保护基。Boc 保护基在酸性条件下（如使用三氟乙酸等强酸）能够被去除，生成游离的氨基；Fmoc 保护基则在碱性条件下（如使用哌啶等碱试剂）发生消除反应，脱去保护基，释放出氨基，从而实现多肽的逐步合成。这种保护—反应—去保护的策略，使多肽合成能够按照精确的氨基酸序列进行，极大地提高了多肽合成的准确性和效率，为多肽药物研发、蛋白质结构与功能研究等领域提供了有力的技术支持。

与亚硝酸反应：氨基酸分子中的氨基被亚硝酸氧化，氨基转化为羟基，生产对应的羟基化合物，同时释放出氮气和水。这一反应是 Van Slyke 氨基测定法的基础，在实际操作中，将已知量的氨基酸样品与过量的亚硝酸在特定的反应装置中充分反应，生成的氮气会收集在特定的量气装置内。由于在标准状况下，气体的体积与物质的量存在明确的对应关系（$n = V/V_m$，其中，n 为物质的量，V 是气体体积，V_m 为气体摩尔体积，标准状况下 $V_m = 22.4\text{L/mol}$），因此通过精确测量生成氮气的体积，再依据化学反应的计量关系，就能准确计算出参与反应的氨基的物质的量，进而定量测定氨基酸中氨基的含量。在分析化学领域，该方法应用广泛。例如，在对一种新提取的氨基酸进行纯度检测时，通过 Van Slyke 氨基测定法测定出氨基的实际含量，与理论含量进行对比，就能判断该氨基酸样品的纯度。在研究蛋白质水解产物中氨基酸的组成时，也可以利用这一方法对水解产物中的氨基酸含量进行分析，从而推断出蛋白质中各种氨基酸的比例和排列信息，为深入研究蛋白质的结构和功能奠定基础。

与醛反应：氨基酸的氨基与醛类发生缩合反应时，其反应机理较为复杂。氨基中的氮原子具有一对孤对电子，而醛基（—CHO）中的碳原子带有部分正电荷，二者之间存在较强的电子吸引力。在适宜的反应条件下，氨基的氮原子作为亲核试剂，进攻醛基的碳原子，形成一个不稳定的中间体。随后，该中间体发生质子转移和脱水反应，最终生成席夫碱（Schiff base）。

在有机合成领域，Schiff 碱展现出了极高的应用价值。由于其分子结构中含有碳氮双键（C＝N），这一结构赋予了 Schiff 碱独特的反应活性。例如，在金属催化的有机合成反应中，Schiff 碱常被用作配体，与金属离子形成稳定的配合物。这些配合物能够显著改变金属离子的电子云密度和空间构型，从而影响金属催化反应的活性和选择性。在钯催化的碳—碳键偶联反应中，特定结构的 Schiff 碱配体可以有效地促进反应的进行，提高目标产物的产率和纯度。此外，Schiff 碱还可以作为合成杂环化合物的重要前体，通过与其他有机试剂发生环化反应，构建出各种具有生物活性和功能特性的杂环结构，如吡啶、嘧啶等。

在生物化学中，Schiff 碱同样扮演着不可或缺的角色。在生物体内，某些酶的催化过程中，Schiff 碱中间体的形成是反应得以顺利进行的关键步骤。以转氨基作用为例，这是氨基酸代谢和生物合成过程中的一个重要反应。在转氨酶的催化下，氨基酸的氨基首先与 α-酮酸的羰基发生缩合反应，形成 Schiff 碱中间体。随后，该中间体发生重排和水解反应，氨基从氨基酸转移到 α-酮酸上，生成新的氨基酸和 α-酮酸。这个过程不仅实现了氨基酸的相互转化，还为生物体内蛋白质的合成和代谢提供了必要的物质基础。例如，在肝脏中，谷丙转氨酶（alanine aminotransferase，ALT）和谷草转氨酶（aspartate aminotransferase，AST）通过催化转氨基作用，参与体内氨基酸的代谢平衡调节，维持肝脏的正常生理功能。当肝脏受到损伤时，血液中 ALT 和 AST 的活性会升高，这也是临床诊断肝脏疾病的重要指标之一。此外，在一些维生素 B_6 依赖的酶促反应中，Schiff 碱中间体的形成与维生素 B_6 的辅酶形式（磷酸吡哆醛）密切相关。磷酸吡哆醛通过与氨基酸的氨基形成 Schiff 碱，参与多种氨基酸的代谢反应，如脱羧反应、消旋反应等，对生物体内的氮代谢和能量代谢具有重要的调控作用。

④羧基的反应。

酯化反应：在酸催化下，氨基酸的羧基可与醇发生酯化反应，生成酯和水。例如，甘氨酸与乙醇在浓硫酸催化下反应，羧基中的羟基与乙醇的氢原子结合生成水，剩余部分形成甘氨酸乙酯。这一反应在有机合成中用于制备氨基酸酯类化合物，氨基酸酯在药物化学和食品添加剂领域有广泛应用，如某些氨基酸酯具有独特的风味，可作为食品调味剂；在药物中，氨基酸酯可改善药物的溶解性和生物利用度。

成盐反应：氨基酸的羧基具有酸性，能与碱反应生成盐。当氨基酸与氢氧化钠反应时，羧基中的质子被氢氧根离子中和，形成相应的羧酸盐。在蛋白质的分离纯化中，利用氨基酸羧基的成盐性质，通过调节溶液的 pH 和离子强度，可使蛋白质以盐的形式沉淀析出，实现与其他杂质的分离。

脱羧反应：在特定条件下，如某些酶的催化或加热，氨基酸的羧基可发生脱羧反应，生成相应的胺和二氧化碳。例如，组氨酸在组氨酸脱羧酶的作用下，脱去羧基生成组胺，组胺在生物体内作为一种重要的生物活性物质，参与过敏反应、胃酸分泌调节等生理过程。

⑤侧链基团的反应。

含硫氨基酸的反应：半胱氨酸的侧链含有巯基（—SH），巯基具有较强的还原性，能与其他含硫化合物发生氧化还原反应。在蛋白质结构中，两个半胱氨酸的巯基可以氧化形成二硫键（—S—S—），这对维持蛋白质的高级结构至关重要。在蛋白质的折叠过程中，二硫键的形成有助于稳定蛋白质的三维结构，许多分泌蛋白和膜蛋白都依赖二硫键来保持其活性构象。此外，巯基还能与重金属离子如汞、铅等结合，形成稳定的络合物，这一特性可用于生物样品中重金属离子的检测和解毒。

芳香族氨基酸的反应：苯丙氨酸、酪氨酸和色氨酸等芳香族氨基酸，其侧链含有苯环或吲哚环等芳香基团，这些基团具有独特的化学性质。酪氨酸的酚羟基可发生磷酸化反应，在细胞信号传导过程中，酪氨酸残基的磷酸化和去磷酸化是重要的调控机制。许多生长因子受体和蛋白激酶通过催化酪氨酸的磷酸化，将细胞外信号传递到细胞内，调节细胞的生长、分化和代谢等过程。色氨酸的吲哚环可与一些氧化剂发生反应，生成具有荧光特性的产物，这一性质常用于色氨酸的定量分析和蛋白质结构研究，通过测量荧光强度可以确定蛋白质中色氨酸的含量和微环境变化。

碱性氨基酸的反应：赖氨酸、精氨酸和组氨酸等碱性氨基酸，其侧链含有氨基、胍基和咪唑基等碱性基团。赖氨酸的 ε-氨基可参与多种修饰反应，如乙酰化、甲基化等，这些修饰在蛋白质的功能调控中发挥重要作用。在染色质结构中，组蛋白赖氨酸残基的乙酰化修饰可以改变染色质的结构和功能，影响基因的表达。精氨酸的胍基具有较强的碱性，能与磷酸基团形成静电相互作用，在蛋白质—核酸相互作用中，精氨酸残基常与 DNA 或 RNA 的磷酸骨架结合，参与基因转录、复制等过程。组氨酸的咪唑基在生理 pH 条件下具有一定的缓冲能力，同时它也是许多酶活性中心的重要组成部分，参与酸碱催化反应，如在碳酸酐酶中，组氨酸残基通过咪唑基的质子化和去质子化过程，催化二氧化碳的水合和脱水反应。

2.1.2　肽键与多肽链的形成

一个氨基酸的羧基与另一个氨基酸的氨基发生脱水缩合反应形成肽键（—CO—NH—），见图 2-4，这是蛋白质生物合成的核心步骤，它将单个的氨基酸连接成线性的多肽链。这一过程可以看作是一个氨基酸的羧基脱去一个羟基（—OH），另一个氨基酸的氨基脱去一个氢原子（—H），羟基和氢原子结合形成水分子，而剩余的部分则连接在一起形成肽键。

在实验室中，也可以通过化学方法模拟这一过程，合成特定序列的多肽。成肽反应的条件较为苛刻，需要合适的催化剂和反应环境，以确保反应的高效性和选择

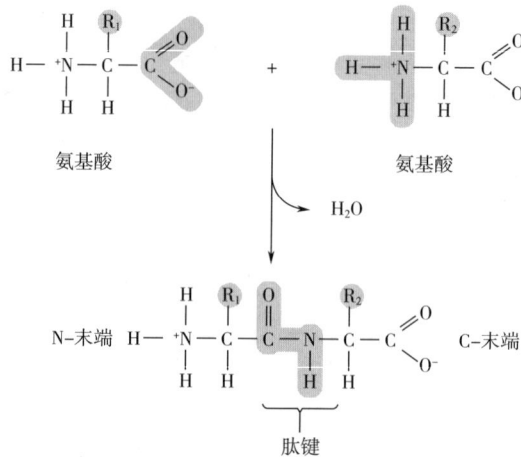

图 2-4　肽键

性。常用的催化剂包括碳二亚胺类化合物（如二环己基碳二亚胺，DCC）等，它们能够活化羧基，促进反应的进行。同时，反应体系的 pH、温度、溶剂等因素也对反应的速率和产率产生重要影响。通过控制反应条件和氨基酸的加入顺序，可以精确合成具有不同氨基酸序列和功能的多肽。在药物研发领域，人工合成的多肽类药物，如胰岛素类似物、生长抑素类似物等，通过精确控制多肽的氨基酸序列，能够实现更好的药效和更低的副作用。在蛋白质结构与功能研究中，合成特定序列的多肽有助于深入探究蛋白质的结构与功能关系，为揭示生命过程的奥秘提供重要的研究手段。

　　以抗体这种免疫球蛋白为例，在浆细胞内，mRNA 与核糖体结合后，核糖体识别 mRNA 上的起始密码子，随后转运核糖核酸（tRNA）携带相应的氨基酸进入核糖体。tRNA 上的反密码子与 mRNA 上的密码子通过碱基互补配对原则相互识别，确保正确的氨基酸被引入到正在合成的多肽链中。在核糖体的催化下，新进入的氨基酸与正在延伸的多肽链的末端氨基酸之间形成肽键，使多肽链不断延长。抗体通常由两条重链和两条轻链组成，这些链都是通过肽键将氨基酸连接而成的多肽链，不同的链之间再通过二硫键等相互作用形成具有特定功能的抗体结构，从而能够特异性地识别和结合抗原，发挥免疫防御作用。

　　一个氨基酸的 α-羧基与另一个氨基酸的 α-氨基之间相互连接而成的化合物称为肽。通常把肽链中的每一个氨基酸单位称为氨基酸残基。由 2 个氨基酸组成的肽称为二肽，由 3 个氨基酸组成的肽称为三肽。一般把小于 10 个氨基酸组成的肽称为寡肽，而多于 10 个氨基酸组成的肽称为聚肽或多肽。

　　肽链结构中有主链和侧链之分。酰胺键中的氮原子、α-碳原子和羰基碳原子依次重复出现，构成多肽链的骨架，而氨基酸残基的侧链基团从多肽链的骨架向外伸出，故主链骨架是指除侧链 R 以外的部分。尽管任何一个肽中氨基和羧基相互连接成肽键，但在肽链的一端仍有游离的氨基，另一端仍有游离的羧基，分别称为氨基端（或 N 端）和羧基端（或 C 端）。为表示多肽链的组成，通常将端的氨基酸残基写在左手位，而将 C 端残基写在右手位。

自然界中存在的肽有开链式结构和环状结构。对环状肽，不存在游离的氨基端和游离的羧基端。环状肽在微生物中常见，如短杆菌肽 S（图 2-5）、α-鹅膏蕈碱（图 2-6）。

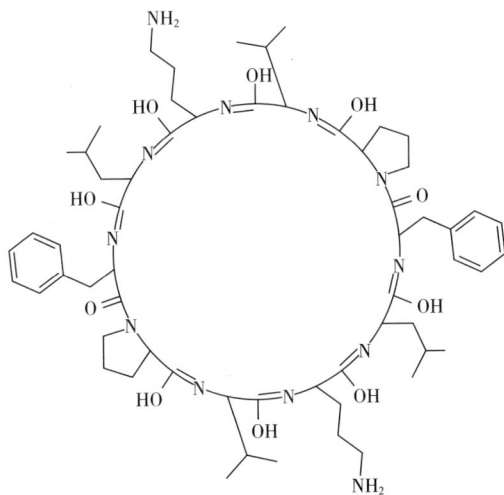

图 2-5　短杆菌肽 S 结构

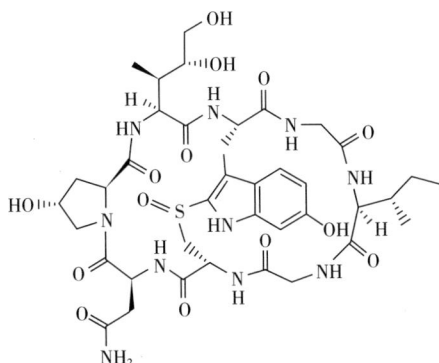

图 2-6　α-鹅膏蕈碱结构

在某些肽中，存在非 α-羧基和 α-氨基之间形成的肽键，如谷胱甘肽分子中谷氨酸的 γ-羧基和半胱氨酸的 α-氨基之间形成肽键（图 2-7）。这样的肽键很稳定，不易被蛋白酶作用。

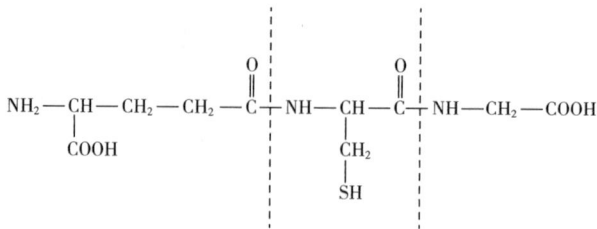

图 2-7　谷胱甘肽结构

2.1.3　蛋白质的一级结构特征

蛋白质的一级结构是指多肽链中氨基酸的排列顺序，它是蛋白质最基本的结构层次，也是决定蛋白质高级结构和功能的基础（图 2-8）。蛋白质的一级结构完全由基因编码决定，基因中的核苷酸序列通过转录和翻译过程，精确地决定了多肽链中氨基酸的排列顺序。

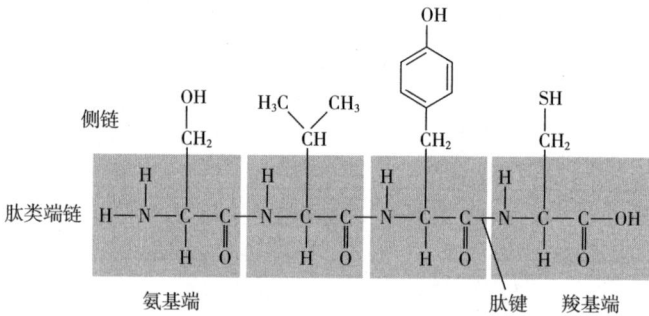

图 2-8　蛋白质的一级结构示意图

以胶原蛋白为例（图 2-9），它是人体中含量丰富的纤维蛋白，构成了骨骼、皮肤等组织的基本框架。胶原蛋白的一级结构具有独特的规律性，每隔三个氨基酸残基就有一个甘氨酸残基，这种模式对于维持其后续形成的三螺旋结构的稳定性至关重要。同时，胶原蛋白富含脯氨酸残基，其中大约一半的脯氨酸侧链被羟基化，形成羟脯氨酸。这些特殊的氨基酸序列不仅决定了胶原蛋白的线性组成，还包含了其折叠和形成高级结构的信息。在胶原蛋白的合成过程中，基因精确地控制着这些氨基酸的排列顺序，使胶原蛋白能够形成稳定的三螺旋结构，进而为组织提供强大的支撑和韧性。

蛋白质的一级结构具有高度的特异性和稳定性。每一种蛋白质都有其独特的氨基酸序列，这种特异性使蛋白质能够执行特定的生物学功能。例如，生长激素的一

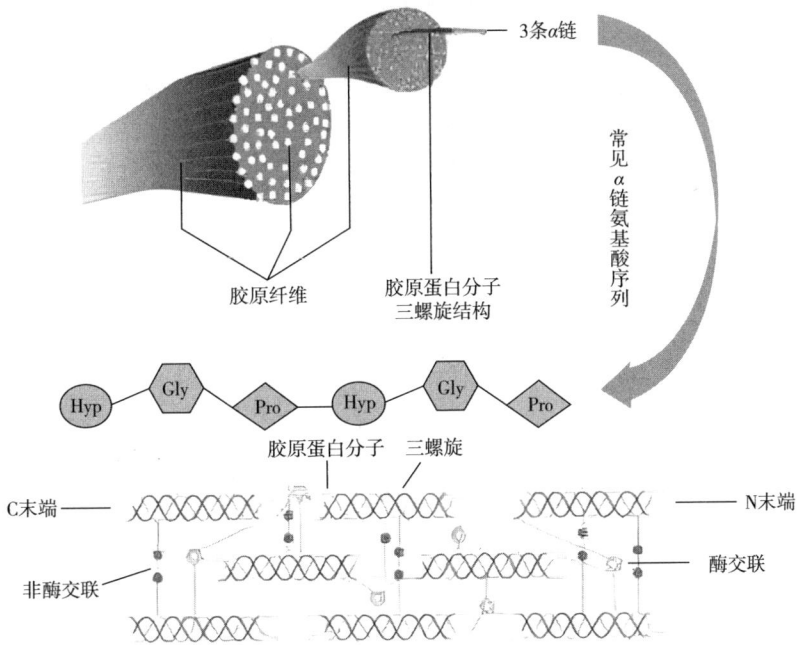

图 2-9　胶原蛋白结构

级结构决定了它能够调节生物体的生长和发育过程。即使是同一类蛋白质，在不同物种之间，其一级结构也可能存在一定的差异，这些差异反映了生物进化的历程。细胞色素 C 在不同物种中都参与细胞呼吸过程中的电子传递，但不同物种的细胞色素 C 的一级结构存在差异（表 2-3），通过对比这些差异，可以研究生物之间的亲缘关系和进化历程。

表 2-3　人的细胞色素 C 与其他生物细胞色素 C 的组成比较

生物名称	与人的细胞色素 C 差异的氨基酸数	生物名称	与人的细胞色素 C 差异的氨基酸数
黑猩猩	0	金枪鱼	21
猕猴	1	鲨鱼	23
袋鼠	10	天蚕蛾	31
狗	11	小麦	35
马	12	向日葵	38
鸡	13	链孢霉菌	43
响尾蛇	14	酵母菌	44

　　一级结构中的氨基酸序列不仅决定了蛋白质的线性组成，还包含了蛋白质折叠和形成高级结构的信息。在绿色荧光蛋白中，其氨基酸序列中的某些特定区域，如富含脯氨酸的区域，由于脯氨酸的特殊结构，会影响多肽链的构象，常常形成特定的二级结构，如β-转角。而一些保守的氨基酸残基，在不同物种的同源蛋白质中往往保持不变，这些残基对于蛋白质的功能至关重要。在各种酶中，保守的氨基酸残基可能参与底物结合、催化反应或蛋白质—蛋白质相互作用等过程。

　　此外，蛋白质的一级结构还与蛋白质的稳定性和降解密切相关。一些病毒外壳蛋白的氨基酸序列容易被宿主细胞的蛋白酶识别和切割，从而导致病毒外壳蛋白的降解，影响病毒的感染能力。而蛋白质的修饰，如磷酸化、糖基化等，也往往发生在特定的氨基酸残基上。在某些细胞表面受体蛋白中，特定氨基酸残基的糖基化修饰会改变蛋白质的结构和功能，影响细胞对信号的识别和传导，进一步丰富了蛋白质的生物学特性。

2.2　蛋白质的空间结构层次

2.2.1　蛋白质的结构层次

　　蛋白质的结构可分为四个层次，从简单到复杂依次为一级结构、二级结构、三级结构和四级结构（图2-10）。

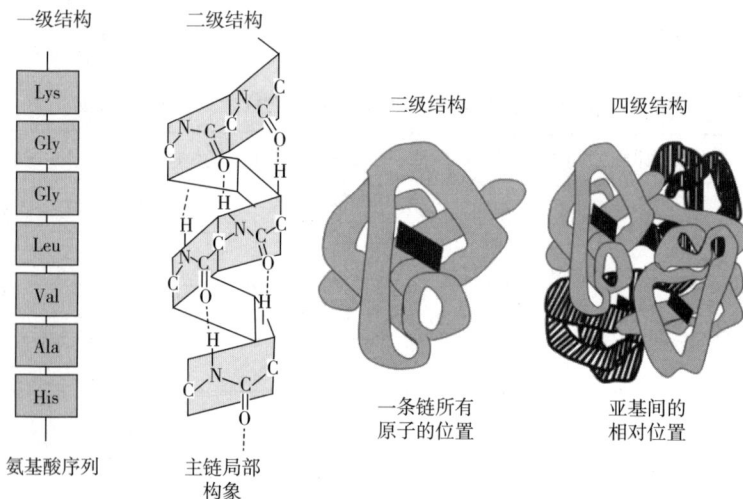

图2-10　蛋白质结构层次示意图

一级结构是蛋白质结构的基础，指的是多肽链中氨基酸的排列顺序，这一顺序由基因编码决定，它包含了蛋白质折叠和形成高级结构的所有信息。

二级结构是在一级结构的基础上，多肽链主链原子局部的空间排列，不涉及侧链的构象。常见的二级结构有 α-螺旋、β-折叠、β-转角和无规卷曲。α-螺旋呈右手螺旋状，每 3.6 个氨基酸残基上升一圈，螺距为 0.54nm，氨基酸残基的侧链伸向螺旋外侧，通过肽键之间的氢键来维持稳定。β-折叠则是由两条或多条几乎完全伸展的多肽链平行排列，通过链间的氢键形成的片层结构，分为平行式和反平行式两种。β-转角通常由 4 个氨基酸残基组成，常出现在多肽链的回折处，使多肽链的方向发生改变，其中第 1 个氨基酸残基的羧基氧与第 4 个氨基酸残基的氨基氢形成氢键，稳定其结构。无规卷曲是指多肽链中没有确定规律性的部分，其结构比较松散，但在蛋白质的功能中同样发挥着重要作用。

三级结构是在二级结构的基础上，多肽链进一步折叠、盘绕，形成的更为复杂的空间结构，包括主链和侧链的所有原子的空间排布。它主要通过非共价键如氢键、离子键、疏水相互作用和范德瓦耳斯力，以及二硫键等维持稳定。

四级结构则是由两条或两条以上具有独立三级结构的多肽链（亚基）通过非共价键相互作用而形成的聚合体结构。并非所有蛋白质都具有四级结构，只有那些由多个亚基组成的蛋白质才具备。各亚基之间的结合方式和相互作用决定了蛋白质四级结构的稳定性和功能。

2.2.2　蛋白质的二级结构概念的提出与确定

在 20 世纪中叶之前，蛋白质结构研究长期处于对基本组成的探索阶段。科学家们虽已明确氨基酸是蛋白质的基本组成单位，且通过肽键连接形成多肽链，但对于蛋白质如何在空间中折叠、呈现出何种三维结构，几乎毫无头绪。这一时期，由于缺乏有效的研究手段，蛋白质的空间结构宛如黑箱，阻碍着人们深入理解蛋白质的功能与作用机制。

2.2.2.1　蛋白质的二级结构概念的提出与确定的研究过程

（1）技术突破奠定研究基础

20 世纪中叶，X 射线晶体学技术的发展为蛋白质结构研究带来了曙光。X 射线晶体学基于 X 射线与晶体中原子的相互作用原理，当 X 射线照射到蛋白质晶体时，会被晶体中的原子散射，形成特定的衍射图案。通过对这些衍射图案的分析和计算，科学家能够反推出晶体中原子的空间位置和排列方式。这一技术的出现，为研究蛋白质的三维结构提供了关键手段，使科学家有可能突破此前对蛋白质结构认知的局限，从原子层面探索蛋白质的空间构象。

（2）开创性研究提出关键模型

1951 年，美国化学家莱纳斯·鲍林（Linus Pauling）和罗伯特·科里（Robert

Corey）基于对简单氨基酸和肽的 X 射线衍射数据，开展了极具开创性的研究。他们收集了大量简单氨基酸和肽的 X 射线衍射图谱，运用当时先进的数学计算方法和化学理论，对这些数据进行了深入分析。通过精确计算，他们成功构建了蛋白质二级结构的 α-螺旋和 β-折叠模型。

（3）成果意义深远推动学科发展

鲍林和科里提出的 α-螺旋和 β-折叠模型，具有极其重要的意义。从理论层面看，它首次揭示了蛋白质二级结构中原子的精确排列方式，将蛋白质结构研究从抽象的概念层面推进到了原子水平的精确描述。此前，人们对蛋白质空间结构的想象缺乏具体的原子排列依据，而这两个模型为科学家提供了直观且准确的结构模板，使得人们能够从原子层面理解蛋白质的折叠方式和稳定性机制。

在实践应用方面，这一成果为后续研究蛋白质的高级结构奠定了坚实基础。蛋白质的三级结构是在二级结构的基础上进一步折叠形成的，而四级结构则涉及多个具有三级结构的亚基的相互作用。α-螺旋和 β-折叠模型的提出，使得科学家能够以此为起点，深入研究蛋白质如何通过二级结构的组合和相互作用形成更复杂的三维结构，进而揭示蛋白质的功能与结构之间的关系。1954 年，莱纳斯·鲍林因这一杰出贡献荣获诺贝尔化学奖，这不仅是对他个人研究成果的高度认可，也标志着蛋白质结构研究从对基本组成的认识成功跨越到空间结构层面，开启了蛋白质科学研究的新篇章。此后，众多科学家基于这一理论，不断探索蛋白质的三级、四级结构以及它们与功能之间的关系，推动蛋白质科学取得了飞速发展，在药物研发、生物工程等领域产生了深远影响。

2.2.2.2　蛋白质的二级结构模型

蛋白质的二级结构模型，包括 α-螺旋、β-折叠、β-转角和无规卷曲，蛋白质的二级结构是指多肽链主链原子局部的空间排列，不涉及侧链的构象，下面重点阐述它们的结构特点和作用。

（1）α-螺旋

α-螺旋是蛋白质中常见的二级结构之一（图 2-11），由美国化学家莱纳斯·鲍林和罗伯特·科里基于 X 射线衍射数据提出。在 α-螺旋结构中，多肽链主链围绕中心轴形成右手螺旋，每 3.6 个氨基酸残基上升一圈，螺距为 0.54nm。相邻肽键之间的羰基氧（C=O）与氨基氢（N—H）形成氢键，这些氢键平行于螺旋轴，对 α-螺旋的稳定性起到关键作用。从能量角度看，氢键的形成降低了体系的能量，促使多肽链自发折叠成 α-螺旋构象。许多纤维状蛋白质，如角蛋白，含有大量的 α-螺旋结构，赋予蛋白质较高的强度和稳定性。

（2）β-折叠

β-折叠（β-sheet）结构又称为 β-折叠片层（β-pleated sheet）结构和 β-结构等，是蛋白质中的常见的二级结构，是由伸展的多肽链组成的（图 2-12）。同样由

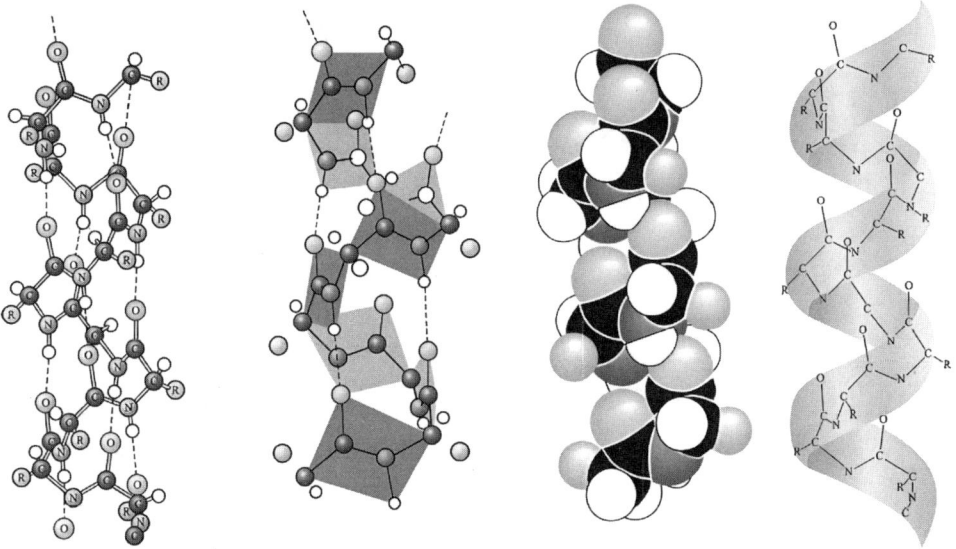

图 2-11　α-螺旋模式图

鲍林和科里提出，β-折叠结构由两条或多条几乎完全伸展的多肽链平行排列而成，通过链间的氢键相互连接形成片层结构。根据多肽链的走向，β-折叠可分为平行式和反平行式两种。在平行式β-折叠中，相邻多肽链的 N 端到 C 端方向相同；反平行式中，相邻多肽链的 N 端到 C 端方向相反。不同类型的β-折叠结构在蛋白质中具有不同的分布和功能特点，其形成依赖于氢键的稳定作用。例如，蚕丝中的丝心蛋白就含有大量的反平行β-折叠结构，使得蚕丝具有良好的柔韧性和强度。

（3）β-转角

β-转角通常由 4 个氨基酸残基组成，常出现在多肽链的回折处，使多肽链的方向发生改变。其中第一个氨基酸残基的羰基氧与第四个氨基酸残基的氨基氢形成氢键，以稳定其结构。β-转角在蛋白质的三维结构中起到连接不同二级结构单元的作用，对于蛋白质形成特定的空间构象至关重要，许多球状蛋白质的表面就存在大量的β-转角结构（图 2-13）。

（4）无规卷曲

无规卷曲是指多肽链中没有确定规律性的部分，其结构比较松散，没有明显的周期性结构特征（图 2-14）。虽然无规卷曲没有像α-螺旋和β-折叠那样规则的结构，但它在蛋白质的功能中同样发挥着重要作用。无规卷曲区域往往具有较高的柔性，能够参与蛋白质与其他分子的相互作用，如酶与底物的结合、蛋白质与蛋白质的相互识别等过程中，无规卷曲区域可以发生构象变化，以适应不同的结合需求。

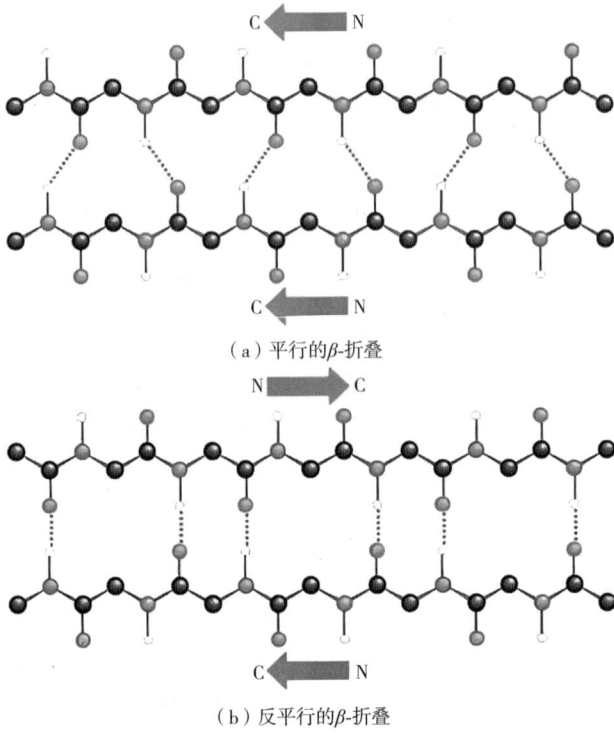

（a）平行的β-折叠

（b）反平行的β-折叠

图2-12　β-折叠结构示意图

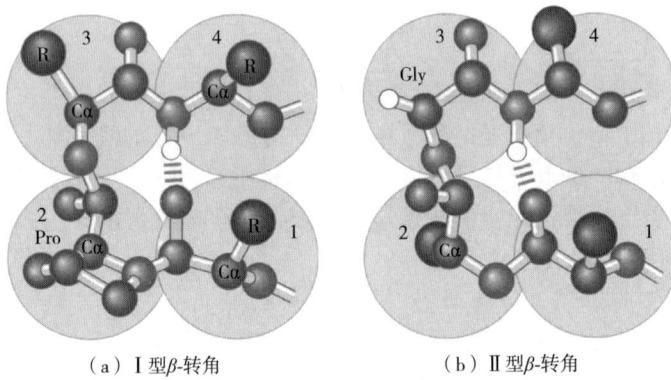

（a）Ⅰ型β-转角

（b）Ⅱ型β-转角

图2-13　β-转角结构示意图

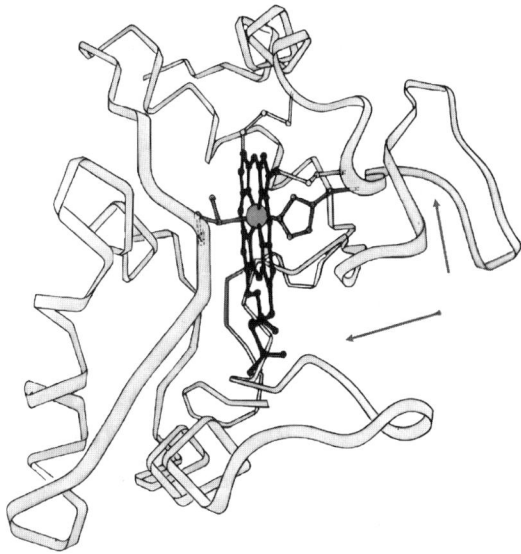

图 2-14　无规卷曲结构示意图

2.2.3　蛋白质超二级结构的发现

1973 年，迈克尔·G. 罗斯曼（M. G. Rossman）首次提出超二级结构的概念，指出它是蛋白质中相邻的二级结构单位（主要是 α-螺旋和 β-折叠）组合在一起，彼此相互作用，形成有规则的、在空间上能辨认的二级结构组合或二级结构串，在多种蛋白质中充当三级结构的构件（图 2-15）。这一概念的提出，填补了蛋白质二级结构和三级结构之间的研究空白，为理解蛋白质复杂结构的形成提供了重要的中间层次。

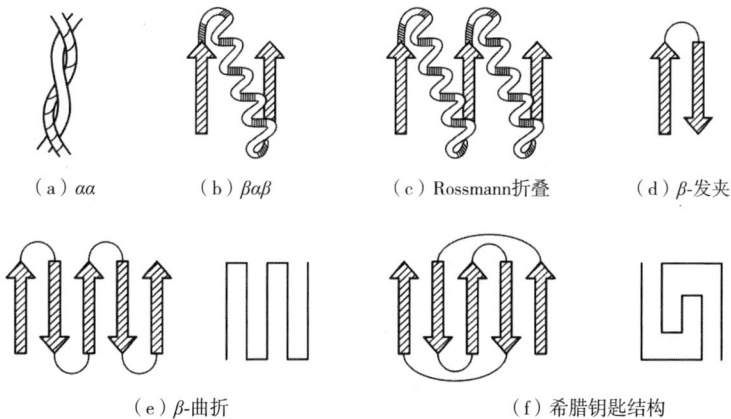

（a）$\alpha\alpha$　　（b）$\beta\alpha\beta$　　（c）Rossmann折叠　　（d）β-发夹

（e）β-曲折　　　　　（f）希腊钥匙结构

图 2-15　几种超二级结构示意图

最初，科学家通过对有限数量蛋白质晶体结构的分析，总结出了几种常见的超二级结构组合形式，如 $\alpha\alpha$、$\beta\alpha\beta$、$\beta\beta$。$\alpha\alpha$ 组合形式由两个 α-螺旋通过一段连接肽相连而成，在一些 DNA 结合蛋白中发挥重要作用，其特定的结构有助于蛋白质与 DNA 的相互作用。$\beta\alpha\beta$ 组合是由两段平行的 β-折叠中间夹着一段 α-螺旋构成，常见于核苷酸结合蛋白质，特别是辅因子 NAD 结合蛋白，这种结构与蛋白质结合核苷酸的功能密切相关。$\beta\beta$ 组合则是由反平行的 β-折叠股通过紧凑的环相连组成，在蛋白质结构中频繁出现，其结构特点有助于维持蛋白质的稳定性。

随着研究的深入，越来越多的超二级结构被发现和研究，它们与特定的生物功能之间的联系也逐渐被揭示。例如，EF 手这种超二级结构，主要出现在与钙结合相关的蛋白质中，如小清蛋白、肌钙蛋白及钙调蛋白，它通过结合钙来调节细胞功能的变化，为维持钙配基提供了支架，用于结合和释放钙，是人们最早认识的具有特殊功能的超二级结构之一。

在研究手段上，除了传统的 X 射线晶体学技术外，计算机模拟和生物信息学方法也成为研究超二级结构的重要工具。通过生物信息学方法，可以对大量蛋白质序列进行分析，预测其中可能存在的超二级结构，为实验研究提供线索。计算机模拟则可以在原子水平上模拟超二级结构的形成和动态变化过程，帮助科学家深入理解其结构和功能的关系。

超二级结构概念的提出和研究，不仅丰富了人们对蛋白质结构层次的认识，还为蛋白质结构预测、蛋白质设计以及药物研发等领域提供了重要的理论基础。它让科学家能够从更精细的角度理解蛋白质的结构和功能，推动了蛋白质科学的快速发展。

2.2.4 蛋白质的三级结构解析与结构域的发现

具有二级结构、超二级结构或结构域的一条多肽链，由于其序列中相隔较远的氨基酸残基侧链的相互作用，而进行范围广泛的盘旋和折叠，形成包括主链、侧链在内的空间排布，这种由一条多肽链所形成的在三维空间的整体排布称为三级结构（tertiary structure）。对单链蛋白质来说，三级结构就是分子本身的特征性立体结构；而对多链蛋白质来说，三级结构是指各组成链上的原子与另一条多肽链的关系，即不涉及相邻的蛋白质分子之间或相邻的亚基之间的关系。图 2-16 是一个腺苷酸激酶分子的三级结构模型，从图中可以清楚看到 α-螺旋（以圆筒表示）和 β-折叠（以条带箭头表示）

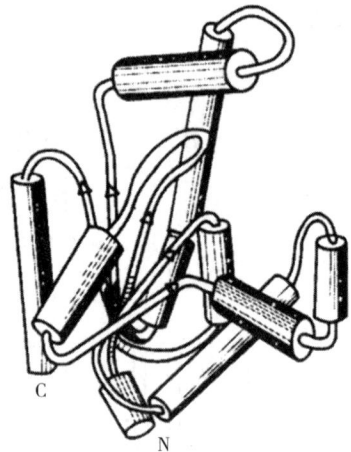

图 2-16 腺苷酸激酶分子的三级结构模型

结构在空间中的盘旋和折叠。球状蛋白质分子的三级结构，是一条多肽链通过部分的 α–螺旋、β–折叠、β–转角及无规则卷曲而形成的紧密的球状构象。大多数非极性侧链（疏水基团）总是埋藏在分子内部，形成疏水核，而大多数极性侧链基团（亲水基团），总是暴露在分子表面，形成一些亲水区域。不过也有例外，如膜蛋白。在球状蛋白质表面，存在一个内陷的空穴（裂隙、凹槽），通常是疏水区，能够容纳一个或两个小分子配体或大分子配体的一部分，一般这是蛋白质活性中心所处的位置。例如，肌红蛋白、血红蛋白和细胞色素 C，表面空穴正好容纳一个血红素分子。

20 世纪 60 年代，英国科学家马克斯·佩鲁茨（Max Perutz）和约翰·肯德鲁（John Kendrew）利用 X 射线晶体学技术成功解析了血红蛋白和肌红蛋白的三维结构（图 2-17），首次展示了蛋白质完整的三级结构。这一成就不仅让人们看到了蛋白质复杂的折叠方式，还发现了蛋白质中存在相对独立的结构区域，即结构域。他们的研究成果为深入理解蛋白质的功能机制提供了关键信息，马克斯·佩鲁茨和约翰·肯德鲁也因此获得 1962 年的诺贝尔化学奖。此后，越来越多的蛋白质三级结构被解析，进一步丰富了人们对蛋白质结构与功能关系的认知。

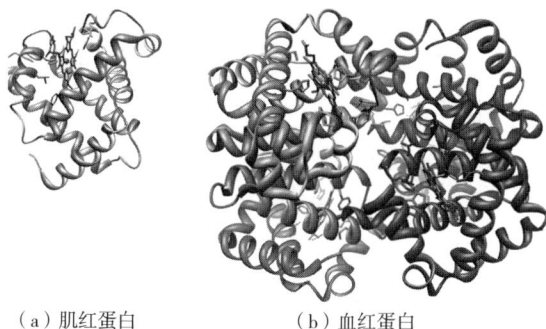

（a）肌红蛋白　　　　　　　（b）血红蛋白

图 2-17　蛋白质三级结构示意图

二级结构和超二级结构单元紧密相连，折叠形成两个或多个在空间上可以明显区分的三级折叠区域，称为结构域（structural domain）。1973 年，理查森（Richardson）在研究溶菌酶结构时，首次清晰地描述了结构域的特征，指出在较大的蛋白质分子中，由若干个二级结构和超二级结构组成相对独立的三维实体，每个实体有着独特的功能和结构，这一发现为蛋白质结构研究开辟了新方向。

结构域是蛋白质三级结构的基本单位，它可由一条多肽链或多肽链的一部分独立折叠形成稳定的三级结构。多肽链折叠时，每个结构域独立地折叠，形成不同的结构域，然后彼此靠拢，形成球状蛋白质。蛋白质分子中的结构域之间以共价键相连接，这是结构域与蛋白质亚基结构（非共价键缔合）的基本区别。最明显的例子是免疫球蛋白（图2-18），它总共由12个结构域组成，其中轻链各2个，重链各4个，每个结构域大约由120个氨基酸残基组成。蛋白质一个分子的几个结构域，有的彼此很不相同，如木瓜蛋白酶分子内的两个结构域（图2-19）；而有的彼此非常相似，如弹性蛋白酶的两个结构域（图2-20）。结构域的大小变化很大，范围从40个残基到400个残基，但最常见的结构域大小在100~200个残基。

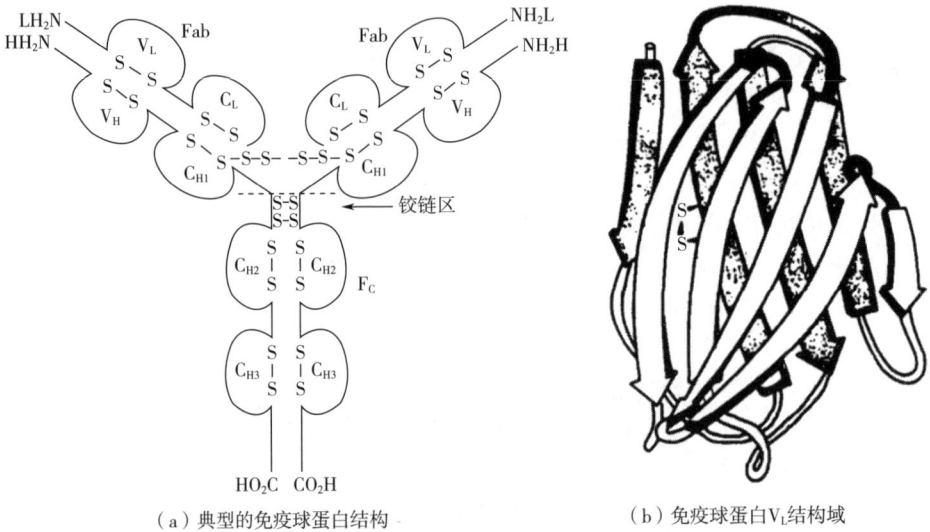

（a）典型的免疫球蛋白结构   （b）免疫球蛋白V_L结构域

图2-18　免疫球蛋白的结构

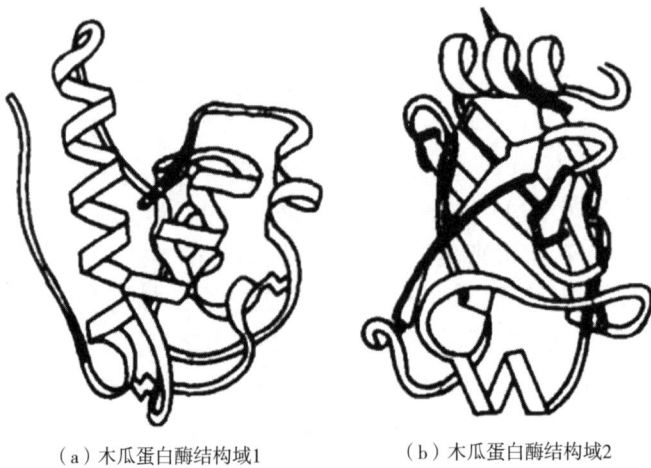

（a）木瓜蛋白酶结构域1   （b）木瓜蛋白酶结构域2

图2-19　木瓜蛋白酶分子内的两个结构域

图 2-20　弹性蛋白酶的两个结构域

随着越来越多蛋白质结构被解析，结构域的重要性愈发凸显。研究发现，许多蛋白质的功能是由不同结构域协同完成的。例如，在酶蛋白中，催化结构域负责化学反应的催化，调节结构域则参与酶活性的调控。在抗体蛋白中，可变区结构域负责识别和结合抗原，恒定区结构域则参与免疫细胞的信号传导。

结构域也是功能单位，不同的结构域常与蛋白质的不同功能相关联。免疫球蛋白分子总共由 12 个结构域组成，抗原结合位置处于轻链可变区域（V）之间，补体结合位置处于不变区域（C）上，如图 2-18（a）所示。蛋白质之所以形成结构域这样的结构层次，从功能角度来看，是由于通过结构域组建活性中心比较灵活方便。许多酶的活性中心都是位于结构域之间的裂隙中，如溶菌酶的两个结构域通过共价键转动调节相互之间的位置，形成一个大的裂隙，酶的活性中心就在这一部位。这样一种结构使酶容易形成一个有特定三维结构排布的活性中心，并赋予活性中心足够的柔性，易于对底物施加应力，有利于催化作用。因为每一个结构域本身都有一定的三维结构，而结构域之间往往只有一条肽段相连，形成所谓的"铰链区"，使两个结构域很容易相对运动。例如，己糖激酶的活性部位存在于由两个结构域所组成的铰链区结构之中，其辅酶（ATP）结合于一个结构域，而底物（糖分子）则结合于另一个结构域，当酶分子与底物分子结合时，两个结构域发生相对运动，V 字形的界面闭合起来，一方面提供了 ATP 与糖分子之间转磷酸化反应所需要的空间距离和特定的构象，另一方面也排除了活性部位内水分子的干扰，可防止 ATP 水解副反应的发生。

结构域是多肽链中相对独立的结构，有些蛋白质多肽链被水解后，各结构域还可以保持本身稳定的结构，有的甚至还具有生物学活性，这种相对独立的结构有利于多肽链的进一步有效组合。图 2-19 和图 2-20 中列举了结构域的几种类型。

在研究方法上，早期主要依赖 X 射线晶体学技术来解析蛋白质结构，从而确定结构域的存在和特征。但该技术存在局限性，如需要制备高质量的蛋白质晶体，且对一些难以结晶的蛋白质束手无策。后来，核磁共振技术（NMR）的发展弥补了这一不足，它能够在溶液状态下研究蛋白质结构，对于研究蛋白质的动态变化和结构域之间的相互作用具有独特优势。冷冻电镜技术（Cryo-EM）的出现更是革命性的突破，它可以在接近生理状态下解析蛋白质的高分辨率结构，对于超大分子复合物和膜蛋白的结构研究尤为重要，使得科学家能够更深入地了解结构域在复杂蛋白质体系中的作用和相互关系。

从进化角度研究结构域，科学家发现结构域是蛋白质进化的基本单位。通过对不同物种同源蛋白质的结构域分析，发现结构域在进化过程中相对保守，同时也会发生结构域的重组、融合和丢失等事件，这些变化推动了蛋白质功能的多样化和进化。例如，在真核生物中，许多蛋白质通过结构域的组合形成了新的功能，适应了复杂的生命活动需求。

2.2.5　蛋白质四级结构与蛋白质复合物的研究进展

随着研究的不断深入，科学家们逐渐发现，部分蛋白质并非以单一的多肽链形式发挥作用，而是由多个具有独立三级结构的亚基组成，这些亚基通过非共价键（如氢键、离子键、疏水相互作用和范德瓦耳斯力）相互作用，形成更为复杂的四级结构。这种结构的发现，进一步拓展了人们对蛋白质结构与功能关系的认知。

20 世纪 70 年代，对烟草花叶病毒外壳蛋白的研究是蛋白质四级结构研究的重要转折点。科学家解析其结构后，清晰展示了多个相同亚基如何通过非共价键相互作用，精确组装形成稳定的四级结构。这一成果不仅揭示了亚基间相互作用模式对蛋白质结构稳定性的关键影响，还让人们认识到四级结构在病毒感染过程中的重要功能，如保护遗传物质以及参与病毒与宿主细胞的识别和侵染过程，为后续研究蛋白质四级结构的组装机制和功能奠定了基础。对血红蛋白的研究发现，其由两条 α 链和两条 β 链组成的四级结构存在着独特的协同效应（图 2-21）。当一个亚基与氧气结合后，会引发构象变化，并通过亚基间相互作用传递给其他亚基，使整个血红蛋白对氧气的亲和力增强。这一发现揭示了蛋白质四级结构在功能实现中的协同调节机制，让科学家认识到四级结构能够使蛋白质根据环境变化更高效地执行生理功能，极大地推动了对蛋白质四级结构功能的深入研究。随着研究深入，科学家聚焦于细胞内的蛋白质复合物，发现它们在 DNA 复制、转录、翻译等核心生命过程中起着不可或缺的作用。在 DNA 复制中，DNA 聚合酶、解旋酶、引物酶等组成的复制复合物协同工作，确保 DNA 准确复制；转录时，RNA 聚合酶与转录因子形成转录复合物启动基因转录；翻译过程依赖核糖体、tRNA、mRNA 及多种翻译因子组成的翻译复合物实现信息传递。

这些发现使蛋白质四级结构的研究从单一蛋白质扩展到复杂的蛋白质网络体系，开启了从系统层面研究蛋白质结构和功能的新篇章。冷冻电镜技术（Cryo-EM）、交联质谱、酵母双杂交等技术的出现和应用，为蛋白质四级结构研究带来了革命性变化。冷冻电镜能在接近生理状态下解析蛋白质的高分辨率结构，让科学家能够深入观察蛋白质复合物中亚基的相互作用和动态变化；交联质谱可鉴定蛋白质间的相互作用位点，为解析蛋白质四级结构提供关键信息；酵母双杂交技术则能高通量筛选蛋白质相互作用，助力发现新的蛋白质复合物和相互作用关系。这些技术突破为深入研究蛋白质四级结构的组成、结构和作用机制提供了强大工具，推动该领域研究不断深入。

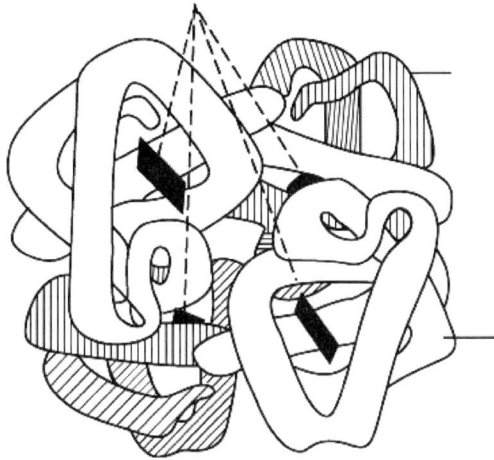

图 2-21　血红蛋白四级结构示意图

蛋白质四级结构对蛋白质功能实现具有重要意义。

（1）提高蛋白质稳定性

四级结构通过亚基间的非共价相互作用，如氢键、离子键、疏水相互作用和范德瓦耳斯力，使蛋白质形成更为紧密和稳定的结构。以烟草花叶病毒外壳蛋白为例，其由多个相同亚基组装而成的四级结构，不仅保护了病毒的遗传物质，还维持了病毒外壳的形态稳定性，确保病毒在传播和感染过程中结构的完整性。在其他蛋白质中，亚基的组合也能有效抵御外界环境因素（如温度、pH 变化）对蛋白质结构的破坏，延长蛋白质的使用寿命，保障其在生物体内稳定地发挥功能。

（2）实现协同效应

许多具有四级结构的蛋白质，各亚基之间存在协同效应。典型的例子是血红蛋白，它由两条 α 链和两条 β 链组成。当一个亚基与氧气结合后，会引起其构象变化，这种变化通过亚基间的相互作用传递到其他亚基，使其他亚基对氧气的亲和力增强，从而提高血红蛋白对氧气的结合效率和运输能力。这种协同效应使得蛋白质能够根据环境变化迅速调整功能，更高效地完成生理任务。

（3）功能多样化

四级结构允许不同功能的亚基组合在一起，实现蛋白质功能的多样化。在细胞内的各种蛋白质复合物中，不同的蛋白质亚基各自承担特定的功能，共同协作完成复杂的生理过程。在转录和翻译过程中，也有类似的多亚基蛋白质复合物协同工作，实现基因表达的调控和蛋白质的合成。

（4）调控蛋白质活性

四级结构可以通过亚基之间的相互作用来调控蛋白质的活性。一些蛋白质的活性受到别构效应的调节，当效应分子结合到其中一个亚基上时，会引起整个四级结构的构象变化，进而影响其他亚基的活性。在酶的别构调节中，别构效应剂与酶的调节亚基结合后，改变了酶的四级结构，使酶的催化活性增强或减弱，从而实现对代谢途径的精细调控。

此后，对蛋白质体系中不同蛋白质间相互作用的研究逐渐兴起，科学家们将目光投向了细胞内广泛存在的蛋白质复合物。这些蛋白质复合物在细胞的各种生理过程中扮演着不可或缺的角色，尤其是在 DNA 复制、转录、翻译等核心生命过程中。以 DNA 复制为例，DNA 聚合酶、解旋酶、引物酶等多种蛋白质组成庞大的复制复合物，它们相互协作，确保 DNA 的准确复制。在转录过程中，RNA 聚合酶与各种转录因子形成转录复合物，识别基因的启动子区域，启动基因的转录。翻译过程同样依赖于核糖体、tRNA、mRNA 以及多种翻译因子组成的翻译复合物，实现从 mRNA 到蛋白质的信息传递。

对蛋白质复合物的研究，使得对蛋白质结构和功能的研究从单一蛋白质扩展到复杂的蛋白质网络体系。科学家们开始关注蛋白质之间的相互作用模式、动态变化以及它们在细胞信号传导、代谢调控等过程中的协同作用。通过冷冻电镜、交联质谱、酵母双杂交等技术手段，研究人员能够深入解析蛋白质复合物的结构和组成，揭示其作用机制。这些研究成果不仅有助于深入理解细胞的生命活动本质，还为药物研发提供了新的靶点和思路。例如，针对某些致病病毒或细菌的蛋白质复合物设计特异性的抑制剂，有望开发出新型的抗感染药物。

2.2.6 稳定蛋白质构象的作用力

在蛋白质二级结构概念的提出与确定时，深入理解维持蛋白质结构的各种作用力至关重要。这些作用力不仅在二级结构的稳定中发挥关键作用，更是在蛋白质的三级、四级结构形成与稳定过程中不可或缺。维持蛋白质分子构象的结合力有氢键、疏水相互作用、范德瓦耳斯力、离子键、二硫键、配位键，如图 2-22 所示。

2.2.6.1 氢键

如果 X 和 Y 都是电负性较大、半径较小的原子（如 N、O、F），那么与 X 原子共价结合的 H 原子，由于其本身带正电子而与 Y 互相吸引，形成氢键。构成氢键

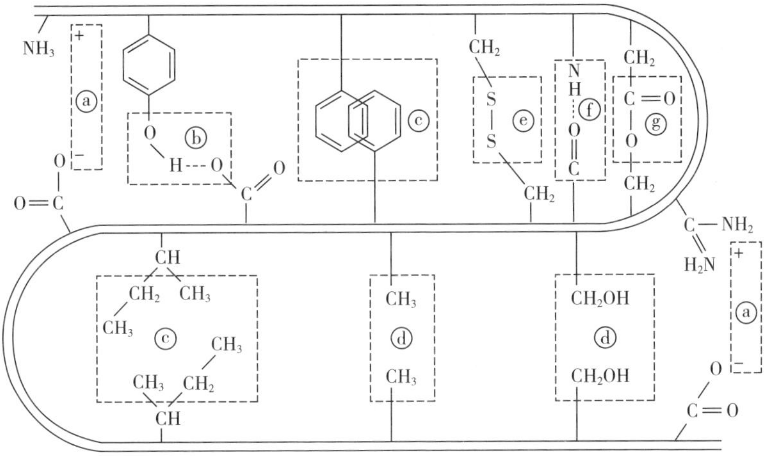

图 2-22 维持蛋白质空间构象的作用力

a—离子间的盐键（离子键） b—极性基团之间的氢键 c—非极性基之间的相互作用
（疏水相互作用） d—非极性基之间的范德瓦耳斯力 e—二硫键 f—— —CO 与—NH
之间的氢键 g—氨基酸的羟基与二羧酸的 β 或 γ 羧基结合的酯键

应具备以下两个特征：第一，具有方向性。形成氢键的原子一般都处于非常接近一直线的空间位置上，也可以说，氢供体 X—H 与氢受体 Y 之间的夹角接近于 180°；X—H 与 Y 的相互作用只有当 X—H⋯Y 在同一直线上的时候最强。第二，具有饱和性。一般，X—H 只能与一个 Y 原子相结合。因为 H 原子非常小，而氢供体 X—H 中的 X 与氢受体 Y 都相当大，如果另一个氢受体 Y′来接近它们，则 Y′受到 X 和 Y 的排斥要比受到 H 的吸引大，所以 X—H 很难与两个氢受体结合。在蛋白质分子中有许多形成氢键的基团，存在着大量的错综复杂的氢键网络，它对维持蛋白二、三、四级结构具有非常重要的意义。在两条多肽链之间或一条多肽链的不同部位之间，主链骨架上的羰基氧原子与亚氨基氢原子形成氢键：

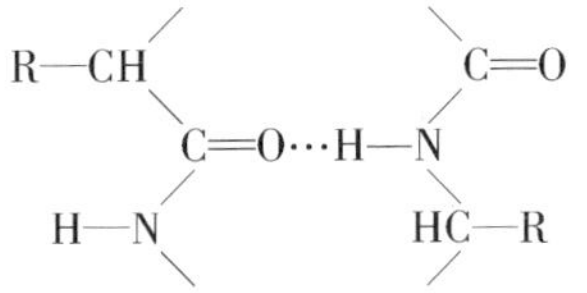

在蛋白质的某些侧链之间，例如酪氨酸残基上的羟基与谷氨酸残基或天冬氨酸残基的羧基之间，也可以形成氢键：

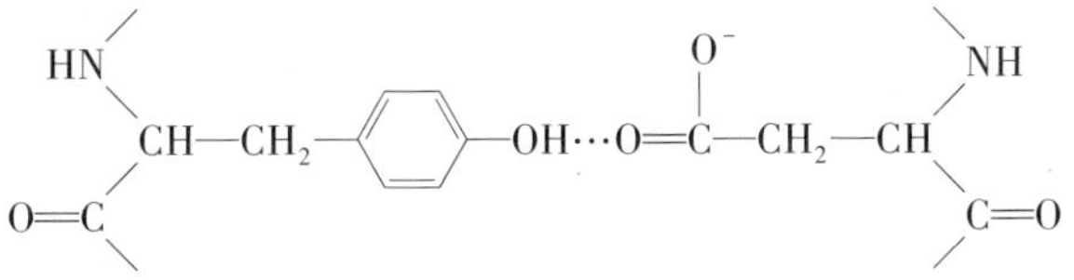

某些侧链与主链骨架之间，例如酪氨酸残基上的羟基与主链骨架上的羰基之间，也可以形成氢键：

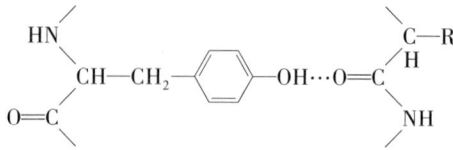

在水溶液中，水是一种极性分子，既可作为氢供体，也可作为受体，能与蛋白质分子的各种氢键发生竞争，例如：

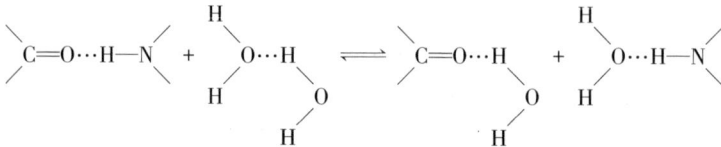

蛋白质在水溶液中仍然是稳定的，这说明上述平衡主要趋向于左方。

氢键作为一种由电负性较大的原子（如氧、氮）与氢原子形成的弱相互作用，在蛋白质中广泛存在于多肽链的主链和侧链之间。α-螺旋结构里，维系其稳定的关键因素之一便是氢键。每个肽键的羰基氧与相隔 3 个氨基酸残基的另一个肽键的氨基氢形成氢键，这些氢键平行于螺旋轴，从能量角度而言，氢键的形成降低了体系的能量，促使多肽链自发地折叠成 α-螺旋构象。而 β-折叠结构由两条或多条几乎完全伸展的多肽链平行排列，通过链间的氢键相互连接形成片层结构。无论是平行式 β-折叠（相邻多肽链的 N 端到 C 端方向相同），还是反平行式 β-折叠（相邻多肽链的 N 端到 C 端方向相反），其稳定性都依赖于氢键。除了对二级结构的稳定作用，在蛋白质的三级结构中，侧链之间形成的氢键有助于多肽链进一步折叠成特定的三维构象；在四级结构中，不同亚基之间的氢键也对亚基的组装和整体结构的稳定起到重要作用。

2.2.6.2 离子键

离子键，也被称为盐键，由带相反电荷的氨基酸侧链基团（如赖氨酸的氨基和天冬氨酸的羧基）之间的静电相互作用形成。离子键的强度相对较大，在蛋白质与其他分子（如底物、配体）的相互作用中发挥关键作用。在蛋白质的二级结构中，离子键的直接作用不如氢键明显，但在蛋白质高级结构形成后，离子键可以稳定不同二级结构单元之间的相对位置。例如，在一些酶蛋白中，离子键可以固定活性中心附近的二级结构，使其保持正确的空间取向，有利于底物的结合和催化反应的进行。在四级结构中，离子键能够增强亚基之间的相互作用，确保蛋白质复合物的稳定性。

高浓度的盐、过高或过低的 pH 都可以破坏蛋白质构象中的离子键。如果溶液的 pH 比羧基的 pK 值低 1~2 个 pH 单位，或者比氨基的 pK 值高 1~2 个 pH 单位，那么这些基团就不能生成离子键。这是强酸强碱会使蛋白质变性的原因。

2.2.6.3 疏水相互作用

疏水相互作用在蛋白质结构中同样极为关键。蛋白质分子中的非极性氨基酸侧链（如丙氨酸、缬氨酸等）为了避开水环境，会在蛋白质内部聚集，这种非极性基团之间的相互作用就是疏水相互作用。它是维持蛋白质三级结构的主要作用力之一，在二级结构形成后，疏水相互作用驱动多肽链进一步折叠，使蛋白质形成紧密的球状结构，将疏水基团包裹在内部，亲水基团暴露在表面，间接影响二级结构在三维空间中的排布。例如，许多球状蛋白质的疏水核心由多个疏水氨基酸残基组成，这些残基通过疏水相互作用聚集在一起，使得周围的二级结构围绕其进行折叠和排列，从而形成稳定的三级结构。

在蛋白质分子中，含有非极性侧链（疏水侧链）的氨基酸有亮氨酸、异亮氨酸、苯丙氨酸、缬氨酸、色氨酸、丙氨酸、脯氨酸等。这些氨基酸的残基有一种自然的趋势，即避开水相、相互集合，埋藏于蛋白质分子的内部。在蛋白质的肽链上相隔较远的氨基酸残基间的疏水作用力对稳定蛋白质的三、四级结构具有重要作用。蛋白质的主链原子（N、C^α、C、O）和侧链的第一个原子 C^β 约占原子总数的 67%，而它们在所有的蛋白质中都是相同的。各种蛋白质分子的构象特征是由其余 33% 的侧链基团上的原子决定的。这也说明，远距离侧链基团在稳定蛋白质分子构象中发挥了重要的作用。

热力学关系式 $\Delta G = \Delta H - T\Delta S$ 中，ΔG 是自由能的变化，若 ΔG 为负值，反应可自发地进行。对于一个特定的变化过程来说，$\Delta G < 0$ 表明体系内的键合作用由弱变强。ΔS 是熵变，ΔS 为正值表明体系由有序变为无序，体系的增加说明过程自发地进行。蛋白质溶液系统的熵增是疏水键相互作用的主要推动力。熵增主要涉及介质水分子的有序度改变，因为疏水基团的聚集（相互作用）本身是一个有序化过程，造成熵值减小。两个非极性基团相互接近或键合，结果使周围一部分原先排列整齐的水分子（笼形结构）排入自由水，这使得排列整齐的笼形结构被破坏，水分子的无序程度增加，水的混乱度增加，即熵值增加，因而疏水键相互作用是熵推动的自发过程。

疏水作用在生理范围内随温度升高而加强，但超过一定温度（40~60℃）后，疏水作用（因侧链基团而异）反而有所减弱。

2.2.6.4 范德瓦耳斯力

范德瓦耳斯力又称为范氏引力，其实质也是静电引力。范德瓦耳斯力是存在于原子和分子之间的一种弱相互作用，包括取向力、诱导力和色散力。取向力（orientation effect）是极性基团之间，偶极与偶极的相互吸引作用。氢键实际也是一种特殊的范德瓦耳斯力。诱导力（induction effect）是极性基团的偶极与非极性基团的诱导偶极之间的相互作用。色散力（dispersion effect）是非极性基团瞬时偶极之间的相互作用。范德瓦耳斯力一般为 0.418~0.836kJ/mol，这是一种很弱的作用力，其引力与距离的 6 次方成反比。

虽然范德瓦耳斯力的作用较弱，但由于蛋白质分子中原子数量众多，它们的总和对蛋白质的结构稳定性也有一定影响。在蛋白质分子的紧密堆积过程中，范德瓦耳斯力有助于原子之间的紧密排列，使蛋白质结构更加紧凑；在蛋白质分子的相互识别过程中，范德瓦耳斯力也发挥着作用，比如蛋白质与配体的特异性结合，范德瓦耳斯力能够微调两者之间的相互作用，增强结合的特异性和稳定性。在二级结构层面，范德瓦耳斯力对二级结构之间以及二级结构与其他结构单元之间的相互作用和排列方式产生微妙影响，虽然单个范德瓦耳斯力作用微小，但众多范德瓦耳斯力的协同作用不可忽视。

2.2.6.5　二硫键

二硫键是由两个半胱氨酸的巯基（—SH）氧化形成的共价键（—S—S—）。二硫键通常在蛋白质的折叠过程中形成，它可以连接同一多肽链的不同部位或不同的多肽链，对蛋白质的三级结构和四级结构的稳定性起到重要的加固作用，常见于分泌蛋白和膜蛋白中。在涉及多个亚基的蛋白质四级结构中，二硫键可以稳定亚基之间的连接，而这些亚基是由包含二级结构的多肽链折叠而成，所以二硫键从更高层次保障了包含特定二级结构的蛋白质整体的稳定性。例如，胰岛素由 A、B 两条链组成，两条链之间通过二硫键连接，这种连接方式不仅保证了胰岛素的正确折叠和结构稳定，还对其发挥调节血糖的功能至关重要。

2.2.6.6　配位键

配位键是一种特殊的共价键，它的形成是由一个原子提供孤对电子，另一个原子提供空轨道，两者共享电子对而形成的化学键。在蛋白质结构中，配位键主要是由氨基酸残基中的一些特殊原子（如氮、氧、硫等）与金属离子之间形成。

许多蛋白质需要结合金属离子来发挥其生物学功能，而配位键在其中起到了关键的连接作用。例如，血红蛋白是一种含有亚铁离子（Fe^{2+}）的蛋白质，它负责运输氧气。在血红蛋白中，亚铁离子与卟啉环中的 4 个氮原子形成配位键，同时，亚铁离子还与蛋白质链上的组氨酸残基的氮原子形成配位键。这种配位结构不仅稳定了血红蛋白的三级结构，还使得亚铁离子能够与氧气发生可逆的结合，从而实现氧气的运输功能。当氧气与亚铁离子结合时，会引起蛋白质构象的微小变化，这种变化通过蛋白质的四级结构传递，影响其他亚基与氧气的结合能力，体现了配位键在蛋白质功能实现中的重要作用。

在一些酶中，金属离子与氨基酸残基形成的配位键对酶的催化活性至关重要。羧肽酶 A 是一种含锌的蛋白酶，锌离子与酶分子中特定的氨基酸残基（如组氨酸、谷氨酸等）形成配位键。这些配位键不仅稳定了酶的活性中心结构，还参与了底物的结合和催化反应过程。锌离子通过配位键与底物分子相互作用，降低了反应的活化能，促进了肽键的水解反应，使羧肽酶 A 能够高效地催化蛋白质的水解。

配位键的存在使蛋白质能够与金属离子紧密结合，从而赋予蛋白质独特的结构和功能特性。它在维持蛋白质的高级结构稳定性以及实现蛋白质的生物学功能方面，与其他作用力相互配合，共同发挥着不可或缺的作用。对配位键在蛋白质中作用的研究，有助于深入理解蛋白质与金属离子的相互作用机制，为蛋白质结构与功能的研究提供了新的视角，也为基于蛋白质的药物设计和生物工程应用提供了重要的理论基础。

维持蛋白质分子的二级结构、三级结构、四级结构稳定的相互作用，主要是次级键，如氢键、疏水键和范德瓦耳斯力等。这些次级键单独存在时，的确是比较弱的键，但是各种次级键加合在一起，就产生了一种足以维持蛋白质空间结构的强大作用力。在一些蛋白质分子中，离子键、二硫键或配位键也参与维持蛋白质空间结构。

这些维持蛋白质结构的作用力相互协同，共同决定了蛋白质的三维结构和功能。它们的研究对于深入理解蛋白质的生物学特性、蛋白质与其他分子的相互作用以及蛋白质相关疾病的发病机制等方面都具有重要意义。

2.3　蛋白质结构的现代分析技术

在食品科学与工程以及生命科学领域中，蛋白质作为一类极为关键的生物大分子，其结构的精准解析对于深入且全面地理解蛋白质所具备的生物学功能、独特的理化性质以及在各种复杂生理过程中发挥的作用都起着至关重要的作用。蛋白质结构的多样性决定了其功能的特异性，从参与生物体内的化学反应催化，到承担物质运输、信号传导等关键任务，每一种功能的实现都与蛋白质特定的结构紧密相连。随着科技的飞速发展，一系列先进的现代分析技术应运而生，这些技术宛如为蛋白质结构研究领域配备了强大而精准的"武器"，从光谱分析、质谱技术到各种衍射法、波谱法以及冷冻电镜技术等，它们各自凭借独特的原理和优势，能够从不同角度、不同层面深入探测蛋白质的结构信息，为科研人员打开了一扇通往蛋白质微观世界的大门，助力研究者们在蛋白质结构与功能关系的探索道路上不断前行。

2.3.1　光谱分析法

光谱分析法作为现代分析技术体系中极为重要的组成部分，是基于物质与电磁辐射之间复杂而精妙的相互作用所建立起来的一类分析方法。当电磁辐射与物质相互接触时，物质内部分子、原子或离子的能级会发生跃迁，从而产生吸收、发射或散射等现象，光谱分析法正是通过对这些现象所产生的光谱进行精确测量和深入分析，来获取物质的结构、组成以及含量等关键信息。在蛋白质结构研究领域，光谱分析法的应用极为广泛。蛋白质由众多氨基酸残基组成，其独特的结构和组成使得在与电磁辐射相互作用时，会产生一系列具有特异性的光谱信号。例如，不同的氨基酸残基在特定波长的电磁辐射下，会呈现出独特的吸收特性，像含有共轭双键的芳香族氨基酸，如色氨酸、酪氨酸等，在紫外光区域就具有明显的吸收峰，通过对这些吸收峰的位置、强度以及形状变化进行细致分析，科研人员便能获取蛋白质二级和三级结构的相关信息，洞察蛋白质在折叠、去折叠过程中以及与其他分子相互作用时的结构动态变化，为深入探究蛋白质的功能与性质奠定坚实基础。

2.3.1.1 紫外差光谱法

紫外差光谱法利用蛋白质中不同基团在紫外区的吸收特性差异来研究蛋白质结构。蛋白质中的芳香族氨基酸残基，如酪氨酸、色氨酸和苯丙氨酸，在紫外光区有特征吸收峰。当蛋白质的构象发生变化时，这些基团所处的微环境改变，其紫外吸收光谱也会相应改变。通过测量蛋白质在不同条件下（如变性前后）的紫外吸收光谱差值，即紫外差光谱，能够获取有关蛋白质二级和三级结构变化的信息。例如，蛋白质的折叠或去折叠过程会导致芳香族氨基酸残基的暴露或埋藏，从而在紫外差光谱上体现出明显的变化。

2.3.1.2 荧光光谱法

荧光光谱法是研究蛋白质结构和动力学的有效手段，它基于蛋白质分子中某些基团的荧光特性。

（1）同步荧光光谱法

同步荧光光谱法通过同时扫描激发波长和发射波长，在保持二者波长差恒定的情况下记录荧光强度。与常规荧光光谱相比，同步荧光光谱能有效减少光谱干扰，简化光谱，提高选择性。对于蛋白质而言，该方法可以区分不同荧光基团（如色氨酸、酪氨酸）对荧光光谱的贡献，从而更准确地研究蛋白质中这些氨基酸残基所处的微环境及其变化，有助于了解蛋白质的构象变化和折叠过程。

（2）三维荧光光谱法

三维荧光光谱法是在不同激发波长下扫描发射光谱，得到激发—发射矩阵（EEM），并以三维图谱的形式呈现。这种方法能够全面反映蛋白质荧光基团的信息，提供比一维或二维荧光光谱更丰富的结构信息。通过分析三维荧光光谱的特征峰位置、强度和形状等参数，可以深入研究蛋白质的结构变化、蛋白质—配体相互作用以及蛋白质的聚集状态等。例如，在蛋白质—配体结合过程中，配体的结合会改变蛋白质中荧光基团的微环境，导致三维荧光光谱发生变化，从而可以通过监测这些变化来研究蛋白质—配体相互作用的机制。

2.3.1.3 圆二色光谱法

圆二色光谱法是基于手性分子对左旋和右旋圆偏振光吸收的差异来研究蛋白质结构的方法。蛋白质中的肽键具有手性，其二级结构（α-螺旋、β-折叠、无规卷曲等）具有特定的圆二色性。在远紫外区（190~250nm），不同二级结构的蛋白质具有特征性的圆二色光谱。例如，α-螺旋结构在208nm和222nm处有负吸收峰，β

–折叠结构在 216nm 左右有负吸收峰，无规卷曲结构在 200nm 附近有较弱的负吸收峰。通过测量蛋白质的圆二色光谱，并与已知二级结构的蛋白质光谱数据库进行比对，可以定量分析蛋白质中各种二级结构的含量，从而了解蛋白质的整体构象。在近紫外区（250~300nm），圆二色光谱主要反映蛋白质中芳香族氨基酸残基的不对称环境，可用于研究蛋白质的三级结构变化。

2.3.1.4　拉曼光谱法

拉曼光谱法是基于分子对光的散射效应。当单色光照射到样品分子上时，大部分光子与分子发生弹性碰撞，散射光的频率与入射光相同，称为瑞利散射；少部分光子与分子发生非弹性碰撞，散射光的频率与入射光不同，这种散射称为拉曼散射。蛋白质分子中的各种化学键（如 C—C、C—N、C $=$ O 等）在拉曼光谱中有特定的振动频率，对应不同的拉曼峰。通过分析拉曼光谱中峰的位置、强度和形状等信息，可以获取蛋白质的结构信息，包括二级结构（如 α-螺旋、β-折叠的含量和分布）、侧链基团的构象以及蛋白质与配体的相互作用等。拉曼光谱法具有无损、样品需求量少、可在水溶液中进行测量等优点，适用于研究蛋白质在生理条件下的结构。

2.3.1.5　傅里叶红外光谱法

傅里叶红外光谱法利用蛋白质分子中化学键的振动和转动能级跃迁对红外光的吸收特性来研究蛋白质结构。在红外光谱中，蛋白质的酰胺键（C $=$ O、N—H）在不同的振动模式下对应不同的吸收峰，这些吸收峰被称为酰胺带，其中酰胺 I 带（1700~1600cm^{-1}）和酰胺 II 带（1600~1500cm^{-1}）与蛋白质的二级结构密切相关。不同二级结构的蛋白质，其酰胺 I 带和酰胺 II 带的吸收峰位置和形状存在差异。通过对红外光谱的分析，可以确定蛋白质中各种二级结构的含量和相对比例，以及蛋白质在不同条件下（如温度、pH 变化）的结构变化。此外，傅里叶红外光谱法还可用于研究蛋白质与其他分子（如配体、水等）的相互作用，通过观察相互作用前后红外光谱的变化来揭示其作用机制。

2.3.2　质谱技术在结构解析中的应用

质谱技术是一种通过测定离子的质荷比来确定化合物分子量和结构的分析方法。在蛋白质结构解析中，质谱技术主要用于测定蛋白质的分子量、氨基酸序列以及蛋白质翻译后修饰位点等信息。首先，通过酶解或化学裂解等方法将蛋白质降解为较小的肽段，然后利用质谱仪对这些肽段进行分析。常用的质谱技术包括电喷雾电离质谱（electrospray ionization mass spectrometry，ESI-MS）和基质辅助激光解吸电离飞行时间质谱（matrix-assisted laser desorption ionization time-of-flight mass spectrometry，MALDI-TOF-MS）。ESI-MS 适合分析分子量较小的肽段，能够产生多电荷离子，从而扩展了质谱仪的质量检测范围；MALDI-TOF-MS 则适用于分析较大的肽段和完整蛋白质，具有较高的灵敏度和分辨率。通过对肽段的质谱数据进行分析，可以确定肽段的氨基酸序列，进而推断蛋白质的一级结构。此外，结合串联质谱（MS/MS）技术，能够进一步获得肽段的碎片信息，有助于确定蛋白质的翻译后修饰位点（如磷酸化、糖基化等），这些修饰对蛋白质的功能和性质具有重要影响。

2.3.3　X射线衍射法

X射线衍射法是解析蛋白质晶体结构的经典方法，也是目前获取蛋白质高分辨率三维结构的主要手段之一。其基本原理是当X射线照射到蛋白质晶体上时，晶体中的原子会对X射线产生散射，这些散射波相互干涉，在空间形成特定的衍射图案。通过测量这些衍射图案的强度和相位信息，并利用数学方法进行计算和分析，可以重建出蛋白质分子中原子的三维坐标，从而得到蛋白质的精确结构。为了获得高质量的蛋白质晶体，需要进行大量的晶体生长条件筛选和优化工作。一旦得到合适的晶体，就可以利用同步辐射光源或实验室X射线发生器进行X射线衍射实验。X射线衍射法能够提供蛋白质原子水平的结构信息，对于理解蛋白质的功能机制、药物设计以及蛋白质工程等领域具有重要意义。然而，该方法也存在一定的局限性，如蛋白质晶体生长困难、对样品的纯度要求较高等。

2.3.4　中子衍射法

中子衍射法与X射线衍射法类似，但使用的是中子束而不是X射线。中子具有磁矩，能够与原子核发生相互作用，并且对轻元素（如氢）具有较高的散射能力，而X射线对轻元素的散射较弱。因此，中子衍射法在研究蛋白质中氢原子的位置和分布以及蛋白质与水的相互作用等方面具有独特的优势。在蛋白质结构研究中，中子衍射法可以提供与X射线衍射法互补的信息，帮助更全面地了解蛋白质的结构和功能。例如，通过中子衍射实验可以准确确定蛋白质中氢键的位置和强度，这对于理解蛋白质的稳定性和分子间相互作用至关重要。然而，中子源的获取相对困难，实验设备昂贵，限制了中子衍射法在蛋白质结构研究中的广泛应用。

2.3.5　氢同位素交换法

氢放射性核素交换法是20世纪50年代建立的用于测定溶液中蛋白质分子主链构象的一种方法，早期称为重氢交换法，到60年代发展为用氚来测定交换氢的方法，因此总称为氢放射性核素交换法。在水溶液中，蛋白质分子中的氢原子（主要是酰胺氢）会与溶剂中的氢原子发生交换反应。交换速率受到蛋白质结构的影响，处于蛋白质内部或形成氢键的氢原子交换速率较慢，而暴露在溶剂中的氢原子交换速率较快。通过将蛋白质样品与含有重氢（氚）的溶剂进行孵育，然后利用质谱、核磁共振等技术监测氢—氚交换的程度和速率，可以获得蛋白质不同区域的动态结构信息，包括蛋白质的折叠状态、结构域之间的相互作用以及蛋白质与配体结合时的构象变化等。氢同位素交换法在研究蛋白质的功能动态过程中发挥着重要作用，尤其是在理解蛋白质如何在生理条件下执行其生物学功能方面具有独特的价值。

2.3.6　核磁共振波谱法

核磁共振波谱法是基于原子核在磁场中的自旋特性和共振现象来研究分子结构的方法。在蛋白质结构研究中，核磁共振波谱法主要用于测定蛋白质在溶液中的三维结构和动态信息。蛋白质分子中的氢、碳、氮等原子核在强磁场作用下会发生能级分裂，当施加特定频率的射频脉冲时，这些原子核会吸收能量发生共振跃迁。通过测量共振信号的频率、强度和耦合常数等参数，可以获取蛋白质分子中原子之间的距离、化学键的角度以及分子的动态信息。常用的核磁共振实验技术包括一维氢谱（^1H-NMR）、二维相关谱（如$^1H-^1H$ COSY、$^1H-^{13}C$ HSQC 等）以及多维核磁共振谱。通过对这些实验数据的分析和计算，可以构建出蛋白质在溶液中的三维结构模型。与 X 射线衍射法相比，核磁共振波谱法能够在接近生理条件的溶液环境中研究蛋白质结构，并且可以提供有关蛋白质动态变化的信息，但该方法对蛋白质样品的纯度和浓度要求较高，且解析大分子量蛋白质结构时存在一定困难。

2.3.7　冷冻电镜技术

冷冻电镜技术是近年来发展迅速的一种蛋白质结构解析技术，它在蛋白质结构研究领域取得了革命性的突破。该技术的基本原理是将蛋白质样品快速冷冻在液氮温度下，形成一层非晶态的冰膜，使蛋白质分子在接近天然状态下被固定。然后利用透射电子显微镜对冷冻样品进行成像，获得大量蛋白质分子的二维投影图像。通过对这些二维图像进行图像处理和三维重构算法，可以得到蛋白质分子的三维结构模型。冷冻电镜技术具有无须结晶、能够解析大分子量蛋白质复合物结构以及对样品损伤小等优点，尤其适用于研究那些难以结晶的蛋白质和超大分子复合物。随着冷冻电镜技术的不断发展，其分辨率不断提高，已经能够达到原子分辨率水平，为深入理解蛋白质的结构与功能关系提供了强大的技术支持。目前，冷冻电镜技术已经广泛应用于生物学、医学、药物研发等多个领域，成为研究蛋白质结构和功能的重要工具之一。

2.4　食品加工中的结构变化

在食品加工这一复杂且多元的过程中，蛋白质作为食品体系中至关重要的组成成分，其结构极易受到热效应、pH 波动、机械剪切力、化学物质介入、辐照作用、酶催化反应以及水分活度改变等多种因素的协同影响而发生显著变化。这些变化对食品体系的影响是多维度且深层次的，不仅直接关联到食品的外观形态、质构特征以及口感体验等品质属性，更为关键的是，在微观层面上对食品的营养价值以及功能特性产生不容忽视的作用。

2.4.1 热致变性机制及影响因素

热是食品加工中最常用的处理方式之一，蛋白质的热致变性是一个复杂的物理化学过程。当蛋白质受到热作用时，其分子内部的非共价键（如氢键、范德瓦耳斯力、疏水相互作用等）会逐渐被破坏，导致蛋白质分子的天然构象发生改变，从有序的折叠状态转变为无序的伸展状态。这一过程会引起蛋白质许多理化性质的变化，如溶解度降低、黏度增加、失去生物活性等。

热致变性的机制主要包括以下几个方面：首先，温度升高会使蛋白质分子的热运动加剧，导致分子内部的弱相互作用逐渐被破坏。随着温度的进一步升高，蛋白质分子中的二级结构（如 α-螺旋、β-折叠）开始解旋，三级结构也逐渐瓦解。此外，热还可能引发蛋白质分子间的聚集和交联反应，进一步改变蛋白质的结构和性质。

影响蛋白质热致变性的因素众多，其中温度和加热时间是最为关键的因素。一般来说，温度越高、加热时间越长，蛋白质的变性程度就越大。不同蛋白质由于其氨基酸组成、序列和结构的差异，对热的稳定性也各不相同。例如，富含半胱氨酸的蛋白质，由于分子内可以形成较多的二硫键，通常具有较高的热稳定性；而一些结构较为松散、缺乏稳定相互作用的蛋白质则更容易受热变性。此外，食品体系中的其他成分，如水分含量、pH、离子强度、糖类和盐类等，也会对蛋白质的热致变性产生显著影响。较高的水分含量可以加速蛋白质的热变性过程，因为水分子可以与蛋白质分子相互作用，削弱分子内的非共价键；而适当的糖类和盐类则可以在一定程度上提高蛋白质的热稳定性，它们通过与蛋白质分子形成氢键或离子键，稳定蛋白质的结构。

2.4.2 pH 诱导的构象改变

pH 是影响蛋白质结构和性质的另一个重要因素。蛋白质分子是由氨基酸组成的两性电解质，其分子中含有许多可解离的酸性和碱性基团。在不同的 pH 环境下，这些基团的解离状态会发生变化，从而导致蛋白质分子所带电荷的数量和分布发生改变，进而影响蛋白质分子间的静电相互作用和分子内的氢键、离子键等非共价键的形成，最终引起蛋白质构象的改变。

当 pH 接近蛋白质的等电点（pI）时，蛋白质分子所带净电荷为零，分子间的静电排斥作用最小，蛋白质的溶解度最低，此时蛋白质容易发生聚集和沉淀。在远离等电点的 pH 条件下，蛋白质分子带有较多的净电荷，分子间的静电排斥作用增强，蛋白质的溶解度增加，结构也相对较为稳定。然而，如果 pH 过高或过低，超过了蛋白质结构的耐受范围，会导致蛋白质分子内的某些化学键（如肽键）发生水解，以及一些氨基酸残基（如天冬酰胺、谷氨酰胺）的脱酰胺作用，从而引起蛋白质结构的不可逆改变。

此外，pH 的变化还会影响到蛋白质与其他食品成分（如多糖、脂质等）之间的相互作用。例如，在酸性条件下，蛋白质与多糖之间可以通过静电相互作用形成复合物，这种复合物的形成会改变蛋白质和多糖的结构和功能特性，从而对食品的质地、稳定性等产生重要影响。

2.4.3 机械剪切对结构的影响

在食品加工过程中，机械剪切力也是常见的作用因素之一，如搅拌、均质、泵送等操作都会使蛋白质受到不同程度的机械剪切作用。机械剪切力可以直接作用于蛋白质分子，破坏其分子内的非共价键，导致蛋白质结构的改变。

当蛋白质受到机械剪切力时，分子会发生拉伸、扭曲和断裂等变形，这些变形会使分子内的氢键、疏水相互作用等非共价键受到破坏，从而引起蛋白质二级和三级结构的改变。同时，机械剪切力还可能导致蛋白质分子间的相互作用发生变化，促进蛋白质分子的聚集和交联反应。例如，在搅拌过程中，蛋白质分子可能会在剪切力的作用下展开，暴露更多的疏水基团，从而促使分子间通过疏水相互作用发生聚集；而在高压均质过程中，强烈的机械剪切力可以使蛋白质分子断裂成较小的片段，这些片段之间可能会通过二硫键或其他共价键发生交联反应，形成新的蛋白质聚集体。

机械剪切对蛋白质结构的影响程度与剪切力的大小、作用时间、蛋白质的浓度以及食品体系的组成等因素密切相关。一般来说，剪切力越大、作用时间越长，蛋白质结构的改变就越明显。此外，较高的蛋白质浓度会增加分子间的相互作用，使得蛋白质更容易在机械剪切力的作用下发生聚集和交联；而食品体系中的一些成分，如多糖、表面活性剂等，可能会对蛋白质起到一定的保护作用，减轻机械剪切对蛋白质结构的破坏。

2.4.4 化学物质添加对蛋白质结构的影响

在食品加工过程中，常常会添加各类化学物质，它们对蛋白质结构有着显著作用。例如，还原剂（如半胱氨酸、二硫苏糖醇等）能够断裂蛋白质分子内或分子间的二硫键，破坏蛋白质的三级和四级结构，使蛋白质的空间构象发生改变，进而影响其功能特性，如蛋白质的凝胶形成能力和乳化性等。而变性剂（如尿素、盐酸胍等）则主要通过与蛋白质分子竞争形成氢键，破坏蛋白质分子内的氢键网络，使蛋白质从天然的折叠状态转变为伸展状态，导致蛋白质的溶解度、黏度等理化性质改变。此外，一些金属离子（如钙离子、镁离子等）可以与蛋白质分子中的特定基团结合，形成配位键，改变蛋白质分子的电荷分布和空间构象，对蛋白质的稳定性和功能产生影响，比如钙离子能通过与蛋白质的羧基等基团结合，增强蛋白质的凝胶强度。

2.4.5 辐照处理对蛋白质结构的影响

辐照作为一种新型的食品加工技术，在食品保鲜、杀菌等方面应用逐渐广泛。辐照过程中产生的高能射线（如 γ 射线、电子束等）与蛋白质分子相互作用，会引发一系列物理和化学反应，从而导致蛋白质结构变化。辐照可直接作用于蛋白质分子，使蛋白质分子中的化学键发生断裂，如肽键断裂导致蛋白质分子降解为较小的肽段或氨基酸，同时也会破坏蛋白质分子内的二硫键、氢键等非共价键，影响蛋白质的二级和三级结构。此外，辐照还能间接通过水辐解产生的自由基（如羟基自由基、氢自由基等）与蛋白质分子发生反应，造成蛋白质分子的氧化损伤，引发蛋白质的聚集、交联或降解，改变蛋白质的结构和功能特性，如辐照可能会降低蛋白质的溶解性和消化性，影响食品的品质和营养价值。

2.4.6 酶处理对蛋白质结构的影响

在食品加工领域，酶作为一种高效且特异性强的生物催化剂被广泛应用，其对蛋白质结构的改变起着独特作用。不同类型的酶作用于蛋白质时，能够特异性地切割肽键，从而改变蛋白质的一级结构，进而影响其高级结构和功能特性。例如，蛋白酶是一类能够水解蛋白质肽键的酶，根据其作用位点的不同，可分为内切蛋白酶和外切蛋白酶。内切蛋白酶作用于蛋白质分子内部的肽键，将蛋白质切割成大小不同的肽段，这会显著改变蛋白质的分子量分布和空间构象。在干酪制作过程中，凝乳酶会特异性地作用于酪蛋白，切断其中特定的肽键，使酪蛋白分子发生聚集和沉淀，从而形成凝胶状的干酪结构。外切蛋白酶则从蛋白质的 N 端或 C 端逐一水解氨基酸残基，逐步改变蛋白质的氨基酸序列，对蛋白质的结构和功能产生渐进式的影响。此外，一些酶还可以通过催化蛋白质的修饰反应来改变其结构，如转谷氨酰胺酶能够催化蛋白质分子内或分子间的谷氨酰胺残基与赖氨酸残基之间形成 ε-（γ-谷氨酰）赖氨酸异肽键，从而引发蛋白质的交联，改变蛋白质的分子大小和空间结构，提高蛋白质的凝胶强度、乳化稳定性等功能特性，在肉制品、乳制品等加工中有着广泛应用。

2.4.7 水分活度对蛋白质结构的影响

水分活度是反映食品中水分存在状态的一个重要指标，它对蛋白质在食品加工过程中的结构稳定性有着至关重要的影响。蛋白质分子周围的水分子通过与蛋白质分子中的极性基团（如氨基、羧基、羟基等）形成氢键，参与维持蛋白质的天然结构。当水分活度发生变化时，蛋白质分子与水分子之间的相互作用也会相应改变。在低水分活度条件下，蛋白质分子周围的水分子数量减少，分子内的氢键等非共价相互作用相对增强，蛋白质分子倾向于保持紧密的折叠构象，结构较为稳定。然而，过低的水分活度可能导致蛋白质分子的刚性增加，柔韧性降低，使其在受到其他外界因素（如热、机械力等）作用时更容易发生结构破坏。相反，在高水分活度环境中，大量的水分子围绕在蛋白质分子周围，会削弱蛋白质分子内的非共价相互作用，使蛋白质分子的构象变得更加松散，增加了蛋白质分子与其他分子发生相互作用的机会，从而可能引发蛋白质的聚集、变性等结构变化。例如，在高水分含量的液态食品中，蛋白质更容易受到微生物污染和酶的作用，导致结构和功能的改变。此外，水分活度的变化还会影响食品中其他成分（如糖类、盐类等）与蛋白质之间的相互作用，进一步影响蛋白质的结构稳定性，在食品加工和贮藏过程中，合理控制水分活度对于维持蛋白质的结构和功能、保证食品的品质具有重要意义。

第3章　蛋白质的组成与分类

蛋白质作为生命的物质基础，在机体的各项生理活动中发挥着不可替代的作用。根据来源的差异，蛋白质主要分为动物来源蛋白质、植物来源蛋白质、微生物来源蛋白质以及新型蛋白质。

动物来源蛋白质源自各类动物组织与分泌物，是人类获取优质蛋白的重要途径。如乳蛋白，常见于牛奶、羊奶等乳汁中，由酪蛋白和乳清蛋白构成，前者消化缓慢，能长效供能，后者富含支链氨基酸，吸收迅速；肉蛋白来自猪、牛、羊等畜肉以及鸡、鸭、鹅等禽肉，包含肌红蛋白、肌球蛋白等，不仅为人体补充氨基酸，还提供铁等微量元素；蛋蛋白以鸡蛋、鸭蛋等禽蛋为来源，氨基酸组成与人体需求高度匹配，生物利用率极高；鱼蛋白存在于各种海水鱼和淡水鱼中，蛋白质丰富、氨基酸合理，且富含不饱和脂肪酸，有益心血管健康，肉质鲜嫩易消化。

植物来源蛋白质在人们的饮食中同样占据重要地位。大豆蛋白含人体必需的 8 种氨基酸，比例相对合理，仅蛋氨酸略低，还富含大豆异黄酮等活性成分，有抗氧化等保健功效；小麦蛋白主要由麦醇溶蛋白和麦谷蛋白组成，形成的面筋网络让面团具备独特的黏性、弹性和延展性，在食品加工中至关重要，只是赖氨酸含量较低；玉米蛋白主要是玉米醇溶蛋白，结构紧密，缺乏赖氨酸和色氨酸，生物利用率不高，但有抗氧化性和生物活性，在功能性食品等领域有应用潜力；大米蛋白氨基酸组成合理，生物效价高，赖氨酸含量突出，且低抗原性，不易过敏，在食品工业应用前景广阔。

微生物来源蛋白质是近年来逐渐受到重视的蛋白质资源。一些微生物，如酵母、细菌和真菌等，在特定培养条件下能够高效合成蛋白质。酵母蛋白富含多种必需氨基酸，且核酸含量较低，可用于生产单细胞蛋白，作为饲料添加剂或人类食品补充剂。细菌蛋白则因生长速度快、蛋白质含量高的特点，在工业生产中有潜在应用价值，比如某些产蛋白细菌能利用工业废料为原料生产蛋白质，实现资源的循环利用。真菌蛋白如食用菌蛋白，不仅口感鲜美，还含有丰富的膳食纤维和多种维生素，营养价值较高。

新型蛋白质则是随着科技的不断进步和研究的深入而出现的创新型蛋白质资源。其中包括通过基因工程技术改造或合成的蛋白质，例如利用转基因技术让植物表达出具有特殊功能的蛋白质，或在实验室中人工合成全新的蛋白质序列，以满足特定的医学、工业和食品等领域的需求。还有利用昆虫资源开发的昆虫蛋白，像黑水虻、黄粉虫等昆虫富含蛋白质，且具有生长周期短、饲料转化率高、环境友好等优势，在未来有望成为重要的蛋白质来源之一，为解决全球蛋白质供应问题提供新的思路和途径。

3.1　动物源蛋白质

3.1.1　酪蛋白

3.1.1.1　酪蛋白的组成及化学结构

牛乳中蛋白质含量约为 32g/L，主要由乳清蛋白和酪蛋白这两种蛋白质组成。酪蛋白是指在 20℃时用酸将脱脂乳 pH 调节至 4.6 条件下沉淀的一类蛋白质的总称，是乳蛋白质的主要成分，约占乳蛋白质总量的 80%。酪蛋白不是单一的蛋白质，主要由 α_{s1}-酪蛋白、α_{s2}-酪蛋白、β-酪蛋白和 κ-酪蛋白组成，每类又有多种遗传变异体，各组分的主要性质见表 3-1。每种酪蛋白有 2~8 种遗传性变异体，变异体间的差别仅为几个氨基酸的不同。这 4 种成分通常以 4∶1∶4∶1 的比例在牛乳中缔合形成微粒。

PO_4 基团以共价键的形式结合到酪蛋白上，与酪蛋白中的丝氨酸残基（少数为苏氨酸残基）发生酯化并以单酯的形式存在，酪蛋白中所有组分都是被磷酸化的。α_{s1}-CN 由 199 个氨基酸组成，分子质量约 23kDa，大多数分子上结合 8 个 PO_4 基团，少数结合 9 个 PO_4 基团，α_{s1}-CN 的多肽链上有两个很强的疏水区（残基 1-44、98-99），几乎所有磷酸酯基团的结合位点都分布在一个高密度电荷极性区（残基 45-98）；结合位点经酶解可得到磷肽，可结合钙、磷、铁等金属离子形成可溶性的盐，促进金属在体内的吸收。α_{s2}-CN 由 207 个氨基酸组成，分子质量为 25kDa，每个分子上结合 10~13 个 PO_4 基团，α_{s2}-CN 有两个磷酸化丝氨酸残基簇（SerP-SerP-SerP-Glu-Glu），这使它对钙离子的结合能力增强。β-CN 由 209 个氨基酸组成，分子质量为 24kDa，每个分子通常结合 5 个 PO_4 基团（部分分子结合 4 个），在肽链的第 14~21 位处，形成一个高度磷酸化的区域。当温度小于 8℃或较高 pH 条件下，β-CN 在溶液中以单体的形式存在，高温或 pH 接近中性的条件下，可形成丝状的多聚体。β-CN 和 α_s-CN 均容易受钙离子的影响而凝聚形成沉淀。κ-CN 是一个糖蛋白，含有 169 个氨基酸残基，分子质量约为 19kDa，在距离 C 端三分之一处结合唾液酸、半乳糖苷、岩藻糖等碳水化合物，这使其亲水性增强。在肽链的第 11 位和第 88 位上有两个半胱氨酸残基。κ-CN 的大多数分子中只含有 1 个 PO_4 残基，个别含有 2 个或 3 个，对钙离子不敏感。

表3-1 牛乳中酪蛋白的主要组分及性质

组分	平均分子量/Da	氨基酸残基	脯氨酸残基	半胱氨酸残基	PO_4基团	胰蛋白酶作用位点	带电荷数(pH=6.6)	糖蛋白	在酪蛋白中的含量/%	主要理化性质
α_{s1}-CN	23164	199	17(8.54%)	0	8	21(15K+6R)	-20.9	否	38	• 由含7~8个磷酸基的亲水区分隔出两个疏水区 • 具有较高的净负电荷(在生理pH下)和较低的整体疏水性
α_{s2}-CN	25388	207	10(4.83%)	2	10~13	31(25K+6R)	-13.8	否	10	• 在C-端附近有若干个带正电荷的氨基酸残基,在N-端附近有若干个带负电荷的氨基酸残基 • 在Ca^{2+}存在下容易形成聚集物
β-CN	23983	209	35(16.75%)	0	5	16(11K+5R)	-12.8	是	36	• N-端含有大量电荷,C-端呈现疏水性 • 分子具有两亲性
κ-CN	19038	169	20(11.83%)	2	1	15(10K+5R)	-3.0	是	12	• 是酪蛋白胶束间相互作用和结构稳定性的主要原因 • 能被凝乳酶切断κ-酪蛋白分子中的苯丙氨酸(105)-甲硫氨酸(106)之间的肽键,产生疏水部分(para-κ-酪蛋白)和一个亲水部分(GMP)

注 CN:酪蛋白;K:赖氨酸;R:精氨酸;GMP:糖巨肽。

酪蛋白既不是球蛋白，也不是真正的不规则的自由缠绕聚合物，其在溶液中的结构受本身所处的环境影响，被描述成流变蛋白质，但其结构仍是开放的和柔软的。其高含量的脯氨酸残基导致其多肽链的特定弯曲，防止形成紧密堆积、有序的二级和三级结构。通过圆二色谱、旋光色散和红外光谱等技术分析，酪蛋白具有较少的二级和三级结构，这可能是由于酪蛋白中含有较多的脯氨酸残基产生了巨大的空间位阻，从而影响了 α-螺旋和 β-折叠的形成。根据 Kumosinski 等创建的数学模型推算：α_{s1}-酪蛋白含有一定数量的 β 折叠和 β 转角，含有较少的 α-螺旋；在 α_{s2}-酪蛋白的 C 端有一个致密的球形结构，由超过半数的氨基酸残基构成，在其内部可能有一些 α-螺旋和 β-折叠结构存在；在 β-酪蛋白的结构中可能存在 10% 的 α-螺旋，17% 的 β-折叠以及 70% 的无序结构；κ-酪蛋白的结构相对比较有序，可能有23% 的 α-螺旋、31% 的 β-折叠和 24% 的 β-转角。

80% 以上的酪蛋白以聚集体和胶束的形式存在。大量的疏水性残基的暴露，有利于蛋白质与蛋白质之间的相互作用，弱化了蛋白质与水之间的相互作用。乳中大部分酪蛋白与钙结合生成酪蛋白酸钙，再与胶体状的磷酸钙结合形成酪蛋白酸钙—磷酸钙复合体（calcium caseinate-calcuimphosphate complex），此胶体微粒直径在 30~300nm 之间，直径在 40~160nm 的占大多数，胶粒计数为 5×10^{12}~15×10^{12} 个/mL，另外有 10%~20% 的酪蛋白以溶解形式或是非胶粒形式存在于乳中。酪蛋白胶束是由许多亚酪蛋白胶束构成。亚酪蛋白胶束直径为 10~15nm，不同的酪蛋白胶束所含有的 α_s-、β-和 κ-酪蛋白也不均匀一致。对于酪蛋白胶束的结构，许多学者提出了不同的理论模型。Payens 认为，酪蛋白中的 β-酪蛋白以细丝状态形成网状结构，并将 α_s-酪蛋白包围，而 κ-酪蛋白在外侧［图 3-1（a）］；Waugh 等认为，酪蛋白酸钙—磷酸钙复合体胶粒大体上呈球形［图 3-1（b）］，胶粒内部是由 α_s-CN 和 β-CN 定量结合形成大小一致的热力学稳定的玫瑰花结构的内核，各个玫瑰花形的酪蛋白由钙交联，κ-酪蛋白覆盖在外侧，以防止进一步聚集，对胶粒起保护作用，使牛乳中的酪蛋白酸钙—磷酸钙复合体胶粒能保持相对稳定的胶体悬浮状态。

3.1.1.2　酪蛋白的功能性质及应用

酪蛋白作为食品原辅料及添加剂，其应用取决于物理化学性质和功能特性，而理化性和功能性又由其特定的结构所决定。酪蛋白含有大量的磷酸基团、极少量的含硫氨基酸，以及在胶束外 κ-酪蛋白保护层的存在，使其具有良好的溶解性质。在结构上，有序的结构相对较少，其亲水区域和疏水区域相对独立，分子柔性好，这些特征赋予酪蛋白良好的表面活性、水合特性及胶体性质。酪蛋白良好的功能特性使其在食品工业及相关产业中应用广泛，见表 3-2。

（a）

（b）

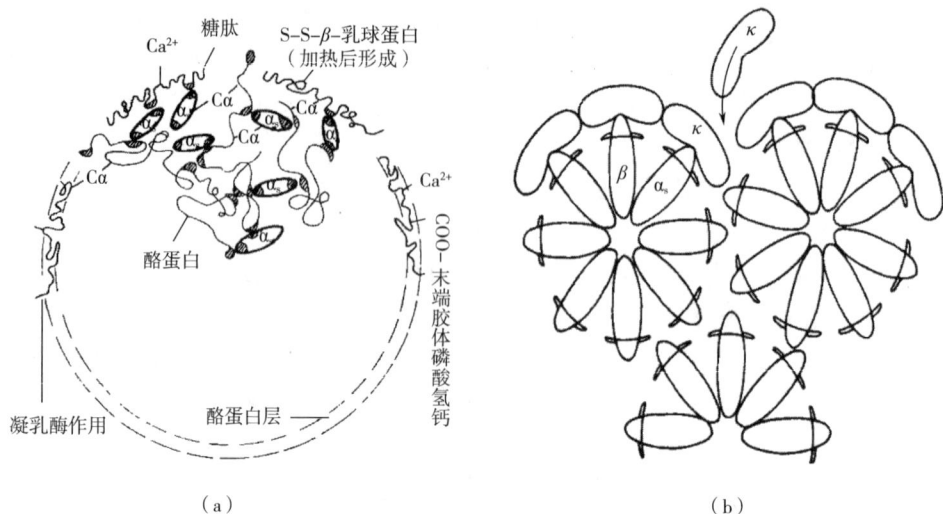

图 3-1　酪蛋白胶束结构模型

表 3-2　酪蛋白的应用

应用领域	功效作用
乳饮料、仿制牛奶、液态奶强化产品、奶昔	增强营养，提高乳化和发泡性能
发酵乳制品（如酸奶）	增强凝胶强度，减少脱水，防止收缩
起酥油和人造奶油	乳化剂，增强质构，改善感官特性
模拟奶酪	增强质构，熔化性，增强拉丝性能，提高保水及持油性
葡萄酒和啤酒工业	去除杂质和涩味，澄清，淡化颜色
冰激凌和冷冻甜点	搅拌特性，成型和改善质地
慕斯和速溶布丁	搅拌特性，成膜剂，乳化剂，成型和味道
焙烤制品（如面包、饼干、蛋糕等）	增强营养，改善感官品质和质构品质，乳化剂，增加面团稠度，增加体积/产量
太妃糖、焦糖和软糖	成型剂，增加弹性、持水性，耐咀嚼，乳化剂
棉花糖和牛轧糖	发泡性，高温稳定，提高风味，改善色泽
面制品（预混粉、意大利面等）	提高营养，改善质地
肉制品（肉糜、香肠等）	乳化剂，增强持水性，提高稠度，促进肉蛋白质形成凝胶

续表

应用领域	功效作用
方便食品（调味料、微波食品、低脂方便食品、膨化食品）	增白剂，乳化剂，稳定剂，风味增强剂，调节黏度，提高冻融稳定性，营养强化，改善色泽和质构
可食用膜和微胶囊化产品	控制拉伸强度，拉伸性和不透明度，湿度和气体屏障，感官性能，分散性能，提高氧化稳定性
特殊食品、医药和保健产品	营养强化，增强免疫力，酪蛋白水解物制品可用于辅助治疗婴幼儿腹泻、肠胃炎、半乳糖血症、吸收不良、苯丙酮尿症，作为代谢紊乱、肠道疾病患者或术后患者得特殊膳食
其他制品（生化试剂、纺织、化妆品、工业胶粘剂、皮革涂饰等）	—

3.1.2　乳清蛋白

3.1.2.1　乳清蛋白的组成及化学结构

利用蛋白质在其等电点沉淀的原理，于 20℃调节牛乳的 pH 为 4.6，酪蛋白沉淀分离后，乳清中剩余的蛋白质的总称即为乳清蛋白，其占牛乳中蛋白质含量的 18%~20%。其含有多种活性物质，易于人体消化吸收，营养价值高。乳清蛋白是一种复杂混合物，包含 α-乳白蛋白、β-乳球蛋白、免疫球蛋白、牛血清白蛋白、乳铁蛋白和溶菌酶等。大多数乳清蛋白呈球状，具有二级与三级结构，其中 α-螺旋结构含量较多，电荷分布均匀，热稳定性较差，水合能力强，具有较高的分散度。牛乳清蛋白的结构特性见表 3-3。

表 3-3　牛乳清蛋白的结构特性

种类	相对分子量/Da	氨基酸残基/个分子	半胱氨酸/（残基/mol）	二硫键/mol	疏水性/（kJ/mol）	α-螺旋/%	pI	电荷/残基摩尔百分比
α-乳白蛋白	14176	123	8	4	4.7	30	4.3	28
β-乳球蛋白	18283	162	5	2	5.1	11	5.2	30
血清白蛋白	66267	582	35	17	4.3	46	4.7	34

用中性盐溶液（饱和硫酸铵或硫酸镁）盐析乳清，析出的蛋白质称为乳球蛋白，溶解的部分称为乳白蛋白。乳清蛋白的组成与酪蛋白的提取方式有关，大多数乳清蛋白产品是通过碱溶酸沉的方法提取酪蛋白后的产物，不同处理方式得到的酪

蛋白及乳清蛋白化学组成见表3-4所示。

表3-4 乳蛋白产品的化学组成

乳蛋白产品	处理方式	化学组成（干重）/%			
		蛋白质	灰分	乳糖	脂肪
干酪素	酸沉淀	95	2.2	0.2	1.5
	凝乳酶	89	7.5	—	1.5
	共沉淀	89~94	4.5	1.5	1.5
乳清蛋白浓缩物	超滤	59.5	4.2	28.2	5.1
	超滤+反渗透	80.1	2.6	5.9	7.1
乳清蛋白分离物	Spherosil S 工艺	96.4	1.8	0.1	0.9
	Istec 工艺	92.1	3.6	0.4	1.3

3.1.2.2 乳清蛋白的功能性质及应用

乳清蛋白含有数十种氨基酸，矿物质含量高而胆固醇含量低，组成合理，更加利于人体消化吸收，被营养学界誉为"蛋白质之王"。乳清蛋白也是公认的膳食补充剂，可降低疾病的发生概率，并起到辅助治疗的作用；乳清蛋白可能具有抗炎、抗癌特性。对于婴幼儿而言，乳清蛋白较高的生物利用率，可以有效地减轻婴幼儿肾脏负担。

乳清蛋白除营养价值高以外，其多种组成成分的相互作用使得在不同的环境条件以及经不同的理化方式处理后，表现出多种功能特性，这些功能特性是乳清蛋白被开发利用并应用于食品工业的重要因素，乳清蛋白在食品中的应用见表3-5。乳清蛋白对溶液的乳化稳定性起着重要的作用，乳清蛋白通过降低油相和水相之间的表面张力来破碎较大的油脂液滴，并阻止液滴重新聚合以使溶液保持稳定。乳清蛋白的这种吸附性能还能形成一个具有弹性的薄层以阻隔不同相之间的混合。乳清蛋白具有良好的起泡性和泡沫稳定性。随着乳品工业的发展，乳清蛋白的起泡性正在被逐步应用，例如奶油的搅打，酸奶口感的改良以及冷冻甜品的制作。同时泡沫的产生也有其不利的一面，如牛奶的运输时泡沫的产生使得操作变得困难，灌装时产生不良的感官效果等。另外，乳清蛋白通过形成聚合乳清蛋白，具有较好的成膜性和胶凝性，该特性可用于对特定物质的包埋。大量相关研究表明乳清蛋白对食品中相关成分的包埋可以有效地阻隔氧气及水分，提高产品稳定性，保持风味及口感，在延长货架期，提高消费者接受性，或提高食品安全性上都具有良好的应用前景。

表 3-5　乳清蛋白的应用

食品种类	应用领域
焙烤食品	面包、松饼、蛋糕
乳制品	酸奶、奶酪
肉类产品	法兰克福肠、盐水注射液
饮料	果汁饮料、软饮料、固体饮料、乳饮料
甜食	冰激凌、冷冻甜点
糖果	充气糖果

3.1.3　乳脂肪球膜蛋白

3.1.3.1　乳脂肪球膜的结构

牛乳脂肪球膜（milk fat globule membrane）的结构和人乳脂肪球膜结构分别见图 3-2 和图 3-3。MFGM 是一种三层膜结构从 MFGM 的内部向外看，其内部是由极性脂组成的单层膜，而外面是由蛋白组成的双层膜，蛋白分布在双层膜上，而细胞质位于单层膜和双层膜之间。人们广泛接受的 MFGM 模型是流动的镶嵌模型，以流体的状态存在。MFGM 上分布着大量蛋白，这些蛋白以不同方式结合在 MFGM 上，一部分膜蛋白镶嵌或松散地结合在双层膜上，一些膜蛋白如黏蛋白（mucin1，MUC1）、嗜乳脂蛋白（butyrophilin，BTN）和过碘酸稀夫Ⅲ（periodic acid schi Ⅲ，PAS Ⅲ）横穿 MFGM 外部的双层膜，而胆固醇镶嵌在单层膜中间（图 3-2）。脂肪分化相关蛋白（adipocyte differentiation-related protein，ADPH）对甘油三酯有很强的亲和性，位于极性脂单层膜的里面，黄嘌呤脱氢酶/氧化酶（xanthine oxidase，XDH/XO）暴露于单层膜的内表面，与乳脂蛋白（butyrophiin，BTN）紧密地连接在起形成超分子复合物，而 BTN 是一种外层跨膜蛋白，该蛋白在 MFGM 中起着锚的作用，将 MFGM 的内层和外层连接起来。

3.1.3.2　乳脂肪球膜蛋白质组成

MFGM 中蛋白质占总量的 25%~60%，其差异主要依赖于 MFGM 分离条件的选择、样品的差异以及分析方法。MFGM 中主要的蛋白质包括黏蛋白 1（MUC1）、黄嘌呤脱氢酶/氧化酶（XDH/XO）、过碘酸稀夫Ⅲ/Ⅳ（PASⅢ/Ⅳ）、嗜乳脂蛋白（BTN）和过碘酸稀夫 6/7（periodic acid schif6/7，PAS6/7），这些蛋白质的分子量范围分布较广；另外，MFGM 还含有朊蛋白胨 3（proteosepptone，PP3）（表 3-6）。

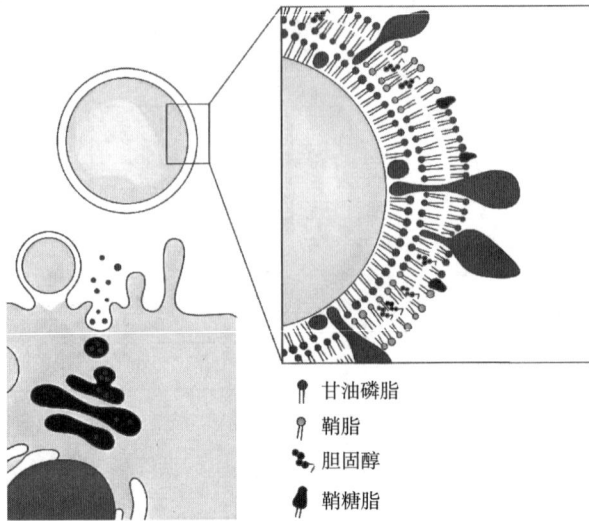

图 3-2　牛乳脂肪球膜（MFGM）的结构

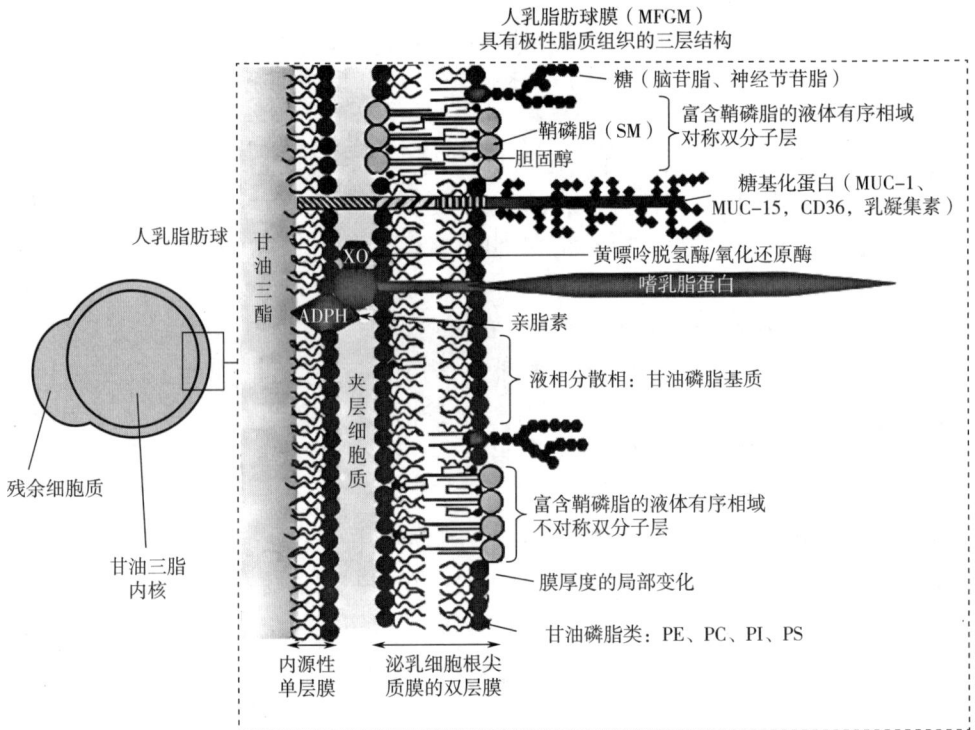

图 3-3　人乳脂肪球膜的结构

表 3-6 MFGM 蛋白的组分及分子质量

组分	分子质量/kDa	组分	分子质量/kDa
黏蛋白 1 （MUCI）	160~200	嗜乳脂蛋白 （BTN）	67
黄嘌呤脱氢酶 （XDH/XO）	150	过碘酸稀夫 6/7 （PAS6/7）	48~54
过碘酸稀夫Ⅲ （PASⅢ）	95~100	脂蛋白胨 3 （PP3）	18~30
过碘酸稀夫Ⅳ （PASIV）	76~78		

3.1.3.3 乳脂肪球膜的功能性质及应用

乳脂肪球膜由磷脂、糖蛋白、神经节苷脂等多种成分构成，形成了稳定的膜结构，将乳脂肪球包裹其中，防止脂肪球的聚集和融合，维持乳脂肪在乳液体系中的分散稳定性，确保乳制品在储存和加工过程中脂肪不会上浮或分离。其含有丰富的磷脂，如磷脂酰胆碱、磷脂酰乙醇胺等，这些磷脂是构成人体细胞膜的重要成分，有助于维持细胞的正常生理功能。同时，乳脂肪球膜蛋白中包含多种生物活性蛋白，如乳铁蛋白、黄嘌呤氧化酶等，具有抗菌、抗氧化、免疫调节等多种生物活性，对人体健康具有积极作用。另因其独特的两亲性结构，乳脂肪球膜能够降低油水界面的表面张力，具有良好的乳化性能，在乳制品的乳化体系中发挥重要作用，帮助形成稳定的乳状液结构。

为了模拟母乳成分，在婴幼儿配方乳粉中添加乳脂肪球膜，为婴儿提供更接近母乳的营养组成，有助于婴儿的大脑和神经系统发育，增强免疫力，提高婴儿对营养物质的消化吸收能力，改善奶粉的品质和营养价值。也可作为功能性成分添加到酸奶、奶酪、烘焙食品等中，提升产品的营养价值和保健功能。例如，在酸奶中添加乳脂肪球膜，不仅能增加酸奶的营养，还能改善酸奶的质地和口感，延长保质期。在医药领域，由于其具有生物活性和细胞亲和性，乳脂肪球膜在药物载体、组织工程等方面展现出潜在的应用价值。可用于制备纳米级的药物传递系统，提高药物的靶向性和生物利用度。

3.1.4 禽类蛋白

禽蛋是由卵白（56%~61%）和卵黄（27%~32%）组成。禽蛋中的卵白含水量接近 90%，其余主要成分为蛋白质，是一种水作为分散介质、蛋白质作为分散相形成的胶体物质。卵黄的主要成分是水、脂肪和蛋白质，鸡蛋卵白、卵黄和全蛋的组成情况见表 3-7。

表 3-7 鸡蛋的化学组成   单位：%

部分	总固体	蛋白质	脂肪	碳水化合物	灰分
卵白	11.1	9.7~10.6	0.03	0.4~0.9	0.5~0.6
卵黄	52.3~53.5	15.7~16.6	31.8~35.5	0.2~1.0	1.1

续表

部分	总固体	蛋白质	脂肪	碳水化合物	灰分
全蛋	25~26.5	12.8~13.4	10.5~11.8	0.3~1.0	0.8~1.0

3.1.4.1 卵白的组成及化学结构

卵白是由大量的球状水溶性糖蛋白、纤维状卵黏蛋白组成的蛋白体系，主要分为3层，各层之间的蛋白质组成差异不大，见表3-8。现已从卵白中分离得到约40种蛋白质，几种主要蛋白质的组成及特性见表3-9。

表3-8　卵白各层中蛋白质组成　　　　　　　　　　单位:%

蛋白层	卵白蛋白	卵类黏蛋白	卵转铁蛋白+卵球蛋白	卵巨球蛋白	溶菌酶
浓厚蛋白凝胶状部分	59.6	5.4	34.5	0.3	0.1
浓厚蛋白液状部分	62.9	6.3	28.3	1.0	1.8
稀薄蛋白	61.9	6.0	29.7	0.5	1.8

表3-9　卵白中蛋白质的组成及特性

蛋白质	含量/%	相对分子质量	等电点	糖蛋白	重要特性
卵白蛋白	54	约 $4.5×10^4$	4.7	+	磷糖蛋白，发泡、胶凝
卵转铁蛋白	12~13	约 $7.8×10^4$	6.0	+	结合铁、抗菌
卵类黏蛋白	11	约 $2.8×10^4$	4.1	+	胰蛋白酶抑制物
卵黏蛋白	1.5~3.5	$0.2×10^6 ~ 8.3×10^6$	4.5~5.0	+	黏度
溶菌酶	3.4~3.5	约 $1.4×10^4$	10.7	—	抗菌，裂解细菌细胞膜
G_2-球蛋白	4	约 $4.9×10^4$	5.5	+	—
G_3-球蛋白	4	约 $4.9×10^4$	5.8	+	—
卵抑制物	0.1~1.5	约 $4.9×10^4$	5.1	+	丝氨酸蛋白酶抑制物
卵糖蛋白	0.5~1.0	约 $2.4×10^4$	3.9	+	
卵黄蛋白	0.8	约 $3.2×10^4$	4.0	+	结合核黄素
卵巨球蛋白	0.5	$7.6×10^5 ~ 9.0×10^5$	4.5~4.7	+	强抗原性，高免疫学性质
半胱氨酸蛋白酶抑制剂	0.05	约 $1.3×10^4$	5.1	—	巯基蛋白酶抑制物
抗生物素蛋白	0.05	约 $6.8×10^4$	10.0	+	抗菌，生物素结合

卵白的主要成分卵白蛋白，约其总量的50%以上，属于含磷脂的糖蛋白，具有4个巯基和1个二硫键，分子量为45000Da，等电点为4.5，是由385个氨基酸残基组成的球状蛋白质，其中疏水性氨基酸占比约50%。大多数疏水氨基酸被埋藏在蛋白质的结构内，导致天然的卵白蛋白和脂溶性生物活性成分之间的结合能力较差。

但是适当的外界条件干扰下，卵白蛋白结构极易展开，内部的疏水基团暴露出来，其与脂溶性配体的结合能力显著提高。

3.1.4.2 卵白蛋白的功能性质及应用

卵白蛋白作为卵白中含量最丰富的蛋白质，具有良好的营养价值和功能特性。为了改善一些食品的口感、质构、风味和营养成分，卵白蛋白经常被添加到焙烤食品、饮料、鱼糜等多种食品中，是食品工业中大量使用的功能性食品配料。卵白蛋白功能性质及应用见表3-10。卵白蛋白的功能性质不但与其氨基酸组成、电荷数、有效疏水性等内在因素有关，而且与pH、温度、盐离子强度等外界环境密切相关。

表 3-10 卵白蛋白功能性质及应用

功能性质	作用机理	在食品中的应用
凝胶性	蛋白质三级网络结构	鱼糜、肉丸类等肉制品
溶解性	亲水基团	饮料、肉制品
持水性	氢键的连接与保持	面点类制品、焙烤食品、肉制品
起泡性	形成稳定的膜	面点类制品、冰激凌
乳化性	油脂乳化体系的形成与稳定	饮料、焙烤食品、人造奶油
脂肪吸收性	结合游离脂质，防止脂肪凝聚	冰激凌、面包、发泡糕点
营养功能	全价蛋白	强化食品

3.1.4.3 卵黄的结构及化学组成

相较于卵白，卵黄的结构和化学成分均较复杂，其水分含量约50%，其余主要成分为蛋白质和脂肪，脂肪常以脂蛋白的结合态存在，此外，还含有糖类、矿物质、维生素和色素等物质。禽蛋蛋黄中可供利用的高丰度蛋白质种类相对较少，主要有卵黄免疫球蛋白（10%）、卵黄高磷蛋白（70%~10%）、低密度脂蛋白（65%）和高密度脂蛋白（16%）四种，以及极少量的其他蛋白质，如一些酶类等。禽蛋卵黄的化学组成见表3-11。

表 3-11 禽蛋卵黄的化学组成 单位:%

种类	水分	脂肪	蛋白质	卵磷脂	脑磷脂	矿物质	葡萄糖及色素
鸡蛋	47.2~51.8	21.3~22.8	15.6~15.8	8.4~10.7	3.3	0.4~1.3	0.55
鸭蛋	45.8	32.6	16.8	—	2.7	1.2	—

3.1.5 肉类蛋白

3.1.5.1 肉类蛋白的组成及化学结构

蛋白质是构成动物肌肉营养成分的主要组分之一，占肌肉的20%左右。根据肌肉

蛋白质的构成位置及其在盐溶液中的溶解度可将其分为肌原纤维蛋白质（40%~
60%）、肌浆蛋白质（20%~30%）、结缔组织蛋白质（10%）这三类。这三类蛋白质
的含量因动物种类、性别、年龄、解剖部位等因素存在较大差异。肌肉组织的宏观结
构和微观结构见图3-4和图3-5。肉类的大致的化学组成为蛋白质20%、水分70%、
脂肪5%、其他5%，不同动物来源的骨骼肌中蛋白质种类及其含量见表3-12。不同
种类和不同部位蛋白质含量也不相同，见表3-13。

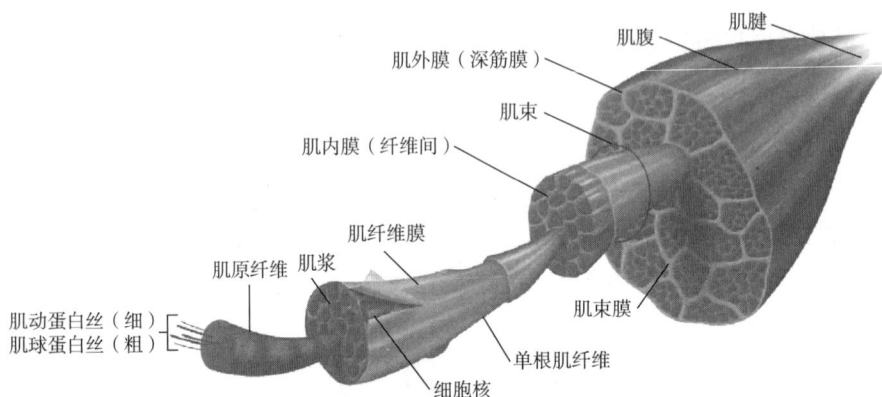

图3-4 肌肉组织的宏观结构

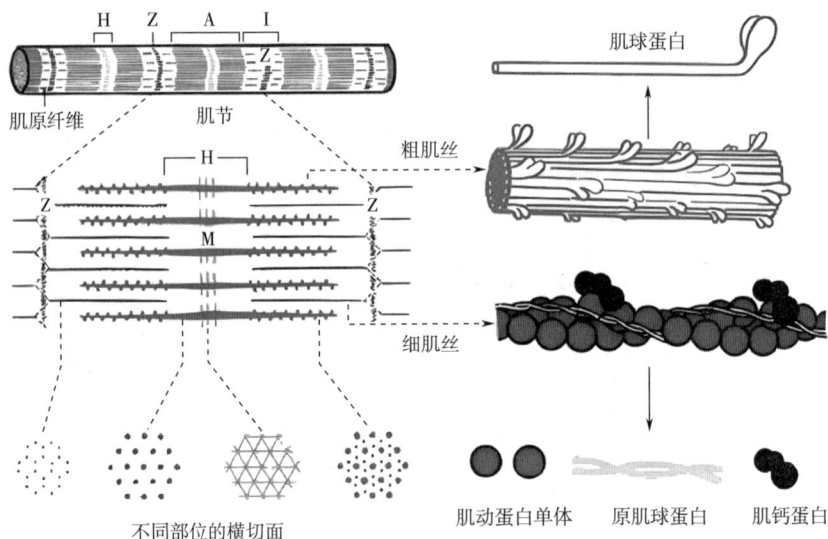

图3-5 肌肉组织的微观结构

表 3-12 不同动物来源的骨骼肌中蛋白质种类及其含量　　　　　单位:%

种类	肌原纤维蛋白	肌浆蛋白	结缔组织蛋白
哺乳动物	49~55	30~34	10~17
禽肉	60~65	30~34	5~7
鱼肉	65~75	20~30	1~3

表 3-13 各种肉不同部位的化学组成　　　　　单位:%

种类	部位	水分	粗蛋白质	粗脂肪	灰分
牛肉	肩肉	65	18.6	16	0.9
	肋腹肉	61	19.9	18	0.9
	背肉	57	16.7	25	0.8
	肋骨肉	59	17.4	23	0.8
	腿肉	69	19.5	11	1.0
	臀部肉	55	16.2	28	0.8
猪肉	肩肉	49	13.5	37	0.7
	背肉	58	16.4	25	0.9
	肋骨肉	53	14.6	32	0.8
	腿肉	53	15.2	31	0.8
羊肉	肩肉	58	15.6	25	0.8
	背肉	65	18.6	16	—
	肋骨肉	52	14.9	32	0.8
	腿肉	64	18.0	18	0.9
	胸肉	48	12.8	37	—

　　目前,对组成肌肉组织的各种蛋白质的数量、种类还不是完全清楚。肌肉中大部分蛋白质已经被分离出,并进行了详细的研究。尚不清楚的是在肌肉组织中存在的含量极少的那些蛋白质。已知的肌肉蛋白质的相对含量、相对分子质量等见表 3-14。

表 3-14 骨骼肌中蛋白质的分类与组成

蛋白质		相对分子质量	相对含量/%
肌原纤维蛋白	肌球蛋白	5×10^5	43
	肌动蛋白	4.2×10^4	22
	肌钙蛋白	7.4×10^4	5

蛋白质		相对分子质量	相对含量/%
肌原纤维蛋白	原肌球蛋白	3.7×10^4	5
	α-肌动蛋白	9.5×10^4	2
	伴肌动蛋白	6.5×10^5	5
	肌联蛋白	大于 1×10^6	10
	肌间蛋白	5.5×10^5	1
	M-蛋白	1.6×10^5	2
	C-蛋白	1.4×10^5	2
	其他	—	3
肌浆蛋白	肌红蛋白	1.7×10^4	1
	钙蛋白酶	1.1×10^5	<1
	胞外蛋白	—	8
	膜蛋白等	—	21
	磷酸酶	2×10^5	4.5
	其他酶等	—	58
	乳酸脱氢酶	1.5×10^5	7
肌基质蛋白	胶原蛋白	3×10^5	60
	弹性蛋白	7×10^4	4
	网状蛋白	—	1
	其他	$1.4 \sim 2.5 \times 10^5$	35

3.1.5.2 肉类蛋白的功能性质及应用

肌肉盐溶蛋白质的胶凝能力是肉制品加工中重要的功能特性之一，它对产品质构和感官品质具有极其重要的作用。在畜禽肉制品加工中，红肉和白肉不仅在化学组成不同，在理化特性上也不同。鸡胸肉肌原纤维蛋白的凝胶强度和保水性大，牛肉和猪肉肌原纤维蛋白的凝胶强度和保水性居中，鱼肉则最小。相同来源的不同部位也存在差异，从鸡胸肉中提取的肌原纤维蛋白质的凝胶特性与鸡腿肉不同，这种不同导致不同类型肌肉制品的工艺特性各异。

在肉品加工中，肉的保水性不仅在成本上具有重要意义，在产品质地方面也有重要的影响。在早期的研究中已经发现，肉类的保水性由肌肉蛋白决定，主要的水结合作用来自肌动球蛋白，只有3%的水结合能力来自可溶性肌浆蛋白。肌肉在成熟过程后其保水能力能够提高，同时加入一些盐类，尤其是磷酸盐，可以大幅度地提高肌肉的保水能力。

3.1.6　水产动物蛋白

水产动物蛋白来源广泛，包括鱼类、虾类、贝类等。它们的蛋白质含量高，且富含不饱和脂肪酸，营养价值独特。鱼类蛋白具有良好的凝胶形成能力，在鱼糜制品如鱼丸、蟹棒等的制作中发挥关键作用。虾类和贝类蛋白也有各自独特的结构和性质，如虾青素与虾蛋白结合赋予虾独特的色泽。水产动物蛋白在加工过程中容易受到微生物和酶的作用而变质，因此保鲜技术是研究重点。此外，对水产动物蛋白的综合利用，如开发高附加值的生物活性肽，也是当前的研究热点。

3.1.6.1　水产动物蛋白的组成及特性

水产品肌肉中的蛋白质含量受品种、生长期、季节变化等影响，一般鱼肉中含有 15%~25% 的粗蛋白质，虾蟹类与鱼类大致相同，贝类含量较低，为 8%~15%。鱼、虾、蟹类的蛋白质含量与牛肉、半肥半瘦的猪肉、羊肉相近，不同的是脂肪含量低。按干基计鱼、虾、蟹类的蛋白质含量高达 60%~90%，而猪、牛、羊肉因脂肪多的缘故，干物中蛋白质含量仅为 15%~60%。因此，水产品是一种高蛋白、低脂肪和低热量的食物。此外，水产品肌肉蛋白质中必需氨基酸的种类齐全、比例均衡、消化吸收率高，属于优质蛋白源。

水产品肌肉蛋白质可以按溶解性分为水溶性蛋白（又称肌浆蛋白）、盐溶性蛋白（称肌原纤维蛋白）和水不溶性蛋白（又称肌基质蛋白）。也可以简单分为细胞内蛋白质和细胞外蛋白质，细胞内蛋白质包括肌浆蛋白和肌原纤维蛋白，细胞外蛋白质主要是肌基质蛋白。

不同水产品肌肉蛋白质的组成及含量见表 3-15。从表中可以看出，不同水产品肌肉蛋白质中的组成差异较大，但总体上是肌原纤维蛋白含量最高（占 60%~75%），其次是肌浆蛋白（占 20%~35%），肌基质蛋白含量最低（占 2%~20%）。一些淡水鱼类如鲑鱼、鳙鱼的肌基质蛋白含量相对较高，而软骨鱼的肌基质蛋白含量也较高，约达 10%。相对于鱼虾肉蛋白，部分软体动物的肌浆蛋白含量较高，特别是一些贝类，这与其含有较多的水溶性蛋白及呈味物质有关。

表 3-15　不同水产品肌肉蛋白质的组成及含量　　　　　　单位:%

种类	肌浆蛋白	肌原纤维蛋白	肌基质蛋白
中国对虾	31.3	52.1	3.6
印度对虾	26.5	54.6	3.7
虹鳟鱼	30	64	—
鲑鱼	29.5	62.8	20.8

续表

种类	肌浆蛋白	肌原纤维蛋白	肌基质蛋白
鳙鱼	26.1	643	19.9
鳊鱼	31.4	64.4	16.3
鲫鱼	32.2	60.7	1.65
文蛤（闭壳肌）	41	57	2
文蛤（足肌）	56	3	1
马氏珍珠贝（闭壳肌）	20	62.8	10

3.1.6.2 水产品肌肉蛋白质在贮藏加工过程中的变化

（1）蛋白质冷冻变性

水产品在冷冻贮藏条件下，肌肉蛋白质受冷冻贮藏温度及贮藏时间、包装、冻融速率、温度波动和反复冻融等物理或化学因素的影响，其分子内部原有的高度规律性的空间结构发生变化，致使蛋白质的理化性质和生物学性质发生改变，但并不导致蛋白质一级结构的破坏，这种现象称为蛋白质的冷冻变性。冷冻贮藏是水产品主要的贮藏方法之一，但不适当的冻藏会引起鱼贝类肌肉肌原纤维蛋白变性，造成肉质变差，如汁液流失、嫩度下降、风味物质和蛋白质损失，最终破坏肌肉蛋白质的功能特性（如凝胶性等），降低肉的品质和加工性能。蛋白质冷冻变性是影响水产品冷冻贮藏过程中肉质变化的主要因素，也是水产品贮藏中一直研究的重点问题。

（2）蛋白质热变性

热处理是水产品加工过程中重要的加工工艺，加热会引起一系列生物化学反应，赋予产品特别的风味、色泽以及质地。这些生物化学反应主要是由于肌肉蛋白质在加热过程中发生了变性。热处理能不同程度地改变蛋白质的构象（这种新的构象往往是过渡的或者是短暂的），但并不伴随一级结构中肽链的断裂。热变性的蛋白质双螺旋结构展开，形成特殊的伸展结构。其二、三级结构的改变使 α-螺旋、β-折叠、β-转角、无规卷曲结构的比例发生改变。随着热变性温度的升高和时间的延长，α-螺旋结构的相对强度呈减小趋势，β-折叠和无规则卷曲结构相应增多。所以，蛋白质分子中多个肽键平面通过氨基酸的 α-C 原子旋转而紧密盘曲成的稳定结构可能在热变性作用下转变为不规则的疏松构象，从而使疏水性基团向外暴露。变性的最后一步相当于转变为完全展开的多肽链结构。

在加工过程中，变性可使蛋白质的功能性质（水合性质、结构性质、表面性质、感官性质）发生不同程度的改变，并能增强蛋白酶对肌肉蛋白质的敏感性。研究发现，鲭鱼、鳗鱼和沙丁鱼的鱼肉蛋白质溶解度、巯基数量随着加热温度的升高而降低，羰基形成量随着温度的升高而增加。加热使得蛋白质结构发生不可逆的变化，随着温度上升，变性速度加快。

（3）蛋白质降解

水产品在贮藏加工过程中肌肉蛋白质在内源蛋白酶和外源微生物等作用下会发生降解，使蛋白质的化学结构发生一定变化，同时会产生一些低分子的物质，如氨基酸、醛、有机酸和胺等，进而使水产品品质发生变化（质地软化、腐败等）。鱼贝类死后肌肉中 ATP 含量下降，肌原纤维中的肌球蛋白和肌动蛋白发生结合，形成不可伸缩的肌动球蛋白，使肌肉收缩从而导致肌肉变硬，直至整个肌体僵直。当达到最大程度僵硬后，开始发生解僵作用，导致肌肉变软，弹性下降。由于组织中胶原分子结构改变，胶原纤维变得脆弱，肌细胞骨架蛋白和细胞外基质结构（如结缔组织、胶原蛋白）发生了降解。细胞骨架成分的蛋白质水解会导致肌丝降解。这些降解包括肌联蛋白和伴肌动蛋白的降解、α-辅肌动蛋白的释放、肌凝蛋白的水解以及原肌球蛋白偏离原位等。高分子量的肌联蛋白和伴肌动蛋白等结构蛋白的降解与肌肉的质量息息相关。一些小分子量的结构蛋白，如肌钙蛋白和肌间线蛋白的降解与死后贮藏期的肌肉软化相关。研究发现 V 型胶原蛋白的减少与鱼死后冷藏过程中的肌肉软化显著相关。

（4）蛋白质氧化

蛋白质氧化是一种由活性氧自由基（超氧化物自由基、过氧化物自由基、羟基自由基、超氧阴离子自由基等）直接作用或者由氧化副产物（醛类等）间接作用引起蛋白质发生共价修饰的反应。蛋白质发生氧化后，羰基含量增加，活性巯基下降；二硫键增加，蛋白质发生交联、聚集；溶解性和功能性的损失。这一系列变化都会使水产品品质（多汁性、嫩度、色泽、风味等）发生显著变化。

多脂鱼类因其长链 ω-3 多不饱和脂肪酸和二十二碳六烯酸含量较高，被认为具有较高的营养价值。但是在多脂鱼类加工生产过程中存在的最大问题就是脂肪氧化，其不仅会导致腐臭和变色，而且脂肪氧化副产物（包括烷自由基氢过氧化物、活性醛类等）均能引起蛋白质氧化，形成蛋白质羰基衍生物和共价交联物。在冷冻储藏（-30℃和-80℃）期间，地中海鱼蛋白质羰基基团含量出现增加现象，主要归因于鱼中的脂肪含量较高，脂质发生氧化反应后的产物能诱导蛋白质进一步发生氧化。在淡水鱼糜生产过程中，臭氧常作为脱腥剂和漂白剂使用，以解决淡水鱼糜腥味重、白度低、凝胶差等问题。但是，臭氧在水中可发生氧化还原反应，生成具有较高反应活性的羟自由基、超氧阴离子自由基及氢化臭氧自由基等多种活性氧自由基。这些活性氧自由基可作用于蛋白质进而引发氧化效应，最终导致半胱氨酸、色氨酸、酪氨酸等氨基酸侧链修饰，蛋白质构象变化，蛋白质交联或降解等变化。过渡金属，特别是 Fe，在脂肪氧化中起着重要的作用，同样被认为参与了蛋白质氧化的启动。有学者在对 Fe 催化诱导羟自由基产生继而对沙丁鱼蛋白质氧化影响的研究中发现，蛋白质（高分子量和低分子量）的损失可能涉及二硫键和非二硫键的共价连接，蛋白质的氧化损伤，会导致沙丁鱼暗色肉品质下降，缩短其贮藏期。

3.1.6.3　水产品过敏原

水产品是常见的食物过敏原之一，其肌肉蛋白质中的某些组分是主要的过敏原。例如，鱼类中的小清蛋白、贝类中的原肌球蛋白等。在贮藏加工过程中，虽然蛋白质的结构和性质会发生变化，但一些过敏原的抗原表位可能仍然稳定存在。加工方式如加热、高压等对过敏原的影响较为复杂，部分加工方式可能会改变过敏原的结构，降低其致敏性，但也有可能暴露新的抗原表位，增强致敏性。了解水产品肌肉蛋白质在贮藏加工过程中过敏原的变化，对于开发低致敏性的水产品加工技术具有重要意义。在联合国粮食及农业组织公布的八大类过敏食物中，水产品占了两大类，分别为鱼（各种鱼类）和甲壳类动物（虾、蟹等）。

20世纪70年代，人们以波罗的海鳕鱼为实验对象，开始了对鱼类过敏原的深入研究。鱼类的过敏原主要包括小清蛋白、卵黄蛋白、明胶和胶原蛋白。其中，小清蛋白是一种存在于肌肉骨骼细胞中的酸性钙结合蛋白，分子量为12kDa左右，通过调控细胞内Ca的交换发挥作用。小清蛋白一般分为α和β两个类型，能引起过敏症状的主要属于β-小清蛋白。目前，国内外学者已经对赤魟、鲢鱼、鲤鱼、草鱼、鳕鱼、金枪鱼、鲜鱼、鲈鱼、鳗鱼等鱼类的小清蛋白进行了分离纯化，对其性质进行了分析和过敏原性鉴定。同时，研究发现鱼类红肉中小清蛋白含量低，因此一般认为红肉占肌肉比例高的鱼的致敏性较低。

除了小清蛋白，鱼类中还存在其他的过敏原，如白鲸鱼子酱中的卵黄蛋白、大眼金枪鱼和罗非鱼的胶原蛋白，直接食用鱼来源的胶原蛋白会对过敏患者造成严重的健康问题。

甲壳类动物的过敏原主要包括原肌球蛋白、精氨酸激酶、肌球蛋白轻链、肌钙结合蛋白、血蓝蛋白亚基和磷酸丙糖异构酶蛋白，其相应的结构都已经被鉴定出来。原肌球蛋白是虾、蟹等甲壳类动物中重要过敏原。现阶段，学者已对中国对虾、印度对虾、棕虾、凡纳滨对虾等多个品种虾肌肉组织中的原肌球蛋白进行了纯化并鉴定，发现不同品种虾的原肌球蛋白的氨基酸组成、排序具有极其相似的特征，而且都具有较高的交叉反应活性。

随着有关甲壳类动物研究的不断深入，精氨酸激酶作为过敏原的相关报道也越来越多，且认为是甲壳类动物中仅次于原肌球蛋白的重要过敏原。在细胞代谢中，精氨酸激酶能够调节磷酸精氨酸与ATP之间的能量平衡，它将Mg^{2+}-ATP上的磷酸基转移到精氨酸上，产生磷酸精氨酸和Mg^{2+}-ADP，在无脊椎动物的能量代谢中起着重要作用。

另外，其他几种被发现的甲壳类动物新型过敏原（肌球蛋白轻链、肌钙结合蛋白和血蓝蛋白亚基等）在机体中同样发挥着重要作用，如血蓝蛋白是一种具有抗病毒和抗细菌等多种免疫活性的多功能的氧载体蛋白，具有酚氧化酶活性。

目前，关于水产品过敏原的检测方法众多，大多数方法以免疫学技术（SDS-PAGE 免疫印迹、单向定量免疫电泳、酶联免疫吸附技术等）为基础，也涉及聚合酶链式反应（PCR）、生物芯片法，虽然这些技术已经被广泛应用于实际研究中，但快速、易于操作、高敏感性检测方法的开发，仍然需要得到重视。

由于水产品过敏严重地影响着人们的健康，因此开发低致敏或无致敏的水产品成为迫切且有意义的课题。在加工过程中依据水产品过敏原蛋白的相关性质，通过不同的加工手段降低水产品及其配料的致敏性，受到越来越多的关注。研究发现，热处理、超高压、辐照、酶解、发酵等加工方式均可改变或破坏水产品过敏原及其抗原表位，进而消减水产品过敏原的致敏活性。研究表明，加热可引起蛋白质变性，结构发生改变，过敏原的构象表位受到破坏。同样超高压技术可以破坏蛋白质的非共价键，使蛋白质的高级结构发生改变，过敏原的致敏性降低或者消失。

3.1.6.4 水产动物蛋白的功能性质及应用

（1）凝胶性

鱼类蛋白的凝胶性尤为突出，在鱼糜制品加工中至关重要。当鱼糜加热时，肌原纤维蛋白发生变性展开，分子间通过氢键、疏水相互作用和二硫键等形成三维网络结构，从而使鱼糜形成凝胶。如鱼丸、蟹棒等鱼糜制品，利用这种凝胶性获得了良好的质地和口感，在冷冻食品市场中占据重要地位。

（2）乳化性

水产动物蛋白可以降低油水界面的表面张力，使油滴均匀分散在水相中，形成稳定的乳状液。在一些水产调味料、肉酱以及涂抹酱等产品中，水产动物蛋白的乳化性有助于提升产品的稳定性和口感。例如，虾酱中虾蛋白的乳化作用可以防止油脂析出，保持产品的均一性。

（3）起泡性

部分水产动物蛋白在搅拌或打发时能够包裹空气形成泡沫，且具有一定的稳定性。这一性质在制作一些泡沫状的水产食品，如鱼糕、蛋白酥等时发挥作用，能够增加产品的体积和松软度，提升消费者的食用体验。

（4）生物活性

从水产动物蛋白中还可提取出具有生物活性的肽，如抗氧化肽、抗菌肽、降压肽等。这些活性肽在功能性食品和医药领域具有潜在应用价值。例如，一些抗氧化肽可以添加到食品中，延缓食品的氧化变质，延长货架期；降压肽则有望开发成辅助降压的功能性食品或药品。

3.1.7 昆虫蛋白

昆虫蛋白作为一种极具潜力的新兴蛋白质资源，正逐渐在食品领域崭露头角。昆虫具有高蛋白、低脂肪、低胆固醇等显著特点，这使其在营养层面上具有独特优势。与传统的动物源蛋白相比，昆虫蛋白的氨基酸组成丰富且均衡，能够为人体提供多种必需氨基酸。例如，黄粉虫蛋白中，亮氨酸、赖氨酸等必需氨基酸含量较高，可有效补充人体所需氨基酸。

昆虫的繁殖速度极快，以果蝇为例，在适宜条件下，其生命周期短，繁殖代数多，短时间内就能产生大量个体。同时，昆虫的饲料转化率高，这意味着用较少的饲料就能获得较多的蛋白质产出，是一种高效且可持续的蛋白质来源。从环境角度来看，昆虫养殖对土地、水资源的需求相对较少，且产生的温室气体排放也较低，符合可持续发展的理念。

常见的可食用昆虫如黄粉虫、蝗虫等，其蛋白结构和性质与传统动物蛋白存在明显差异。在结构上，昆虫蛋白往往具有独特的分子构象，这影响了其功能特性。例如，昆虫蛋白的溶解性、凝胶性等与传统的肉类蛋白、乳蛋白有所不同。在性质方面，昆虫蛋白对温度、pH等环境因素的敏感性也有别于传统动物蛋白。

然而，昆虫蛋白在食品应用中面临着诸多挑战。消费者接受度低是首要问题，受传统饮食习惯和观念的影响，大部分消费者对食用昆虫存在心理障碍，认为昆虫外形不佳，难以接受将其作为食物。加工技术不完善也是一大阻碍，昆虫本身具有特殊的气味和口感，在加工过程中如何有效去除异味、改善口感，同时保留其营养成分，是亟待解决的问题。此外，目前针对昆虫蛋白的加工设备和工艺还不够成熟，缺乏标准化的生产流程。

目前，相关研究主要集中在改善昆虫蛋白的加工工艺。一方面，通过物理、化学和生物等多种方法去除异味，如采用酶解技术、微生物发酵等手段，将大分子的蛋白质降解为小分子的肽和氨基酸，不仅可以改善风味，还能提高其消化吸收率。另一方面，通过优化加工条件，如控制温度、压力等参数，提高昆虫蛋白的功能特性，如增强其凝胶性、乳化性等，以满足不同食品加工的需求。同时，开展消费者教育也是提高昆虫蛋白食品认知和接受度的重要举措，通过宣传昆虫蛋白的营养价值、环保优势以及安全可靠性等，逐步改变消费者的观念。

3.2　植物源蛋白质

植物源蛋白质在人类膳食结构中占据着不可或缺的地位，是蛋白质摄入的关键来源之一。与动物源蛋白质相比，其展现出诸多独特优势。在来源方面，植物遍布全球各类生态环境，从广袤的农田到山地丛林，均可种植获取，这使得植物源蛋白质的原料来源极为广泛。植物的种植和养殖成本通常低于动物养殖。植物源蛋白质的生产对环境的压力较小。植物种植过程中产生的温室气体排放远低于动物养殖，同时，植物种植对土地、水资源的利用效率更高。例如，豆类植物能够通过根瘤菌固氮，减少化肥使用，降低对环境的污染。植物源蛋白质种类丰富多样，涵盖谷物蛋白、油料作物蛋白、薯类蛋白等多个类别。

植物源蛋白质作为人类膳食中不可或缺的蛋白质来源，在多个关键领域发挥着至关重要的作用。从营养供给角度而言，尽管部分植物源蛋白质的氨基酸组成存在局限性，如谷物蛋白中的赖氨酸相对匮乏，但通过巧妙搭配不同植物性食材，如将谷物与豆类组合，可实现氨基酸互补，全方位满足人体对必需氨基酸的需求，有力保障正常的生长发育与生理机能。

在食品加工领域，植物源蛋白质特性显著，像小麦蛋白中的麦醇溶蛋白和麦谷蛋白相互交织形成的面筋网络，赋予面团独特黏弹性，成就了多样面食；大豆蛋白良好的乳化性与凝胶性，不仅促成了豆腐、豆干等豆制品的多样形态，还在食品饮料行业助力稳定乳液体系，同时其吸水性和持水性对食品质地和保质期有着关键影响。

从人体健康促进层面来看，植物源蛋白质富含膳食纤维、植物固醇、多酚等生物活性成分，与蛋白本身协同作用，能够有效降低心血管疾病风险，比如大豆蛋白中的大豆异黄酮可调节血脂、降低胆固醇；其低脂肪、低胆固醇特性利于控制体重和预防肥胖相关疾病，且经酶解等加工后产生的抗氧化肽、抗菌肽、降压肽等生物活性肽，在功能性食品和医药领域展现出巨大的潜在应用价值。

在氨基酸的组成上，大豆蛋白中必需氨基酸接近人体所需的比例，仅含硫氨基酸含量略低；菜籽蛋白中氨基酸组成优于大豆蛋白，几乎不存在限制性氨基酸，尤其是甲硫氨酸、胱氨酸含量高于其他植物源蛋白质，其蛋白质消化率为 95% ~ 100%，而鸡蛋为 92% ~ 94%，大豆蛋白为 88% ~ 95%。

从功能性质方面讲，植物蛋白具有溶解性、吸水性、吸油性、起泡性、乳化性、黏性及凝胶性等良好的加工特性，将植物源蛋白质作为食品添加剂按不同比例添加到肉制品、乳制品等食品中，不仅可以提高食品的营养价值，还可以改善食品本身的结构性能，有利于人体消化吸收这为植物源蛋白在食品工业中的应用奠定了基础。

开发植物源蛋白质同样具有重大的经济价值，有人曾推算过，$10^4 m^2$ 土地用于种草喂牛，从牛肉中可获得 26kg 蛋白质，而种大豆可获得 227kg 蛋白质，种玉米可以获得 147kg 蛋白质，种小麦可获得 82kg 蛋白质；若用谷类、大豆等饲养家畜，进行蛋白质转换生产，其蛋白质利用率仅为：肉牛约 12%、猪约 18%、鸡约 19%、鸡蛋约 21%、乳牛约 25%。由此可见生产植物源蛋白质的成本远低于生产动物源蛋白质。

3.2.1　谷物蛋白

谷物蛋白主要是指从谷物的胚乳及胚中分离提取出来的蛋白质。谷物种子是多种化学成分的复合体，它的主要有效成分是淀粉、蛋白质、脂肪等。随着食品科学的发展，对谷物的加工已由物理性加工进入了化学加工和生物加工，由颗粒状的研磨，进入有效成分的分离提取，因而大大地提高了谷物的经济价值。蛋白质是人类赖以生存和发展的物质基础。世界大多数人口的食物蛋白质，绝大部分来源于谷物蛋白，因此开发利用谷物蛋白，对解决人类食用蛋白质缺乏问题将产生积极的影响。目前，在谷物的加工过程中，随着加工精度的提高，把表层和胚部的高效蛋白质去掉了，这些蛋白质往往作为副产品流失，而剩下来的胚乳蛋白的营养价值则比较低，因此把在加工中去掉的蛋白质利用起来，补充人类的营养是很有意义的。另外，在利用谷物加工淀粉时，回收其中的蛋白质对提高谷物的经济效益有着重要的作用。

3.2.1.1　小麦蛋白

（1）小麦蛋白组成与结构

小麦的蛋白质含量因其品种不同而异，一般为11%~16%。70%的蛋白质集中在小麦胚乳中，根据溶解特性将其分为清蛋白（albumin，溶于水）、球蛋白（globulin，溶于10%的NaCl溶液）、醇溶蛋白（gliadin，溶于70%乙醇溶液）和麦谷蛋白（glutenin，溶于稀酸或稀碱溶液）。小麦中的清蛋白和球蛋白含量少。醇溶蛋白不溶于水，占小麦总蛋白的40%~50%。它使小麦粉在加水后形成松软、有弹性、黏结在一起的面团。麦谷蛋白在面筋中与醇溶蛋白很难分离，占小麦总蛋白的35%~45%，麦谷蛋白完全不溶于水和乙醇，只稍溶于热的稀乙醇溶液中，但冷却时便成絮状而沉淀。小麦蛋白质中麦清蛋白、麦球蛋白、麦醇溶蛋白和麦谷蛋白的性质见表3-16。该分类是关于小麦蛋白分类最早的报道之一，为研究小麦蛋白的功能特性及与加工品质之间的关系奠定了理论基础。提取出清蛋白、球蛋白、醇溶蛋白和麦谷蛋白后，剩下一些不溶于这些溶剂的蛋白质称为残渣蛋白，也称为剩余蛋白。清蛋白和球蛋白统称为小麦种子可溶性蛋白，沉积在胚和糊粉层中，少部分存在于胚乳中，分别占种子蛋白的10%~12%和8%~10%。可溶性蛋白中富含赖氨酸，是细胞质中的酶蛋白，其主要功能是作为各种代谢的酶。

表3-16　小麦蛋白质的组成及性质

种类	质量分数/%	溶解性	吸水性	pH	分子结构特点
麦清蛋白	10~12	溶于水或稀盐水	无限膨胀	4.5~4.6	含有多种组分，色氨酸含量高
麦球蛋白	8~10	溶于水或稀盐水	无限膨胀	5.5	含有多种组分，精氨酸含量高
麦醇溶蛋白	40~50	溶于70%乙醇	有限膨胀	6.4~7.1	分子量较小，富含谷氨酰胺和脯氨酸，以键内二硫键为主

种类	质量分数/%	溶解性	吸水性	pH	分子结构特点
麦谷蛋白	35~45	溶于稀酸或稀碱	有限膨胀	6.0~8.0	分子量较大，富含谷氨酰胺和脯氨酸，有键内和键间二硫键

小麦蛋白质在小麦籽粒中的分布呈现出不均匀的特征，主要集中于胚乳与糊粉层。麦清蛋白和麦谷蛋白在小麦糊粉细胞、胚芽以及种皮中含量较为丰富，在胚乳中的含量却极少。这些部位的蛋白质大多为具有生理活性的蛋白质，如各类酶。麦清蛋白和麦谷蛋白中赖氨酸、色氨酸、蛋氨酸的含量相对较高，氨基酸组成较为平衡，这对小麦的营养品质起着决定性作用。麦醇溶蛋白和麦谷蛋白主要存在于小麦胚乳中，在胚芽和种皮中几乎检测不到。这两种蛋白质的赖氨酸、色氨酸和蛋氨酸含量均处于较低水平，其含量与比例对小麦面筋的形成以及烘烤特性有着显著影响，进而决定了小麦的加工品质。

小麦蛋白主要由麦醇溶蛋白和麦谷蛋白组成。麦醇溶蛋白相对分子质量较小，富含脯氨酸和谷氨酰胺，其分子内存在大量的氢键和疏水相互作用，形成较为紧密的球状结构，赋予面团良好的延展性。麦谷蛋白则是由多个亚基通过二硫键交联形成的高分子量聚合物，这些亚基的种类和数量差异决定了麦谷蛋白的结构复杂性，其赋予面团较高的弹性。两种蛋白相互作用，共同构建起小麦面团独特的三维网络结构。

在小麦蛋白质体系中，麦清蛋白和麦球蛋白具备显著的生理活性，在小麦的生长发育以及新陈代谢进程里发挥着关键的调节功能。麦清蛋白的分子质量通常处于 12~60kDa，其中高分子量麦清蛋白的分子质量为 45~65kDa。麦球蛋白的分子质量一般也是 12~60kDa，而麦豆球蛋白作为麦球蛋白的一种，其分子质量为 22~58kDa。

麦醇溶蛋白依据分子量大小，可细分为 α-、β-、γ- 和 ω-麦醇溶蛋白，它们以相对分子质量 3~8kDa 的单多肽链形式存在于小麦蛋白之中，并且不会通过—SH—和—S—S—反应发生聚合。α- 和 β-麦醇溶蛋白含有较多二硫键，然而这两种麦醇溶蛋白的二硫键处于高保守区，致使它们难以与周围其他物质进行二硫键与疏基的交换。从结构角度来看，α- 和 γ-麦醇溶蛋白属于球状蛋白，这是由于其在重复区含有较多的 β-转角和反转，以及非重复区存在 α-螺旋结构所决定的。ω-麦醇溶蛋白则只含有少量的 α-螺旋和 β-转角结构，并且不存在半胱氨酸残基。在水合作用的过程中，麦醇溶蛋白分子内会产生较多的二硫键，进而形成较小的分子蛋白，这类蛋白延伸性能良好，但不具备弹性与韧性。

麦谷蛋白是相对分子量较大的复杂多肽，由高分子量谷蛋白（HMW-GS）和低分子量谷蛋白（LMW-GS）通过分子内和分子间二硫键聚合而成，呈现出纤维状结构，具有较强的弹性。LMW-GS 拥有 6 个与 α-和 γ-麦醇溶蛋白相似的半胱氨酸残基，分子质量为 35~45kDa，约占总小麦蛋白的 2%。HMW-GS 分子量为 67~88kDa，约占总小麦蛋白的 10%，含有 N 端、C 端保守区，这种结构特点使得小麦蛋白拥有较多的 α-螺旋结构。麦谷蛋白本身含有较多的分子内二硫键和分子间二硫键，这导致蛋白流动性差、延伸性欠佳，但韧性优良。

（2）小麦蛋白的营养价值和生理功能

小麦蛋白不仅蛋白质含量高，而且必需氨基酸的构成比较完整，赖氨酸和苏氨酸分别为小麦蛋白中的第一限制氨基酸和第二限制氨基酸；生物价（biological valence，BV）较高，小麦的生物价为 67，虽较大米的生物价略低，但是较大豆、花生、玉米等其他粮食作物高；小麦蛋白的消化率为 79.5%，高于大米蛋白（66.5%）、玉米蛋白（78.3%）和荞麦蛋白（69.5%）等其他谷物蛋白，且不含胆固醇；研究发现，小麦蛋白质中含有的麦胚凝集素（wheat germ agglutinin，WGA）是一种抗营养物质，并且有可能是人体某些免疫性疾病的诱因之一；研究表明进行加压蒸汽处理，可以同时灭活小麦胚中的 WGA 和脂肪氧合酶，改善小麦胚的食用安全性和耐储藏性，同时能够尽量保持其营养成分的功能和营养特性。小麦清蛋白中也含有一些致敏因子，但是在小麦加工过程中这些致敏因子能够被灭活或是降低到安全的含量。

小麦除了具有基本的营养功能外，还具有一些生理功能。小麦蛋白是构成人体细胞和组织的重要成分，参与肌肉、皮肤、毛发、骨骼等多种组织的构建和修复，如人体肌肉的生长和修复就依赖于摄入的蛋白质提供氨基酸原料；小麦中的麦清蛋白和麦球蛋白等具有较强的生理活性，部分可作为酶参与小麦生长和代谢，在人体内也有一些蛋白能转化为具有特定功能的酶，参与多种生化反应，如消化酶能帮助分解食物，促进营养物质的吸收；一些小麦蛋白在人体中可能参与激素的合成与调节，激素作为信号分子，对人体的生长发育、新陈代谢、生殖等生理过程起着重要的调节作用，如胰岛素样生长因子等与蛋白质代谢和生长调节密切相关；小麦蛋白中的一些成分可以参与人体免疫系统的构建和调节，帮助身体抵抗病原体的入侵。例如，免疫球蛋白是免疫系统的重要组成部分，而摄入的小麦蛋白为其合成提供了原料，有助于维持免疫系统的正常功能；小麦蛋白在体内可以作为酸碱缓冲物质，帮助维持人体血液和其他体液的酸碱平衡，确保身体内各种生化反应在适宜的酸碱度环境中进行，防止因酸碱失衡导致的生理功能紊乱；小麦蛋白中的一些成分可以促进肠道有益菌的生长和繁殖，有助于维持肠道微生态平衡，增强肠道屏障功能，预防肠道疾病，同时还能促进肠道蠕动，预防便秘等肠道问题。

（3）小麦蛋白的生产工艺

小麦蛋白的生产工艺主要有碱法提取工艺、酸法提取工艺、酶法提取工艺、醇法提取工艺和膜分离法提取工艺等。

①碱法提取工艺：利用小麦蛋白在碱性条件下可溶的特性，通过调节 pH 使蛋

白质溶解于溶液中，然后再通过等电点沉淀等方法将蛋白质分离出来。将小麦粉与一定比例的水混合形成面团，然后用碱性溶液（如氢氧化钠溶液）处理面团，在搅拌作用下，小麦蛋白逐渐溶解于碱性溶液中。接着，将溶液的 pH 调节至小麦蛋白的等电点附近（一般 pH 为 4.5~5.5），蛋白质会因电荷中和而沉淀析出，再经过离心、干燥等操作得到小麦蛋白产品。此种提取方法的优点是提取效率较高，能获得较高纯度的小麦蛋白，缺点是碱性条件可能会破坏蛋白质的结构和功能，导致蛋白质变性，影响其营养价值和功能特性，同时废水处理难度较大，可能会造成环境污染。

②酸法提取工艺：基于小麦蛋白在酸性条件下的溶解性，通过降低溶液的 pH 使蛋白质溶解，再利用等电点沉淀或其他分离方法获取小麦蛋白。将小麦原料与酸性溶液（如盐酸溶液）混合，控制一定的温度和搅拌速度，使小麦蛋白溶解。随后，将溶液的 pH 调节至等电点，使蛋白质沉淀，经过过滤、洗涤、干燥等步骤得到小麦蛋白。优点是提取过程相对简单，成本较低。缺点是酸处理可能会引起蛋白质的部分水解，降低蛋白质的质量，并且对设备有一定的腐蚀性，同时也存在废水处理问题。

③酶法提取工艺：利用蛋白酶对小麦中的蛋白质进行水解，将蛋白质从其他成分中分离出来，然后通过调节条件使水解产物沉淀或分离。先将小麦粉与水混合制成浆液，加入适量的蛋白酶，在适宜的温度和 pH 条件下进行酶解反应。酶解结束后，通过加热或调节 pH 等方法使酶失活，然后经过离心、过滤等操作分离出蛋白质，再进行浓缩、干燥等处理得到小麦蛋白产品。优点是反应条件温和，对蛋白质的结构和功能破坏较小，产品质量较高，且酶解过程具有一定的选择性，可根据需求选择不同的酶来提取特定的蛋白质组分。缺点是酶的成本较高，酶解时间较长，生产效率相对较低。

④醇法提取工艺：利用小麦蛋白中的麦醇溶蛋白可溶于乙醇等有机溶剂的特性，将小麦粉与乙醇溶液混合，使麦醇溶蛋白溶解，然后通过分离、干燥等操作得到小麦蛋白产品。将小麦粉与一定浓度的乙醇溶液在搅拌条件下混合，麦醇溶蛋白溶解于乙醇溶液中，而其他不溶性物质则沉淀下来。通过过滤或离心分离出含有麦醇溶蛋白的乙醇溶液，然后将乙醇蒸发回收，得到的蛋白质经过干燥处理即得小麦蛋白产品。优缺点：优点是产品纯度较高，尤其是对于麦醇溶蛋白的提取效果较好，且乙醇可以回收再利用，减少成本和环境污染。缺点是提取过程中乙醇浓度、温度等条件对提取效果影响较大，需要严格控制，同时该方法对设备的密封性要求较高，以防止乙醇泄漏。

⑤膜分离法提取工艺：利用不同孔径的膜对小麦蛋白溶液中的蛋白质和其他小分子物质进行分离，根据蛋白质的分子量大小选择合适的膜，使蛋白质截留而小分子物质透过膜，从而达到分离和浓缩蛋白质的目的。将小麦蛋白提取液通过膜分离

设备，在一定的压力下，小分子物质如盐类、水分等透过膜，而蛋白质则被截留在膜的一侧，实现蛋白质的分离和浓缩。经过多次循环操作，可得到较高浓度的小麦蛋白溶液，再经过后续的干燥等处理得到小麦蛋白产品。优点是分离效率高，操作简单，无相变过程，对蛋白质的结构和功能影响小，且可以在常温下进行，适用于热敏性蛋白质的提取。缺点是膜的成本较高，容易出现膜污染和膜堵塞问题，需要定期清洗和更换膜，增加了生产成本和维护难度。

（4）小麦蛋白在食品工业中的应用

小麦蛋白具有独特的流变学性质，在面团形成过程中，麦醇溶蛋白和麦谷蛋白相互缠绕，形成具有黏弹性的面筋网络。这种网络能够捕捉气体，使面团在发酵过程中膨胀，从而决定了面团的加工性能。此外，小麦蛋白还具有一定的吸水性，能够吸收面团中的水分，保持面团的湿度和柔软度，同时影响面团的稳定性和保质期。在面包制作中，小麦蛋白是关键成分。发酵过程中，面筋网络包裹酵母发酵产生的二氧化碳，使面包体积膨胀，形成松软多孔的质地。不同筋度的小麦粉适用于不同类型的面包制作，高筋面粉中蛋白质含量高，形成的面筋网络强韧，适合制作欧式面包，如法棍，其外皮酥脆，内部组织有嚼劲；低筋面粉蛋白质含量较低，面筋网络较弱，适合制作蛋糕等松软细腻的烘焙食品。在面条制作中，小麦蛋白赋予面条良好的韧性和嚼劲，使面条在煮制过程中不易断裂，口感爽滑。同时，小麦蛋白还可用于制作植物肉产品，通过模拟肉的结构和口感，为素食者提供优质蛋白质来源。

目前，针对小麦蛋白的研究主要集中在品质改良方面。通过基因工程技术，科学家们致力于培育具有更优良蛋白质特性的小麦品种，如提高蛋白质含量、优化氨基酸组成，以增强小麦蛋白的营养价值和加工性能。此外，研究人员还在探索新型的加工技术，如酶法改性、物理改性等，以进一步改善小麦蛋白的功能特性，拓展其在食品和其他领域的应用。例如，利用酶解技术将小麦蛋白降解为小分子肽，开发具有抗氧化、降血压等功能的生物活性肽，应用于功能性食品和医药领域。

3.2.1.2 大米蛋白

在全球的农作物体系中，水稻占据着极为重要的地位。作为世界上最重要的农作物之一，全球约40%的人口将大米作为日常主食。而我国在水稻种植领域成绩斐然，水稻产量居世界首位。随着我国经济水平稳步提升，消费者对于大米的食用品质也提出了更高层次的要求。

（1）大米蛋白的组成与结构

水稻种子的蛋白质含量占种子粒重的7%~10%，这一特性使大米成为人们，特别是亚洲地区人群蛋白质的重要来源。相较于其他谷物，水稻中的蛋白质含量虽然偏低，但其价值却高于小麦蛋白。关键因素在于，水稻中第一限制性氨基酸赖氨酸的含量显著高于其他谷类。大米蛋白凭借其卓越的品质，被公认为优质食用蛋白。

它不仅生物效价高，而且属于低抗原性蛋白，不会引发过敏反应。在所有谷物品种中，大米是唯一无须进行过敏试验的谷物，这一特性使大米蛋白成为极具开发价值的植物蛋白资源。

大米蛋白质是存在于水稻中的蛋白质的统称，含量通常维持在 8% 左右。根据其在不同溶剂中的溶解性差异，可将大米蛋白细致地划分为四大类：

清蛋白（albumin）：能溶于水，在大米蛋白总含量中占比 2%～5%。

球蛋白（globulin）：可溶解于 0.5mol/L 的 NaCl 溶液，占总量的 2%～10%。

醇溶蛋白（prolamin）：可溶于 70%～80% 的乙醇溶液，占总量的 1%～5%。

谷蛋白（glutelin）：可在稀酸或稀碱溶液中溶解，其含量在总量中占比超过 80%。

这四种蛋白组分在大米籽粒中的分布并不均匀。清蛋白和球蛋白主要集中在糊粉层和胚中，而胚乳则主要储存着醇溶蛋白和谷蛋白。在大米所含的蛋白质中，清蛋白和球蛋白具有生理活性，积极参与细胞代谢过程。醇溶蛋白和谷蛋白则被归类为贮藏性蛋白质。醇溶蛋白依靠分子内的氢键和疏水作用，具备疏水性，分子结构紧密；谷蛋白通过多种相互作用，形成了复杂的聚合体结构。正是这四种蛋白共同构建起了大米蛋白独特而稳定的结构体系，它们构成了大米中的主要蛋白成分（表 3-17）。

表 3-17　大米及其副产物中主要蛋白成分含量　　　　　　　　单位：%

原料	清蛋白	球蛋白	醇溶蛋白	谷蛋白
大米胚乳	2～5	2～10	1～5	75～90
米糠	34～40	2～21	2～21	2～57
米糟	1～2	8～10	8～10	80～90

蛋白质在稻谷中的分布呈现出不均匀的状态，从稻谷内部至外部，总蛋白的百分比呈现出逐渐增加的趋势。具体而言，清蛋白和球蛋白在果皮、糊粉层以及胚组织中的含量相对较高，在最外层组织里，清蛋白和球蛋白的含量达到峰值，随着向稻谷中心深入，其含量逐渐降低。醇溶蛋白和谷蛋白则主要分布于稻谷的胚乳部分。与清蛋白、球蛋白和谷蛋白这三种蛋白相比，醇溶蛋白在胚乳中的分布更为均匀。谷蛋白的分布特点与清蛋白、球蛋白截然不同，它在稻谷中心部位含量最高，越靠近外层，谷蛋白的含量越低。基于这样的分布特性，精米中的蛋白质主要以醇溶蛋白和谷蛋白为主。

从氨基酸的角度来看，根据酸碱性可将其分为四类，分别为酸性氨基酸、碱性氨基酸、疏水性氨基酸以及无电荷极性氨基酸。在稻谷蛋白质的研究中，经过对比分析，得到了四种蛋白质（清蛋白、球蛋白、醇溶蛋白和谷蛋白）的氨基酸组成情况，具体数据详见表3-18。

表3-18 稻谷中氨基酸组成 单位:%

氨基酸	清蛋白	球蛋白	谷蛋白	醇溶蛋白	稻谷总蛋白
酸性氨基酸	38.0	37.1	38.3	45.5	40.0
碱性氨基酸	27.8	22.9	22.7	19.0	21.8
疏水性氨基酸	12.6	15.4	12.2	7.3	12.2
无电荷极性氨基酸	21.6	24.6	26.8	28.2	26.0

（2）大米蛋白的特性

大米蛋白是水稻种子中所含蛋白质的统称，其组成成分多样，根据不同的功能和性质，可大致分为贮藏蛋白（谷蛋白和醇溶蛋白）和具有生理代谢活性的蛋白质（清蛋白和球蛋白），它们各自具备独特的特性。

①谷蛋白特性：谷蛋白是水稻贮藏蛋白中含量最为丰富的一类，占大米蛋白总量的60%~80%。主要分布在水稻种子的胚乳中，以蛋白体的形式存在。在胚乳细胞发育过程中，谷蛋白逐渐积累并填充在细胞内部，为种子萌发和幼苗早期生长提供主要的氮源和氨基酸来源。谷蛋白是一种相对分子量较大的复杂多肽，由高分子量亚基和低分子量亚基通过分子内和分子间二硫键相互连接，形成复杂的聚合体结构。这种结构使得谷蛋白具有较高的稳定性，能够在种子中长时间储存营养物质。同时，分子间的二硫键赋予了谷蛋白一定的韧性和弹性，对维持胚乳的结构完整性起到重要作用。谷蛋白不溶于水、中性盐溶液和乙醇溶液，但可溶于稀酸或稀碱溶液。这种溶解性特点与它的结构密切相关，在酸性或碱性条件下，谷蛋白分子中的化学键和电荷分布发生改变，从而使其能够溶解在溶液中。利用这一特性，可以采用碱提酸沉等方法对谷蛋白进行提取和分离。

②醇溶蛋白特性：醇溶蛋白在水稻贮藏蛋白中所占比例相对较低，一般占大米蛋白总量的10%~20%。主要分布在胚乳中，与谷蛋白共同构成胚乳的主要蛋白成分。在胚乳发育过程中，醇溶蛋白逐渐合成并积累在特定的区域，对水稻种子的质地和硬度等物理性质产生影响。醇溶蛋白由相对分子质量较小的单多肽链组成，通过分子内的氢键和疏水作用维持其紧密的结构。它的分子结构中含有较多的脯氨酸和谷氨酰胺等氨基酸残基，这些氨基酸的特殊结构使得醇溶蛋白具有较强的疏水性。在水合作用时，醇溶蛋白分子内会形成较多的二硫键，进一步稳定其结构。醇溶蛋白可溶于70%~80%的乙醇溶液，这是由于其疏水性结构与乙醇分子之间能够形成特定的相互作用，从而使其溶解在乙醇溶液中。利用这一特性，可以采用醇法提取工艺从水稻中提取醇溶蛋白。

③清蛋白特性：清蛋白在大米蛋白中所占比例相对较低，一般为2%~5%。主

要分布在水稻种子的糊粉层、胚以及其他代谢活跃的组织中。在种子萌发过程中，清蛋白的含量会发生动态变化，为种子的早期生长提供必要的营养和调节信号。清蛋白是一类水溶性蛋白，其分子结构相对较为松散，具有较高的柔性。清蛋白分子中含有较多的亲水性氨基酸残基，这些氨基酸残基使得清蛋白能够与水分子相互作用，从而溶解在水溶液中。同时，清蛋白的结构中还含有一些特定的功能基团，如酶活性中心、结合位点等，这些结构特征赋予了清蛋白多种生理功能。清蛋白具有多种生理代谢活性，部分清蛋白可以作为酶参与水稻体内的各种生化反应，如参与碳水化合物代谢、氮代谢等过程中的酶促反应，调节水稻的生长和发育。此外，清蛋白还可能参与水稻对逆境胁迫的响应，如在干旱、高温等逆境条件下，某些清蛋白的表达量会发生变化，帮助水稻适应不良环境。

④球蛋白特性：球蛋白在大米蛋白中的含量一般为2%~10%，主要分布在糊粉层和胚中。与清蛋白类似，球蛋白在种子萌发和幼苗生长过程中也起着重要的作用，为植物的早期生长提供营养和调节物质。球蛋白是一类盐溶性蛋白，可溶于稀盐溶液。其分子结构较为复杂，通常由多个亚基组成，亚基之间通过非共价键相互作用形成稳定的结构。球蛋白分子中含有一些特殊的结构域，这些结构域赋予了球蛋白特定的功能，如结合金属离子、运输营养物质等。球蛋白在水稻的生理代谢过程中具有多种功能。一方面，它可以作为营养物质的储存形式，在种子萌发时为幼苗提供氮源和其他营养成分；另一方面，球蛋白还可能参与水稻的免疫防御反应，如某些球蛋白能够识别和结合病原体，激活水稻的防御机制，增强水稻对病虫害的抵抗力。

（3）大米蛋白生产工艺

①碱提酸沉法。

原理：基于大米蛋白在碱性环境下，蛋白质分子中的酸性基团会与碱发生反应，使蛋白质分子带上负电荷，从而增加其在水中的溶解性。之后通过调节 pH 至蛋白质的等电点，蛋白质分子因电荷中和而沉淀析出。

操作流程：首先将稻谷原料粉碎，以增大与提取液的接触面积。接着按一定料液比加入碱性溶液（如氢氧化钠溶液，通常 pH 在 9~12），在适当温度（一般为 40~60℃）下搅拌提取一段时间（1~3h）。提取结束后，利用酸（如盐酸）将溶液 pH 调节至大米蛋白的等电点（一般 pH 为 4.5~5.5），使蛋白质沉淀。最后通过离心、过滤等方式分离沉淀，并对沉淀进行洗涤、干燥，即可得到大米蛋白产品。

优缺点：优点是提取效率较高，能获得较高纯度的大米蛋白，对设备要求相对较低，成本较为可控。缺点是碱性条件易使蛋白质变性，影响其功能特性，且后续产生的大量含碱废水需妥善处理，否则会造成环境污染。

适用场景：适用于对蛋白纯度要求较高，且对蛋白功能特性要求相对不苛刻的工业生产，如用于生产普通的饲料蛋白添加剂等。

②酶法。

原理：利用蛋白酶对大米蛋白的特定肽键进行水解，破坏蛋白质与其他成分的结合，使蛋白质从细胞结构中释放出来。不同的蛋白酶具有不同的作用位点和特异性，可根据需求选择合适的酶。

操作流程：先将稻谷粉碎后与水混合制成匀浆，调节 pH 至所选蛋白酶的最适 pH 范围（通常在 6~9），加入适量蛋白酶，在适宜温度（一般为 40~50℃）下进行酶解反应（2~6h）。反应结束后，通过加热或调节 pH 等方式使酶失活，再经过离心、过滤等步骤分离出蛋白质，最后对蛋白质溶液进行浓缩、干燥处理得到产品。

优缺点：优点是反应条件温和，对蛋白质的结构和功能破坏较小，产品质量高，能较好保留蛋白质的生物活性；酶解过程具有选择性，可通过选择酶来提取特定的蛋白质组分。缺点是酶的成本较高，酶解时间较长导致生产效率相对较低，且酶的使用量和反应条件需精确控制。

适用场景：适用于对蛋白质活性和功能特性要求高的领域，如医药、食品添加剂等行业，用于提取具有特定功能的蛋白成分，比如提取用于制作功能性食品的高活性蛋白。

③盐溶法。

原理：利用盐溶液的离子强度变化来改变蛋白质的溶解度。在低离子强度下，盐离子与蛋白质分子表面的电荷相互作用，使蛋白质分子的水化层加厚，溶解度增大；在高离子强度下，盐离子会争夺蛋白质分子表面的水分子，使蛋白质溶解度降低而沉淀。

操作流程：将稻谷原料与一定浓度的盐溶液（如氯化钠溶液，浓度一般在 0.1~1mol/L）按一定比例混合，在适当温度（30~50℃）下搅拌提取（1~2h）。提取完成后，通过离心或过滤初步分离出含有蛋白质的溶液，然后逐渐增加盐浓度或采用透析等方法降低离子强度，使蛋白质沉淀析出，最后经过洗涤、干燥得到稻谷蛋白。

优缺点：优点是操作相对简单，对设备要求不高，提取过程对蛋白质结构破坏较小，能较好保持蛋白质的天然性质。缺点是提取得到的蛋白纯度相对较低，后续可能需要进一步的纯化步骤；且大量盐的使用会增加成本和后续废水处理难度。

适用场景：适用于对蛋白纯度要求不特别高，注重保持蛋白天然结构和功能的初步提取，如用于生产一些对纯度要求不高的饲料蛋白或工业蛋白原料。

④醇提法。

原理：利用稻谷蛋白中的醇溶蛋白可溶于一定浓度乙醇溶液的特性，将稻谷粉与乙醇溶液混合，使醇溶蛋白溶解，而其他不溶性物质则沉淀下来，从而实现分离。

操作流程：将稻谷粉与一定浓度（70%~80%）的乙醇溶液按一定比例在搅拌条件下混合，在适宜温度（一般为50~70℃）下提取一段时间（1~3h）。通过过滤或离心分离出含有醇溶蛋白的乙醇溶液，然后采用蒸馏等方法回收乙醇，得到的蛋白质经过干燥处理即得大米蛋白产品。

优缺点：优点是产品纯度较高，尤其是对于醇溶蛋白的提取效果较好，且乙醇可以回收再利用，减少成本和环境污染。缺点是提取过程中乙醇浓度、温度等条件对提取效果影响较大，需要严格控制；该方法对设备的密封性要求较高，以防止乙醇泄漏。

适用场景：适用于对醇溶蛋白有特定需求，需要高纯度提取醇溶蛋白的情况，如在食品工业中用于生产具有特定功能的醇溶蛋白产品，或在科研领域对醇溶蛋白进行深入研究时的提取。

⑤超临界流体萃取法。

原理：以超临界流体（如超临界二氧化碳）为萃取剂，利用其在超临界状态下兼具液体和气体的特性，即具有类似液体的溶解能力和类似气体的扩散能力。超临界流体对不同物质的溶解度受压力和温度的影响较大，通过调节压力和温度，可实现对大米蛋白的选择性萃取。

操作流程：将稻谷原料置于萃取釜中，超临界二氧化碳从高压泵进入萃取釜，在设定的压力（一般为10~30MPa）和温度（35~55℃）条件下与原料充分接触，使蛋白质溶解于超临界二氧化碳中。然后含有蛋白质的超临界二氧化碳进入分离釜，通过降低压力或升高温度，使超临界二氧化碳的溶解能力下降，蛋白质沉淀析出，从而实现分离。

优缺点：优点是提取效率高，萃取速度快；产品纯度高，无溶剂残留，对环境友好；能在较低温度下进行，适合对热敏性蛋白质的提取。缺点是设备投资大，运行成本高，需要高压设备和专业的操作技术，且处理量相对较小。

适用场景：适用于对产品纯度和安全性要求极高，对成本不敏感的高端领域，如医药、保健品行业中提取高纯度、高活性的大米蛋白成分。

（4）大米蛋白在食品中的应用

①食品营养强化：大米蛋白氨基酸组成合理，生物效价高，尤其是赖氨酸含量在谷物蛋白中较为突出，可作为营养强化剂添加到各类食品中，提升产品的营养价值。在婴幼儿配方食品中添加大米蛋白，既能满足婴幼儿生长发育对蛋白质的需求，又因其低抗原性，降低了过敏风险，为易过敏体质的婴幼儿提供了安全可靠的蛋白质来源。在运动营养食品里加入大米蛋白，有助于补充运动后身体所需的蛋白质，促进肌肉修复与生长，其良好的消化吸收性也能让运动员快速恢复体力。

②功能性食品开发：利用大米蛋白的功能特性，可开发出多种功能性食品。由

于大米蛋白具有一定的抗氧化性，能够清除体内自由基，可将其制成具有抗氧化功能的保健品，满足消费者对健康养生的追求。此外，大米蛋白还具有降血压、降血脂等潜在生理功能，基于此开发的功能性食品，如添加大米蛋白的低脂乳制品、营养代餐粉等，能帮助有"三高"风险的人群在日常饮食中进行健康管理。

③食品加工助剂：大米蛋白在食品加工过程中可发挥多种助剂作用。其良好的乳化性使其在乳制品、饮料等产品中能有效防止油相和水相分离，增强产品的稳定性，例如在植物蛋白饮料中，大米蛋白能够帮助油脂均匀分散在水中，使饮料质地均一、口感细腻。在烘焙食品中，大米蛋白可改善面团的流变学特性，增加面团的延展性和韧性，有助于制作出体积更大、质地更松软的面包、蛋糕等产品，同时还能提升产品的营养价值和货架期稳定性。

④植物基肉制品替代：随着素食主义的兴起和人们对健康、环保饮食的追求，植物基肉制品市场迅速发展。大米蛋白因其具有类似肉类蛋白的结构和功能特性，成为植物基肉制品的优质原料。通过与其他植物蛋白（如大豆蛋白）复配，再结合特定的加工工艺，可模拟出肉类的口感、质地和风味，制作出素肉肠、素牛排、素肉丸等多种植物基肉制品，既满足了消费者对肉类口感的需求，又提供了低脂肪、高蛋白的健康选择，减少了对动物肉类的依赖，符合可持续发展的理念。

3.2.1.3　玉米蛋白

玉米蛋白主要由醇溶蛋白、谷蛋白、清蛋白和球蛋白组成。其中，醇溶蛋白是玉米蛋白的主要成分，占玉米蛋白总量的40%~70%。醇溶蛋白富含脯氨酸和亮氨酸，分子内存在大量的疏水基团，这些疏水基团之间的相互作用使其形成紧密的球状结构，具有较强的疏水性。谷蛋白则由多个亚基通过二硫键和其他非共价键相互连接而成，其结构相对复杂，在玉米蛋白中起到支撑和稳定的作用。清蛋白和球蛋白含量相对较少，多为水溶性和盐溶性蛋白，在玉米细胞的生理代谢过程中发挥着各自的功能，如参与酶催化、物质运输等。这些不同类型的蛋白质通过相互作用，共同构成了玉米蛋白独特的结构体系。

（1）玉米醇溶蛋白的分子结构

玉米醇溶蛋白（zein）具备独特的溶解特性，不溶于水，而易溶于乙醇—水混合体系。这一特性归因于该蛋白分子内含有大量诸如亮氨酸、脯氨酸和丙氨酸等非极性氨基酸。通过旋光法与圆二色谱法对玉米醇溶蛋白二级结构展开分析，结果显示，其结构由50%~60%的α-螺旋以及15%的β-折叠构成。而在三级结构层面，它呈现为由非对称性杆状颗粒组成，轴率处于（7:1）~（28:1）的范围。运用小角X-光散射（small angle X-rag scattering，SAXS）技术，针对玉米醇溶蛋白在70%（体积分数）乙醇—水溶液中的结构进行剖析，可发现其α-螺旋结构借助谷氨酰胺丰富的架桥作用相互连接，并以反向平行的方式，构建成尺寸为13nm×1.2nm×3nm的棱柱体。此棱柱体侧面由螺旋外层组成，呈疏水性；顶面和底面则因谷氨酰胺的交联而呈现亲水性。若采用表面等离子体共振（surface plasmon resonance，SPR）技术分析玉米醇溶蛋白的亲水/疏水性，能够明确观测到该蛋白分子表面存在清晰可辨的亲水区与疏水区。玉米醇溶蛋白分子的这些结构及理化特征，为其自组装形成两亲性聚集体提供了潜在可能。

（2）玉米醇溶蛋白的自组装机理

玉米醇溶蛋白的自组装主要源于其分子结构的两亲性。分子表面有明确的亲水区和疏水区，在特定的溶液环境中，为了降低体系的自由能，疏水部分倾向于相互聚集，以减少与水的接触面积；而亲水部分则朝向水相，从而自发地形成各种有序的聚集体结构。此外，分子内和分子间的相互作用，如氢键、范德瓦耳斯力以及二硫键等，也在自组装过程中起到关键作用。其中，谷氨酰胺之间的交联作用不仅影响分子的二级和三级结构，也在自组装形成聚集体时维持结构的稳定性。玉米醇溶蛋白溶剂极性的改变可诱导其构象转变。

①基于分子结构的自组装：玉米醇溶蛋白由不同的亚基组成，这些亚基具有特定的氨基酸序列和结构域。其中一些区域具有疏水性，而另一些区域具有亲水性。在适当的条件下，如在特定的溶剂环境或温度、pH 等条件下，疏水性区域会倾向于相互聚集，以减少与周围水分子的接触，从而驱动自组装过程。同时，亲水性区域则会分布在组装体的表面，与周围的水分子相互作用，使组装体在溶液中保持稳定。

②基于分子间作用力的自组装：玉米醇溶蛋白分子间存在多种作用力，如氢键、二硫键、疏水相互作用等。氢键可以在不同分子的特定基团之间形成，使分子相互连接；二硫键是由含硫氨基酸之间的氧化反应形成的共价键，它能更牢固地将分子连接在一起；疏水相互作用则促使疏水性区域聚集在一起，共同维持自组装结构的稳定性。例如，在制备玉米醇溶蛋白膜时，当成膜液涂布后，蛋白质凝聚，分子间会形成维持薄膜网状结构的氢键、二硫键及疏水键。

③外界因素诱导的自组装：pH、温度、离子强度等外界因素也会影响玉米醇溶蛋白的自组装。以 pH 为例，当溶液的 pH 发生变化时，玉米醇溶蛋白分子上的带电基团状态会改变，从而影响分子间的静电相互作用，进而影响自组装过程。比如在碱性条件下，玉米醇溶蛋白分子可能会发生去质子化，使分子间的静电排斥力减小，更容易发生自组装。温度的变化会影响分子的热运动，较高的温度可能会使分子的热运动加剧，不利于自组装结构的形成；而较低的温度则可能使分子运动减缓，有利于分子间作用力的发挥，促进自组装。离子强度的改变会影响溶液中离子与玉米醇溶蛋白分子的相互作用，从而影响自组装。例如，加入某些盐离子可能会屏蔽分子间的电荷，促进分子间的聚集和自组装。

在自组装过程初期，当玉米醇溶蛋白处于合适的溶剂环境（如特定浓度的乙醇—水溶液）时，单个的玉米醇溶蛋白分子开始运动并相互靠近。随着分子间距离的减小，疏水区之间的疏水相互作用逐渐增强，促使分子开始聚集。在聚集过程中，分子通过调整自身的取向和位置，使得疏水部分相互靠拢，形成疏水内核；而亲水部分则围绕在疏水内核周围，形成亲水性外壳，进而初步形成两亲性聚集体。随着时间的推移和分子间相互作用的不断调整，这些聚集体进一步生长和融合，形成尺寸更大、结构更稳定的聚集体结构，最终达到自组装的平衡状态。

（3）玉米醇溶蛋白的应用

①抗氧化剂。玉米醇溶蛋白自身及其水解产物具备抗氧化性能。国外研究成功开发出将脂肪酸溶解于玉米醇溶蛋白溶液并干燥固定油脂的技术。例如，把亚油酸与4倍量的醇溶蛋白溶于乙醇，经喷雾干燥所得粉末具有极高的抗氧化性和抗氧化稳定性。将鱼油脂肪酸与2倍量的玉米醇溶蛋白溶于80%乙醇中干燥成膜，以及单甘油酯、二甘油酯、三甘油酯分别与玉米醇溶蛋白溶于乙醇成膜，均呈现出很强的抗氧化性。将DHA含量27%的鱼油用醇溶蛋白以1:1的比例包埋粉末化，在常温暗处放置两个月，几乎检测不出过氧化物价（氧化值指标）。这是因为玉米醇溶蛋白包埋油脂后，隔绝了氧气，从而发挥抗氧化作用。所以，玉米醇溶蛋白是保护易氧化的高度不饱和脂肪酸、维持其抗氧化稳定性的理想材料，在油脂食品中作用显著，应用潜力巨大。

②药物缓释材料。近年来，微球技术在疾病治疗领域应用广泛。微球药能维持血液中的药物浓度，并将药物运载至特殊细胞或组织。各类人工和天然的生物可降解聚合体被用于生产微球材料，玉米醇溶蛋白因可形成坚硬、光滑、具有疏水性和抗菌性的膜，被积极开发制成微球壁材。实验表明，用作抗原的卵清蛋白以52%的填充率填充进玉米醇溶蛋白微球，经SDS-PAGE分析，制取微球过程未损害卵清蛋白结构的完整性，证实了玉米醇溶蛋白微球作为药物或疫苗运载工具的可行性。

针对醇溶蛋白—伊维菌素微球（ivermectin，IVM）的研究发现，IVM是一种对抗牛、羊、猪、狗体内外寄生虫的广谱抗菌药，无毒、高效、安全，还可治疗人的盘尾丝虫病。将醇溶蛋白和IVM溶在一起制成微球，IVM的载药量和包封率与微球中IVM和醇溶蛋白的浓度比相关，当IVM和醇溶蛋白浓度分别为715mg/mL和30mg/mL时效果最佳，包封率约为60%，载药量约为20%。IVM微球和IVM微球片剂体外释放实验显示，1天后微球中IVM释放量为40%，9天后为90%；微球片剂在胃蛋白酶作用下，8天后50%降解，13天后全部降解，表明IVM微球及其片剂可抵御胃液降解，玉米醇溶蛋白十分适合作IVM的缓释壁材。此外，只有平均直径1μm的微球才能被巨噬细胞吸收，因此控制好微球粒径对药物靶向运输至关重要。

③生物可降解塑料。单纯的玉米醇溶蛋白膜脆性大，限制了其应用。不过，加入交联剂（如柠檬酸、甲醛、丁烷四甲酸等）后，其抗张强度可提高2~3倍。加入酯类化合物修饰，既能提高抗张强度，又能降低通透性，还可添加抗菌剂抑制病原微生物生长。以玉米醇溶蛋白为原料的生物可降解塑料主要有两种类型：一是以淀粉—玉米醇溶蛋白为基质；二是在玉米醇溶蛋白中加入脂肪酸塑化。

④涂膜剂。玉米醇溶蛋白溶液经喷雾干燥工艺处理后，能够在各类对象物表面构建起一层质地光滑的皮膜，这一特性使其具备作为涂膜剂的基础条件。当单独使用玉米醇溶蛋白溶液制备涂膜时，形成的皮膜虽有一定的保护作用，但性能相对单一。

为了满足不同应用场景下对涂膜性能的多样化需求，可根据对象物的具体性质，有针对性地添加适量的脂肪酸、乳化剂等可塑剂。脂肪酸能够调节皮膜的柔韧性和防水性，不同链长和饱和度的脂肪酸会赋予皮膜不同的性能特点。例如，长链饱和脂肪酸可增强皮膜的疏水性，使其在防水防潮方面表现更为出色；而不饱和脂肪酸则可能在一定程度上改善皮膜的柔韧性和延展性。乳化剂的加入有助于均匀分散体系中的各种成分，促进玉米醇溶蛋白与可塑剂以及其他添加剂之间的相互作用，进一步优化皮膜的结构和性能。在添加可塑剂后，再次通过喷雾干燥或涂布干燥的方式处理溶液，能在对象物表面形成兼具良好伸展性与黏附性的光滑皮膜。良好的伸展性使得皮膜在面对对象物的形状变化或受到外力拉伸时，不易破裂或脱落，始终保持完整的覆盖状态，持续发挥保护作用；而优异的黏附性则确保皮膜能够紧密贴合在对象物表面，增强与对象物之间的结合力，防止皮膜在使用过程中出现剥落现象，从而为对象物提供更为可靠的防护，广泛应用于食品、药品、农产品等领域的保鲜、防护与美化。

⑤营养辅料。从营养学角度来看，玉米醇溶蛋白的氨基酸组成存在不平衡的状况，缺乏部分人体必需氨基酸，这使得它无法像一些优质蛋白那样直接被人体吸收利用，为机体的生长、修复和维持正常生理功能提供全面的氨基酸支持。然而，玉米醇溶蛋白却凭借其他独特的理化性质，在营养相关领域找到了重要的用武之地，成为理想的天然营养保鲜剂。在溶解性方面，它不溶于水，却可溶于一定浓度的乙醇—水混合溶液，这种独特的溶解特性使其能在特定的溶剂体系中均匀分散，为其后续应用提供了便利。其较强的耐水性，保证了在潮湿环境下，不会轻易被水分破坏或溶解，能稳定地发挥作用。无论是在高湿度的仓储环境，还是在含有一定水分的食品体系内，都能维持自身结构和功能的完整性。在面对高温时，玉米醇溶蛋白展现出良好的耐热性，不会因加热等常规处理方式而迅速变性失活，能够在不同的加工温度条件下，持续发挥其保鲜功效。

此外，它的耐脂性使其在富含油脂的环境中也能保持稳定，不会被油脂侵蚀或发生相互作用而影响性能。基于这些特性，将玉米醇溶蛋白应用于食品保鲜时，它可以在营养物质或食品表面形成一层保护膜，有效阻隔氧气、水分以及微生物等外界因素的影响，减缓营养成分的氧化、降解和变质速度，从而延长食品和营养物质的货架期，最大限度地保留其营养成分，确保消费者能够摄取到更丰富、更优质的营养。

⑥黏结剂。玉米醇溶蛋白凭借其独特的化学结构，展现出优良的黏结性能，在

多个行业作为黏结剂发挥着重要作用。它能够与多种材料紧密结合，形成稳固的连接，这一特性使其成为制作木板、胶合板以及纸板等专用黏结剂的理想选择。

在木板制造中，玉米醇溶蛋白基黏结剂可有效将木板层紧密黏合，确保木板整体结构的稳定性和强度，满足不同使用场景下对木板质量的要求。应用于胶合板生产时，能均匀分布在各层板材之间，形成强大的黏合力，使胶合板具备良好的耐用性和抗变形能力。在纸板制作中，其黏结作用可使纸板的纤维紧密相连，增强纸板的挺度和韧性，提升纸板在包装等领域的实用性。尤为值得一提的是，玉米醇溶蛋白在湿热条件下具备防霉作用。这一特性使其在软木塞制造领域大放异彩，软木塞常处于潮湿环境中，极易受到霉菌侵蚀，而玉米醇溶蛋白作为黏结剂，不仅能牢固黏合软木材料，还能有效抑制霉菌生长，延长软木塞的使用寿命，保障其在葡萄酒瓶塞等应用场景中的密封性和安全性，为相关产品的品质提供有力保障。

⑦其他应用。

纺织领域：醇溶蛋白在碱性（pH 11.2~12.7）溶液中可溶解并纺丝，经甲醛处理后能制成优质纤维用于纺织品。

化工产品领域：醇溶蛋白在油漆、打印油墨、胶卷、可降解性塑料、染发剂、化妆品等方面均有应用。

食品领域拓展：因其良好的成膜性和阻氧性，可制备可食用包装膜，延长食品保质期，减少食品与外界氧气、水分接触，保持食品风味品质，如在坚果、肉类包装中防止油脂氧化和微生物污染；其两亲性使其可作为食品乳化剂，稳定水油混合体系，提升食品稳定性和口感，应用于沙拉酱、奶油等产品。

医药领域拓展：利用其自组装形成纳米粒子的特性作为药物载体，实现药物靶向输送和控制释放，提高疗效、降低毒副作用；凭借良好的生物相容性，在组织工程中用于构建生物支架，促进细胞黏附、增殖和分化，助力组织修复和再生。

材料领域拓展：作为生物可降解材料原料，与其他天然高分子材料复合或化学改性后，制备不同性能的生物降解材料，替代传统不可降解塑料用于包装、农业地膜等领域，解决环境污染问题；基于独特光学和电学性质，在光学传感器、导电材料等功能性材料方面展现潜在应用前景。

3.2.1.4 藜麦蛋白

（1）藜麦蛋白的组成与结构

藜麦蛋白主要由球蛋白、白蛋白、醇溶蛋白和谷蛋白组成，其中球蛋白和白蛋白含量较高，占总蛋白的70%~80%。球蛋白是一种多聚体蛋白，通常由多个亚基通过非共价键相互作用结合而成，其结构较为复杂，拥有多个结构域，这些结构域赋予球蛋白良好的稳定性和多种生物活性。白蛋白则相对分子质量较小，结构较为简单，多为单链蛋白，具有较好的水溶性。醇溶蛋白和谷蛋白含量相对较低，醇溶蛋白富含脯氨酸和谷氨酰胺，分子内存在大量的氢键和疏水相互作用，使其具有一定的疏水性；谷蛋白则通过二硫键和其他非共价键形成复杂的聚合体结构，在藜麦蛋白中起到一定的支撑作用。这些不同类型的蛋白质通过相互作用，共同构建了藜麦蛋白独特的结构体系，为其功能的发挥奠定了基础。

（2）藜麦蛋白的理化性质

①溶解性：藜麦蛋白中的球蛋白和白蛋白具有良好的溶解性，尤其是在中性和弱碱性条件下，能够较好地溶解于水溶液中。藜麦蛋白在酸性条件下溶解度较低，在碱性条件下溶解度显著提高，如从 pH 9 升高至 pH 10 时的溶解度从 60.22% 升高到 75.34%，但 pH 继续增大至 12 时，溶解度降低到 70.78%。温度方面，20~35℃时，藜麦蛋白的溶解度与温度成正相关，温度高于 35℃时，溶解度开始下降。这种良好的溶解性使得藜麦蛋白在食品加工和营养补充剂的制备中具有很大的优势，易于与其他成分混合均匀，提高产品的稳定性和品质。

②乳化性：具有一定的乳化能力，能够在油水界面吸附并降低表面张力，从而使油水体系形成稳定的乳状液。藜麦蛋白的乳化性高于豌豆蛋白但低于大豆蛋白，可通过超声处理、适当添加盐离子、萌发等方法提高其乳化性。蛋白浓度对乳化稳定性有重要影响，浓度较低时，乳液体系不稳定；浓度增加，油滴表面被蛋白分子包裹，乳液稳定性增强。这一特性在食品加工中，如饮料、酱料等产品的制作中，有助于维持产品的均一性和稳定性，提高产品的口感和品质。

③热稳定性：藜麦蛋白在一定温度范围内具有较好的热稳定性。在常见的食品加工温度下，其蛋白质结构和功能性质变化较小，能够保持较好的溶解性和乳化性等。然而，当温度过高时，蛋白质分子会发生变性，导致其结构和功能的改变，如溶解性降低、乳化性变差等。

④起泡性：藜麦蛋白的起泡性和泡沫稳定性均强于大豆蛋白，但低于蛋清蛋白，起泡能力随藜麦蛋白浓度的增加而显著增加，具有形成高稳定泡沫的能力。

⑤持水性与持油性：藜麦分离蛋白的持水性高于小麦分离蛋白，与大豆分离蛋白相似，其持水性和持油性会随着超声处理时间的延长呈现先下降再上升的趋势。

⑥凝胶性：藜麦蛋白凝胶性较弱，形成的凝胶强度较低且持水力弱。加入适量盐离子可增强凝胶强度，离子类型、浓度和 pH 对凝胶的结构与性质有显著影响，碱性条件下提取的藜麦蛋白在加热时不形成凝胶，冷却后也只形成软凝胶。

（3）藜麦蛋白的营养价值

藜麦蛋白的氨基酸组成近乎完美，包含了人体所需的全部必需氨基酸，且含量丰富，比例接近人体需求模式，尤其是赖氨酸、蛋氨酸和苏氨酸等含量较高，这在谷物蛋白中极为突出。赖氨酸对于儿童的生长发育、组织修复和免疫力提升至关重要；蛋氨酸参与人体的新陈代谢，对肝脏健康有益；苏氨酸有助于维持人体正常的生理功能和肠道健康。此外，藜麦蛋白还富含多种维生素和矿物质，如 B 族维生素、维生素 E、钙、铁、锌等。

藜麦蛋白作为一种优质的植物蛋白来源，能够为人体提供全面且均衡的氨基酸，满足人体日常生理活动对蛋白质的需求，无论是对于儿童的生长发育、成年人的体力维持，还是老年人的身体健康维护，都具有重要的作用。由于其营养均衡和丰富的生物活性成分，藜麦蛋白具有多种健康促进功能。例如，有助于降低胆固醇水平，改善心血管健康；富含的膳食纤维与蛋白质协同作用，可促进肠道蠕动，预防便秘，维持肠道微生态平衡；此外，还具有一定的抗氧化能力，能够清除体内自由基，减轻氧化应激对身体的损伤，延缓衰老。

（4）藜麦蛋白的生产工艺

传统提取工艺：传统的藜麦蛋白提取方法主要有碱提酸沉法和盐提法。碱提酸沉法是利用碱性溶液使藜麦蛋白溶解，然后通过调节 pH 使蛋白质沉淀析出。这种方法虽然提取率较高，但容易导致蛋白质变性，影响其功能性质，同时产生大量的碱性废水，对环境造成污染。盐提法是利用盐溶液的离子强度变化来提取蛋白质，该方法相对温和，但存在提取效率较低、蛋白质纯度不高等问题。

新型提取技术：为了克服传统工艺的缺点，近年来开发了多种新型提取技术。例如，酶解法利用蛋白酶的特异性水解作用，在温和条件下提取藜麦蛋白，可减少蛋白质变性，提高提取效率和产品质量。超声辅助提取技术利用超声波的空化效应、机械效应和热效应，强化传质过程，缩短提取时间，提高提取率。此外，膜分离技术也被应用于藜麦蛋白的提取和纯化，能够有效去除杂质，提高蛋白质的纯度和回收率。

（5）食品工业应用

①婴幼儿食品：由于其营养均衡、低过敏性和易于消化吸收的特点，藜麦蛋白常被用于制作婴幼儿配方奶粉和辅食。为婴幼儿提供优质的蛋白质来源，满足其生长发育的营养需求，降低婴幼儿过敏风险，保障婴幼儿健康成长。

②营养补充剂：作为一种优质的植物蛋白，藜麦蛋白被广泛应用于营养补充剂的生产中，如蛋白粉、能量棒等。适合素食者、健身爱好者以及需要补充蛋白质的人群，为他们提供方便、高效的蛋白质补充方式。

③功能性食品：基于其健康促进功能，藜麦蛋白可用于开发各种功能性食品，如具有降血脂、抗氧化、调节肠道功能等功效的食品。例如，添加藜麦蛋白的面包、饼干等烘焙食品，不仅增加了产品的营养价值，还赋予了产品一定的功能性。

3.2.2 油料蛋白

3.2.2.1 大豆蛋白

大豆因其独特的化学组成而成为最具有经济价值和使用价值的农产品之一。在谷物及其他豆科植物中，大豆的蛋白质含量最高，约为 40%，其他豆类的蛋白质含量为 20%~30%，而谷物类的蛋白质含量最高为 8%~15%。大豆还含有 20% 左右的脂肪，以及磷脂、维生素和矿物质等其他有价值的成分。此外，大豆还含有许多含量较低的成分，如胰蛋白酶抑制剂、植酸、异黄酮和低聚糖，它们都具有生理活性，在抑制癌症和其他疾病方面具有重要作用。

（1）大豆蛋白的组成及化学结构

大豆蛋白质是存在于大豆种子中诸多蛋白质的总称。大豆蛋白来源广泛、营养价值高、价格低廉、加工技术成熟、氨基酸组成比例均衡，且消化率高达 90% 以上，是为数不多的可替代动物蛋白的优质植物蛋白质。大豆蛋白质基本上都属于结合蛋白，且绝大部分都是糖蛋白。根据蛋白质的溶解特性，大豆蛋白可分为大豆球蛋白（约占 90%，以粗蛋白汁）和大豆乳清蛋白（约占 5%）。从免疫学的角度出发，大豆总球蛋白可分为大豆球蛋白（约占 40.0%）、α-伴大豆球蛋白（约占 13.8%）、β-伴大豆球蛋白（约占 27.9%）、γ-伴大豆球蛋白（约占 3.0%）。根据生理功能，大豆蛋白分为贮藏蛋白和生物活性蛋白两类，贮藏蛋白占总蛋白的 70% 左右（如 11s 球蛋白、7s 球蛋白等），生物活性蛋白虽然在总蛋白中所占比例相对较低，但种类较多，如胰蛋白酶抑制剂、血球凝集素、脂肪氧化酶、β-淀粉酶等。根据水溶蛋白液在离心机中沉降速度，可分为 4 个组分，即 2S（约占 22%）、7S（约占 37%）、11S（约占 31%）和 15S（约占 10%）（S 为沉降系数），每一组分是重量相近的蛋白质混合物。α-伴大豆球蛋白属于 2S 组分，β-伴大豆球蛋白和 γ-伴大豆球蛋白属于 7S 组分，大豆球蛋白属于 11S 组分。

大豆蛋白质的一级结构是指由常见的 20 种氨基酸残基通过酰胺键共价地连接构成的氨基酸序列。Riblett 等研究表明，大豆蛋白的一级结构中谷氨酸含量最高（17.65%），胱氨酸、蛋氨酸和色氨酸含量相对较低，分别为 1.07%、1.07% 和 1.10%，非极性氨基酸的比例（52.5%）明显高于极性氨基酸（37.8%）和弱极性氨基酸（9.7%）。从遗传学角度分析，蛋白质的一级结构是由特定基因编码的。目前，发现编码大豆球蛋白的基因主要有 Gy1（A1Bb2）、Gy2（A2B1a）、Gy3（A1aB1b）、Gy4（A5Bb3）和 Gy5（A3B4）。Beilinson 等 2002 年又报道了 Gy6 和 Gy7 基因，其中 Gy6 基因不能编码有功能的大豆球蛋白，Gy7 基因是弱表达。研究表明，编码 β-伴大豆球蛋白的基因数目较多，至少包括 15 个基因的片段 CG-1-CG-15。

关于大豆球蛋白二级结构的报道较多。Ishino 和 Kudo 利用圆二色谱（circular dichroism，CD）测得 7S 球蛋白中约有 20% 的 α-螺旋、23% 的 β-折叠和 57% 的无规则卷曲结构，11S 球蛋白中 α-螺旋、β-折叠和无规则卷曲的含量分别为 20%、17% 和 63%；Pleitz 和 Damaschun 推断，大豆球蛋白中 β-折叠含量可达 35%，而含有少量的 α-螺旋结构；Marcone 等利用 CD 测得大豆球蛋白中 β-折叠的含量约为 56%，α-螺旋的含量约为 16%；Dev 等运用傅里叶红外光谱（fourier transform infrared spectroscopy，FTIR）测得大豆球蛋白中 α-螺旋不足 10%。此外，Subirade 等通过红外光谱分析，大豆蛋白含有 48% 的 β-折叠和 49% 的无规则卷曲，在碱性条件和增塑剂存在的条件下，部分 β-折叠和无规则卷曲结构向 α-螺旋转变。Nagano 等根据 CD 结果推算出，在 β-伴大豆球蛋白的二级结构中 α-螺旋、β-折叠和无规则卷曲的含量约为 14.7%、51.8% 和 33.5%。Hashizume 和 Watanabe 利用 CD 测得 β-伴大豆球蛋白中含有 α-螺旋 14.5%、β-折叠 42% 以及无规则卷曲 33.5%。Deshpande 和 Damodaran 通过圆二色谱分析得出，天然 β-伴大豆球蛋白含有 14.5%α-螺旋、24.5%β-折叠、27.5%β-转角，33.5%无规则卷曲。规则的二级结构对稳定球状蛋白质的构象是非常必要的。

大豆球蛋白是一种分子量为 300~380kDa 六聚体，每个亚基都含有一对通过二硫键连接的酸性亚基（约 35kDa）和碱性亚基（约 20kDa），6 个亚基对堆积成两个堆叠的六元环。也有报道称大豆球蛋白的 6 个亚基对在中性疏水条件下以三方反棱柱密堆积结构为最佳聚集状态。大豆球蛋白的 5 个亚基，根据同源性的程度将其分为两组，组 I 包括 A1aB1b（53.6kDa）、A2B1a（52.4kDa）和 A1bB2（52.2kDa），组 II 包括 A5A4B3（61.2kDa）和 A3B4（55.4kDa）。组 I 每个亚基含有 3 个胱氨酸残基和 2 个半胱氨酸，组 II 每个亚基均有 2 个胱氨酸残基和 2 个半胱氨酸。

β-伴大豆球蛋白由三个分子量为 150~200kDa 的 N-糖基化亚基组成，分别称为 α 亚基（67kDa）、α' 亚基（71kDa）和 β 亚基（50kDa）。与大豆球蛋白相似，β-大豆伴球蛋白的每个亚基对由一条位于 N 末端的酸性 α 链和一条位于 C 末端的碱性 β 链组成，由于缺少半胱氨酸残基，两条链之间不会形成二硫键。α'、α 和 β 亚基 N-末端的精氨酸残基上均连接有寡糖，但是含糖量不同，α'、α 亚基的含糖量是 β 亚基的 2 倍。

α 亚基和 α' 亚基在结构上有外围区域和核心区域。在外围区域，α 亚基的氨基酸残基数为 125 个，α' 亚基的氨基酸残基数为 141 个；在核心区域两个亚基的氨基酸残基均为 418 个；而 β 亚基只包含核心区域，该区域由 416 个氨基酸残基构成。在这 3 种亚基的核心区域含有大量的同源氨基酸残基，亚基之间不变氨基酸残基的比例分别为：α 亚基与 α' 亚基 90.4%、α 亚基与 β 亚基 76.2%、α' 亚基与 β 亚基 75.5%。此外，在 α 亚基与 α' 亚基的外围区域含有大量的酸性氨基酸残基，同等序列的比例为 57.3%。根据氨基酸序列可以推算出 α 亚基和 α' 亚基的等电点和疏水性均低于 β 亚基。同时，三种亚基之间的热稳定性差别也很大，顺序为 $\beta>\alpha>\alpha'$。β-伴大豆球蛋白中各个亚基结构上的差异导致了它们性质上的不同。Maruyama 等对 α' 亚基与 β 亚基的一级结构和三维空间结构进行了比较，结果表明虽然 β-大豆伴球蛋白亚基具有高度同源的核心结构，但是 β 亚基的热稳定性好于 α' 亚基。Adachi 等和 Maruyama 等利用基因重组技术，并通过 X 射线晶体衍射法推导出大豆球蛋白和 β-伴大豆球蛋白的结构模型（图 3-6）。大豆球蛋白的酸性亚基与碱性亚基具有与 β-伴大豆球蛋白类似的排布，只是大豆球蛋白是由 6 个亚基对组成，而 β-伴大豆球蛋白是由 3 个亚基对组成；Lawrence 等的认为，11S 的六聚体结构也许是由两个

7S 三聚体背对背堆积而成的。

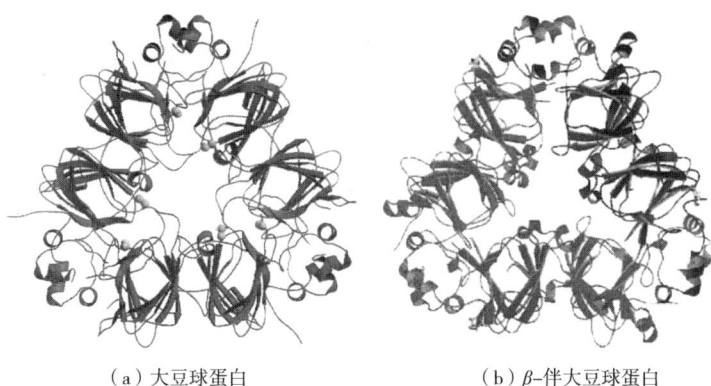

（a）大豆球蛋白　　　　　　　　（b）β-伴大豆球蛋白

图 3-6　大豆蛋白的亚基结构模型

（2）大豆蛋白的功能性质及应用

　　大豆蛋白是植物蛋白质的重要来源之一，据报道，大豆蛋白对人体营养和健康有重要的作用，是低脂肪、低胆固醇的食品，可明显降低心脏病的发病率。大豆蛋白含有人体所需的 8 种必需氨基酸，且氨基酸组成与动物蛋白相似，赖氨酸含量相对较高，属于全价蛋白，其消化吸收率可高达 90% 以上。

　　除了高营养价值，大豆蛋白具有优良的功能性质，使其广泛应用于食品工业中。大豆蛋白在工业应用中体现的功能性质是由其特定的微观结构决定的。大豆蛋白—水之间的相互作用（如溶解性、吸水性和持水性、润湿性、可膨胀性、可分散性、表观黏性等）主要是由蛋白质肽链骨架上的极性基团与水分子发生水化作用决定的；蛋白质分子表面疏水性氨基酸残基的数量及分布情况影响大豆蛋白表面疏水性，从而影响蛋白质的表面性质（如乳化性和起泡性）；大豆蛋白质的分子在界面表面张力、伸展速率和程度与分子的柔性有关，其在界面的吸附速率与大豆蛋白质在界面处的构象变化和定位速率有关；大豆蛋白质的胶凝作用（如缔合、聚集、沉淀、絮凝等）是蛋白质分子交互作用产生的聚集变化；改变蛋白质结构（如形状、大小、氨基酸组成和序列等），将会对流变特性（包括黏度、弹性、黏附性、聚集性和凝胶性）产生影响。大豆蛋白及其制品的功能性质及其应用见表 3-19。

表 3-19　大豆蛋白及其制品的功能性质及其应用

功能性质	主要作用机理	食品应用体系
溶解性	蛋白质的水化作用，与 pH 等有关	饮料、豆奶、酱汁
乳化性	脂肪乳状液的形成以及稳定	肉类、酱类、汤类

续表

功能性质	主要作用机理	食品应用体系
水吸附及结合能力	水的氢键键合、水的容纳	肉类、酱类
起泡性	形成稳定膜、固定气体	搅打奶油、甜食
凝胶	变性蛋白质有序聚集后形成三维网状结构	凝乳、乳酪
延展性	加热引起的空气膨胀和捕捉	油炸制品
凝聚—黏附性	蛋白质作为黏附剂	香肠、焙烤制品
黏弹性	面筋中的疏水键，凝胶中的二硫键	肉类、焙烤
脂肪吸附性	疏水作用	香肠、油炸制品
形成纤维	碱性随机化、二次结合	面包、人造肉
风味结合	风味物质的吸附、容纳、释放	面包、人造肉
色泽调节	美拉德反应、脂肪氧化酶脱色、漂白作用	饼干、面包
组织化形成块层	热和压力下二次结合	人造肉

3.2.2.2 花生蛋白

（1）花生蛋白的组成与结构

花生，在全球蛋白质供应中占据着11%的份额。其蛋白质含量近70%，且营养品质优良，大部分以储存形式存在。由于源自植物，花生蛋白质有着区别于动物蛋白质的特性，它富含纤维以及诸如精氨酸这类生物活性物质。精氨酸能够将血糖转化为能量，并生成一氧化氮（NO），这有助于促进血液流动、舒张动脉以及降低血压。花生中还含有另一种生物活性物质——白藜芦醇，它在预防心血管疾病、癌症以及炎症方面发挥着重要作用。花生蛋白主要由球蛋白和清蛋白组成，其中球蛋白约占花生蛋白总量的90%，包括伴花生球蛋白（conarachin）和花生球蛋白（arachin）。伴花生球蛋白是由6个亚基组成的寡聚体，通过二硫键和非共价键相互连接，形成较为复杂的空间结构。花生球蛋白则是由多个亚基组成的高分子量蛋白质，其亚基之间通过不同的相互作用维系整体结构。清蛋白在花生蛋白中含量相对较少，多为单链结构，具有较好的水溶性，在花生种子的生理活动中发挥一定作用。这些不同类型的蛋白质共同构成了花生蛋白独特的结构体系，对其功能的实现起到关键作用。然而，伴花生球蛋白和花生球蛋白中的Arah1与Arah3成分属于花生过敏原。这些过敏原可能会在敏感个体中产生严重症状，如过敏反应，甚至危及生命。

花生球蛋白是花生中最为主要的蛋白质，主要存在4种类型，其中3种体积微小，含量几乎可以忽略不计。伴花生球蛋白则有2类抗原，故而存在2种形式，分别为伴花生球蛋白Ⅰ和伴花生球蛋白Ⅱ。伴花生球蛋白是三者中体积最小的，同时也是研究最少的一种。值得注意的是，花生球蛋白和伴花生球蛋白的组成中含有大量的荧光氨基酸，如色氨酸、酪氨酸和苯丙氨酸（表 3-20）。花生球蛋白和伴花生球蛋白的分子通过折叠，使极性基团分布在分子表面，非极性基团则分布在内部，从而提高蛋白质的溶解性。

表 3-20　花生蛋白中的芳香族氨基酸组成　　　　　单位：g/100g 蛋白质

氨基酸	花生球蛋白	伴花生球蛋白 I	伴花生球蛋白 II
Tyr	4.13	5.69	2.38
phe	6.87	6.07	6.27
TrP	1.21	0.59	0.91

（2）花生蛋白的功能性质

①溶解性：花生蛋白的溶解性受多种因素影响，在等电点（pH 为 4.5~5.5）时，其溶解性最低，蛋白质容易发生聚集和沉淀。而在偏离等电点的酸性或碱性条件下，溶解性会有所提高。例如，在弱碱性环境中，花生蛋白的解离程度增加，其在水中的溶解度提高，这一特性在食品加工中对于蛋白的提取和应用具有重要意义。

②起泡性和泡沫稳定性：与花生球蛋白、伴花生球蛋白 I 和伴花生球蛋白 II 相比，花生的总蛋白质具有较高的起泡能力。而在水解后，伴花生球蛋白 I 的发泡稳定性比花生的总蛋白高。通过水解能提高花生蛋白质组分的起泡能力，并且这种水解对发泡能力差的蛋白质可能产生更明显的效果。

③乳化性：花生蛋白具有一定的乳化能力，能够在油水界面形成稳定的吸附层，降低油水界面的表面张力，使油滴均匀分散在水相中，形成稳定的乳状液。其乳化性与蛋白质的结构和组成密切相关，球蛋白的复杂结构和表面活性基团有助于其在油水界面的吸附和乳化作用的发挥，在食品加工中常用于制作乳制品、肉制品、酱料等产品，提高产品的稳定性和口感。花生蛋白的乳化性能取决于蛋白质浓度、溶液的 pH 和溶液中的 NaCl 浓度。为了研究 NaCl 浓度对乳化性能的影响，将蛋白质溶解在 pH 7.9 的磷酸盐缓冲液中，该磷酸盐缓冲液包含 0.05~0.5mol/L 的各种浓度的 NaCl。乳化后，在 500nm 处测量乳液的浊度。花生球蛋白稳定乳液的浊度几乎与 0.05mol/L NaCl 中伴花生球蛋白 II 稳定乳液的浊度相同。在更高浓度下，乳化能力下降。研究发现，pH 的变化极大地影响了花生分离蛋白的乳化活性和乳化稳定性。一般来说，乳化活性在花生分离蛋白的等电点（pH≈4.5）处最低，并且在低于或高于等电点的 pH 下会增加。此外，乳化稳定性随着 pH 的改变也发生明显变化。未干燥的花生分离蛋白溶液、喷雾干燥的花生分离蛋白粉末和冷冻干燥的花生分离蛋白粉末 pH 分别在 12.0、6.0 和 2.0 下具有最高乳化稳定性。

④凝胶性：在适当的条件下，如加热、添加凝固剂等，花生蛋白能够形成凝胶。加热过程中，蛋白质分子展开，分子间通过氢键、疏水相互作用和二硫键等形成三维网络结构，从而使蛋白质溶液转变为具有一定弹性和强度的凝胶。花生蛋白凝胶的特性可用于制作豆腐、仿生肉制品等，赋予产品独特的质地和口感。

⑤营养功能和生理调节能力：花生蛋白的氨基酸组成较为丰富，含有人体必需的8种氨基酸，其中精氨酸含量较高，约为其他坚果蛋白的2倍，精氨酸在人体的新陈代谢、免疫调节和心血管健康等方面具有重要作用。虽然花生蛋白中蛋氨酸和赖氨酸含量相对较低，但通过与其他富含这些氨基酸的食物搭配，如与谷物搭配，可实现氨基酸互补，提高蛋白质的营养价值。此外，花生蛋白还含有多种维生素和矿物质，如维生素E、B族维生素、钙、镁、钾等，进一步提升了其营养保健价值。作为优质的植物蛋白来源，花生蛋白为人体提供必需的氨基酸，满足人体生长发育、组织修复和维持正常生理功能的需要。无论是日常饮食还是特殊营养需求人群，花生蛋白都能在蛋白质摄入方面发挥重要作用。花生蛋白经过酶解等处理后，可产生具有生物活性的肽，如抗氧化肽、降压肽、抗菌肽等。这些活性肽能够参与人体的生理调节过程，例如抗氧化肽可以清除体内自由基，减少氧化应激对细胞的损伤，有助于预防心血管疾病、癌症等慢性疾病；降压肽能够抑制血管紧张素转化酶的活性，起到降低血压的作用，对高血压人群具有一定的保健功效。

（3）花生蛋白的生产工艺

传统提取工艺：传统的花生蛋白提取方法主要有碱提酸沉法和水剂法。碱提酸沉法是利用碱性溶液使花生蛋白溶解，然后通过调节pH至等电点使蛋白质沉淀析出，该方法提取率较高，但存在蛋白质变性、酸碱消耗量大以及废水污染等问题。水剂法是利用水作为溶剂，通过机械破碎、磨浆、分离等步骤提取花生蛋白，同时得到花生油和花生乳，该方法相对环保，但蛋白质提取率较低，产品纯度不高。

新型提取技术：为解决传统工艺的弊端，近年来涌现出多种新型提取技术。例如，酶法提取，利用蛋白酶的特异性水解作用，在温和条件下破坏花生蛋白与其他成分之间的结合力，提高蛋白质的提取率和纯度，同时减少蛋白质变性。超临界流体萃取技术利用超临界流体（如二氧化碳）的特殊性质，实现对花生蛋白和油脂的同时提取，具有提取效率高、产品质量好、无溶剂残留等优点。此外，超声辅助提取、微波辅助提取等物理辅助技术也被应用于花生蛋白提取，通过强化传质过程，缩短提取时间，提高提取效率。

（4）花生蛋白在食品工业的应用

花生蛋白的功能主要基于它们的可溶性蛋白质含量。花生蛋白具有较高的油和水的结合能力，适用于肉类、香肠、面包和蛋糕中。同时，其具有高乳化能力的蛋白质在香肠、汤和沙拉酱中均可发挥有益作用。花生浓缩蛋白还可用作乳化剂和发泡剂。蛋白质的碱性处理通常用于食品以改善功能特性。然而，过量的碱处理会对食物蛋白质产生不良影响，如赖氨酸、丙氨酸的形成和氨基酸的外消旋。在温和的碱性条件下花生蛋白的蛋白水解是将其用于食品体系的有利方法。另一类重要的应用是花生蛋白含有抗氧化活性的氨基酸序列。在超声辅助酶解的条件下，可以释放抗氧化性水解产物。另外，一些具有活性氢供应能力的氨基酸如 Trp 和 Tyr 可以形成苯氧自由基和吲哚自由基的中间体。这些中间体可以通过共振稳定，导致自由基链式反应减慢或停止，已经发现在通过抑制血管紧张素转换酶（angiotensin converting enzyme，ACE）来控制血压的机制中有效。花生蛋白酶解后可产生降压肽作为高血压治疗中合成药物的替代物，食物来源的抗高血压肽越来越重要。

①乳制品替代：在植物基乳制品领域，花生蛋白可用于制作花生奶、花生酸奶等产品，为乳糖不耐受人群和素食者提供了多样化的选择。花生奶口感醇厚，富含蛋白质和营养成分，通过添加适量的甜味剂和稳定剂，可制成具有良好口感和稳定性的饮品。

②肉制品改良：在肉制品加工中，添加花生蛋白可以改善肉制品的品质和营养价值。花生蛋白能够增加肉制品的持水性和保油性，减少烹饪过程中的水分和油脂流失，提高肉制品的嫩度和口感。同时，还可以部分替代肉类，降低生产成本，如在香肠、肉丸等产品中应用。

③烘焙食品强化：在面包、蛋糕等烘焙食品中添加花生蛋白，不仅可以增加产品的蛋白质含量，提高营养价值，还能改善面团的流变学性质，增强面团的筋力和持气性，使烘焙产品体积增大、质地松软，延长货架期。例如，在全麦面包中添加花生蛋白，可改善全麦粉口感粗糙的问题，提升产品的口感和品质。

（5）花生蛋白的研究展望

提取技术创新：不断探索新的提取技术或技术组合，如将膜分离技术与酶法提取相结合，进一步提高花生蛋白的纯度和回收率，降低生产成本，同时减少对环境的影响。此外，研究如何优化现有提取技术的工艺参数，实现花生蛋白的高效、绿色提取。

改性研究深化：通过物理、化学和生物等多种手段对花生蛋白进行改性，拓展其功能特性和应用范围。例如，研究不同改性方法对花生蛋白结构和功能的影响机制，开发更加有效的改性技术，提高花生蛋白的溶解性、乳化性、凝胶性等，以满足不同食品加工和工业应用的需求。

功能性产品开发：深入挖掘花生蛋白中潜在的功能性成分，开发具有特定功能的花生蛋白产品。除了已研究的抗氧化、降压、抗菌等功能外，进一步探索花生蛋白在免疫调节、血糖调节等方面的作用，开发相应的功能性食品和保健品，满足消费者对健康食品的多样化需求。

基因工程应用：利用基因工程技术，研究花生蛋白基因的表达调控机制，通过基因编辑或转基因技术，培育高蛋白质含量、优质氨基酸组成的花生新品种，从源头上提高花生蛋白的品质和产量，为花生蛋白产业的发展提供技术支持。

3.2.2.3 菜籽蛋白

菜籽作为重要的油料作物，其含有的菜籽蛋白在植物蛋白领域具有独特地位，在食品、饲料等行业有着广泛的应用潜力。油菜是世界上最主要的油料作物之一。我国油菜的种植面积和产量均居世界第一位。油菜籽制油后的饼粕中蛋白含量高达36%以上。菜籽蛋白的消化率为95%~100%，营养效价为2.8~3.5，生物价为91~92，可与动物蛋白相美。因此，菜籽蛋白是一种重要的植物蛋白资源。随着双低（低硫苷、低芥酸）油菜品种的选育成功和不断推广，菜籽蛋白的营养价值得到进一步改善，也为菜籽蛋白的综合利用提供了广阔的发展前景。

（1）菜籽蛋白的组成与结构

菜籽蛋白的氨基酸组成和营养价值均优于其他大多数植物蛋白。菜籽蛋白中苏氨酸、缬氨酸、亮氨酸和赖氨酸含量较高，但色氨酸和蛋氨酸含量较低（表3-21）。因此，从蛋白质的整体氨基酸组成来看，菜籽蛋白是人类和动物理想的营养源，且与联合国粮农组织（Food and Agriculture Organization of the United Nations，FAO）和世界卫生组织（World Health Organization，WHO）的推荐值较为接近。

表 3-21　菜籽蛋白的氨基酸组成　　　　　　单位：g/100g 蛋白

氨基酸	菜籽粕	菜籽粕蛋白	伴花生球蛋白 I
天冬氨酸	8.14	8.41	—
苏氨酸	5.02	4.62	4.0
丝氨酸	5.07	5.17	—
谷氨酸	22.7	24.59	—
脯氨酸	7.11	7.07	—
甘氨酸	6.41	6.13	—
丙氨酸	5.73	5.38	—
缬氨酸	5.75	5.42	5.0
蛋氨酸	1.06	1.07	3.5
异亮氨酸	4.13	4.16	4.0
亮氨酸	8.27	8.35	7.0
苯丙氨酸	4.72	5.12	6.0
赖氨酸	6.12	5.39	5.5
组氨酸	3.09	3.29	—
精氨酸	6.68	5.84	—
色氨酸	—	—	1.0

在菜籽所含蛋白质中，高达 80% 的部分属于储藏蛋白，这类蛋白质不具备酶活性，剩余的则是膜蛋白。在储藏蛋白里，12S 球蛋白在蛋白质总量中的占比为 25% ~ 65%，2S 清蛋白占蛋白质总量的 20%，除此之外，还有一些含量相对较少的蛋白质，例如胰蛋白酶抑制剂以及脂质转移蛋白等。

12S 球蛋白由 α-亚基和 β-亚基两两配对，进而形成 6 个亚基，其分子质量为 300.0kDa，等电点是 7.2。而 2S 清蛋白是由两条肽链构成，这两条肽链的分子质量分别为 4.0kDa 和 9.0kDa，它们通过 2 个二硫键相连，整体分子质量在 12.5 ~ 14.5kDa，等电点为 11.0。从二级结构组成来看，12S 球蛋白含有 10% 的 α-螺旋和 50% 的 β-折叠；2S 清蛋白的二级结构则包含 40% ~ 60% 的 α-螺旋以及 12% 的 β-折叠。

我国油菜品种主要有芥菜型、甘蓝型和白菜型这三大类型，它们在品质特性上，尤其是蛋白质组成方面，存在较为显著的差异。以甘蓝型油菜籽和白菜型油菜籽为例，甘蓝型油菜籽中的清蛋白含量高于白菜型油菜籽，二者的水溶性蛋白质含量分别约为 50% 和 45%。与之相反，甘蓝型油菜籽中球蛋白的含量以及盐溶性均低于白菜型油菜籽。值得注意的是，同一类型不同品种的菜籽蛋白，其水溶性差异并不明显。

菜籽蛋白主要由清蛋白、球蛋白、醇溶蛋白和谷蛋白组成。其中，球蛋白含量最高，占菜籽蛋白总量的 60% ~ 70%，是菜籽蛋白的主要成分。球蛋白通常是由多个亚基通过非共价键，如氢键、疏水相互作用等结合而成的寡聚体结构，具有较为复杂的空间构象。清蛋白多为水溶性单链蛋白，在细胞生理活动中发挥着运输、催化等作用。醇溶蛋白富含脯氨酸和谷氨酰胺，分子内存在大量氢键和疏水基团，使其具有一定的疏水性，结构相对紧密。谷蛋白则通过二硫键和其他非共价键形成高分子量的聚合体，在维持菜籽蛋白整体结构的稳定性方面发挥关键作用。这些不同类型的蛋白质相互交织，共同构成了菜籽蛋白独特而复杂的结构体系，为其功能特性奠定了基础。

（2）菜籽蛋白的功能特性

①溶解性：菜籽蛋白展现出良好的溶解性，即便在高浓度状态下，依然能维持较好的流动性。外界因素，诸如 pH、离子强度、温度等，会通过诱导菜籽蛋白水解或变性，使其分子尺寸减小、疏水性改变，极性基团得以暴露，进而对蛋白质的溶解性产生影响。

菜籽蛋白由于构成复杂，存在多个等电点，主要集中在 pH 3.7 以及 pH 7.5 附近。当 pH 小于 3.7 时，菜籽蛋白的溶解性会随着 pH 的升高而降低；当 pH 处于 3.7 ~ 7.5 时，菜籽蛋白的溶解性会随着 pH 的升高而略有上升；当 pH 大于 7.5 时，菜籽蛋白的溶解性会随着 pH 的升高而增加，并且在碱性条件下具备较高的溶解性。在等电点（pH 为 4.5 ~ 5.0）时，其溶解性最低，蛋白质容易聚集沉淀。而在酸性或碱性条件下，尤其是在弱碱性环境中，菜籽蛋白的解离程度增加，溶解性显著提高。这种溶解性特点在食品加工中，对于菜籽蛋白的提取、分离以及在食品体系中的应用至关重要。

不同离子对菜籽蛋白溶解性的影响各不相同。常见金属离子对其溶解性影响强弱的顺序为：$Mg^{2+}>Ca^{2+}>Na^+$，且溶解性会随着离子浓度的升高而增大。不过，当离子浓度超过 1.0mol 时，菜籽蛋白的溶解性和持水性变得很低，且相关曲线趋于平缓。

菜籽蛋白在高温条件下会发生变性，蛋白质结构遭到破坏进而产生沉淀，致使溶解性大幅下降。所以，在油菜籽制油过程中，由于受到湿热作用的程度不同，菜籽饼粕蛋白的水溶性会受到较大影响。浸出制油所得到的饼粕，其蛋白质水溶性远远高于热压榨油所得到的饼粕。尽管同一类型不同品种的菜籽蛋白水溶性差异较小，但不同油脂加工企业采用的热压榨温度不一样，这就导致得到的菜籽饼粕蛋白的变性程度和水溶性程度有所不同。此外，菜籽蛋白经过水解后形成的多肽，其溶解性与菜籽分离蛋白相比，有了显著的提高。

②菜籽蛋白起泡性和泡沫稳定性：在蛋白质的众多特性中，溶解性对起泡性起着关键的影响作用。与大豆蛋白相比，菜籽蛋白展现出更为优异的起泡性能。研究表明，菜籽蛋白的浓度与起泡性之间存在着特定的关联，当浓度处于 2%～8% 时，它能发挥出最佳的起泡效果；然而，一旦浓度超过 10%，起泡性能便会出现下滑的趋势。

从加工工艺角度来看，限制性水解是提升菜籽蛋白起泡相关性能的有效手段之一。在 pH 为 7.0 的条件下，当水解度达到 4% 时，菜籽蛋白水解物的起泡性能表现最为突出，能够达到 162.5%。不过，若继续增加水解度，起泡性反而会随之降低。而加热处理则会对菜籽蛋白的起泡性和泡沫稳定性产生负面影响，这是因为加热过程引发了菜籽蛋白的变性，破坏了其原本的结构，进而影响了起泡相关特性。

pH 也是影响菜籽蛋白起泡性和泡沫稳定性的重要因素。在 3<pH<7 这个范围内，菜籽分离蛋白的起泡性欠佳。但当 pH 偏离该区间，随着 pH 的逐步上升，其起泡性会呈现出提升的态势。

采用化学改性和物理改性等方法可以进一步优化菜籽蛋白的起泡性能。在化学改性方面，像乙酰化、琥珀酰化和磷酸化这类操作，都能在一定程度上提高菜籽蛋白的起泡性。其中，糖基化修饰的效果尤为显著，它不仅能够显著改善菜籽蛋白的整体功能性质，还能使起泡性实现翻倍增长。在物理改性领域，对菜籽浓缩蛋白进行超声波和微波处理，能够让其起泡性、乳化性等功能特性得到不同程度的提升。特别是当采用微波—超声波协同作用时，菜籽蛋白糖基化产物的起泡性提升了50.0%，泡沫稳定性更是提高了 80.0%。此外，高压均质同样是一种有效的改性手段，随着均质压力的不断升高，菜籽蛋白的起泡性和泡沫稳定性也会不断增强。

③乳化性和乳化稳定性：菜籽蛋白具有良好的乳化能力，其大分子主链同时含有亲水和疏水基团，能够在油水界面吸附并形成稳定的界面膜，降低油水界面的表

面张力，使油滴均匀分散在水相中，形成稳定的乳状液。蛋白质溶解性是界面膜形成和乳化稳定性的重要条件。酶法水解菜籽蛋白结果表明，水解前期菜籽蛋白的乳化性和乳化稳定性均有提高，但随着水解度的进一步增加，水解形成的短肽段不易吸附在油水界面，致使乳化性和乳化稳定性均逐步下降。此外，菜籽蛋白与多糖结合，如1%κ-卡拉胶和瓜尔豆胶，能够显著提高其乳化性能。菜籽蛋白的乳化性与蛋白质的结构、氨基酸组成以及环境因素密切相关。其球蛋白的复杂结构和表面活性基团有助于在油水界面的吸附和乳化作用的发挥，在食品加工中，常用于制作乳制品、肉制品、酱料等产品，可有效改善产品的稳定性和口感。

④菜籽蛋白持水性与持油性：菜籽蛋白含有大量多糖物质，这使其具备较强的持水能力，不过其持水性会因品种的不同而存在差异，通常在209%~382%这个范围内。菜籽蛋白的持油性与蛋白颗粒大小、表面张力相关，并且和持水性呈现负相关关系，一般能达到188%~203%。

蛋白质改性和热处理能够提高菜籽蛋白的持水性与持油性。蛋白质改性主要方式是对菜籽蛋白进行限制性水解，以此改变其空间结构与理化性质，进而提升功能特性，其中酶法水解是较为常用的一种方法。在水解前期，由于多肽链发生断裂，会释放出部分氨基和羧基，同时疏水基团也会暴露出来，这使得限制性水解菜籽蛋白的持水性与持油性得到显著提高。但随着水解度不断增大，多肽链会被降解成更短的肽段，电荷数量随之增加，极性也会增强，这种情况不利于形成凝胶网络结构，最终会导致持水性与持油性降低。所以，使用中性蛋白酶和碱性蛋白酶水解菜籽蛋白时，把握适宜的水解度是提升菜籽蛋白持水性与持油性的关键所在。热处理能够提高菜籽蛋白的持水性与持油性原理可能是蛋白质在热处理过程中发生变性，从而暴露出大量的结合位点；也可能是在高温条件下，多糖物质产生凝胶作用以及粗纤维发生溶胀作用所引起的。

⑤菜籽蛋白的凝胶性：在适当的条件下，如加热、添加凝固剂等，菜籽蛋白能够形成凝胶。加热过程中，蛋白质分子展开，分子间通过氢键、疏水相互作用和二硫键等形成三维网络结构，从而使蛋白质溶液转变为具有一定弹性和强度的凝胶。菜籽蛋白凝胶的特性可用于制作豆腐、仿生肉制品等，赋予产品独特的质地和口感。不过，菜籽蛋白的凝胶形成能力相对较弱，需要通过一些改性手段来提高其凝胶性能。研究发现，谷氨酰胺转氨酶改性能够改善菜籽蛋白的凝胶特性。当菜籽分离蛋白（rapeseed protein isolates，RPI）质量浓度为1.5g/10mL、加酶量为50U/gRPI、反应pH为9.0、反应温度为40℃、反应时间为20min条件下，菜籽蛋白的凝胶性较好，达到23.65g。

（3）菜籽蛋白的营养功能和生物活性

作为优质的植物蛋白来源，菜籽蛋白能够为人体提供必需的氨基酸，满足人体生长发育、组织修复和维持正常生理功能的需要。无论是在日常饮食中，还是对于特殊营养需求人群，如素食者、运动员等，菜籽蛋白都能在蛋白质摄入方面发挥重要作用。菜籽蛋白中含硫氨基酸（蛋氨酸和半胱氨酸）含量较高，在植物蛋白中具有一定优势。含硫氨基酸对于人体的新陈代谢、生长发育以及维护皮肤和毛发健康等方面具有重要作用。然而，菜籽蛋白中赖氨酸含量相对较低，在实际应用中，可通过与富含赖氨酸的食物（如豆类）搭配食用，实现氨基酸互补，提高蛋白质的营养价值。此外，菜籽蛋白还含有多种维生素和矿物质，如维生素 E、B 族维生素、钙、铁、锌等，进一步提升了其营养保健价值。

菜籽蛋白经过酶解等处理后，可产生具有生物活性的肽，如抗氧化肽、降压肽、抗菌肽等。这些活性肽能够参与人体的生理调节过程，例如抗氧化肽可以清除体内自由基，减少氧化应激对细胞的损伤，有助于预防心血管疾病、癌症等慢性疾病；降压肽能够抑制血管紧张素转化酶的活性，起到降低血压的作用，对高血压人群具有一定的保健功效。

①抗氧化活性：菜籽水解蛋白具备显著的总还原能力、DPPH 自由基清除能力和羟基自由基清除能力，且呈现明显的剂量效应关系。其发挥抗氧化作用的机制可能是通过直接提供质子与自由基发生反应，将自由基转变为更稳定的物质，进而展现出自由基清除能力。基于此，菜籽蛋白凭借较强的抗氧化活性，可添加到食品中有效防止食品氧化。不同的水解酶种类以及不同的菜籽蛋白酶解程度，会使菜籽水解蛋白的抗氧化性有所不同，且其抗氧化性与水解度之间并非简单的线性关系。鞠兴荣等对菜籽蛋白经碱性蛋白酶、复合蛋白酶、风味酶、木瓜蛋白酶、中性蛋白酶和胰蛋白酶水解后所得的不同水解物的抗氧化活性进行了比较分析。结果显示，经这 6 种蛋白酶水解得到的产物均具备一定的抗氧化能力。其中，菜籽蛋白经胰蛋白酶和风味酶水解后的水解物，在 DPPH 自由基清除能力和总还原能力方面表现较为突出。同时，这 6 种蛋白酶水解物抑制亚油酸过氧化的能力均高于生育酚，但相较于合成抗氧化剂 2,6-二叔丁基-4-甲基苯酚（BHT）则略逊一筹。此外，菜籽分离蛋白酶解产物还能改善半乳糖诱导的衰老小鼠的抗氧化状态，从而发挥延缓衰老的作用。酰化反应可提高菜籽蛋白对 DPPH 自由基的清除率，而酶水解酰化菜籽蛋白不仅能显著提高其溶解性，还能进一步提升乙酰化菜籽蛋白对 DPPH 自由基的清除率。

②肾素和 ACE 抑制活性：当菜籽蛋白分别经碱性蛋白酶 Alcalase、蛋白酶 K 和嗜热菌蛋白酶水解后，所得水解物均具有较高的 ACE 抑制活性，其中以碱性蛋白酶 Alcalase 为水解酶所获得的菜籽蛋白水解物，其 ACE 抑制活性最为强劲。通过进一步的超滤、层析分离纯化，能够得到具有高纯度（95%）和强 ACE 抑制活性（IC_{50} = 0.0118mg/mL）的菜籽蛋白的肽组分。另外，菜籽蛋白经碱性蛋白酶 Alcalase 和胃蛋白酶+胰蛋白酶水解的水解物（尤其是分子质量小于 3kDa 的水解物），还拥有较强的肾素抑制活性，这使得它们能够作为辅助降血压的活性组分，应用于功能食品和保

健品的开发。将菜籽蛋白经碱性蛋白酶 Alcalase 水解的水解物，先后经过 2 次制备型和 2 次分析型反相色谱柱分离，再借助质谱鉴定，成功获得了 3 个活性较高的肾素和 ACE 双重抑制肽，分别是 Thr-Phe（TF）、Leu-Tyr（LY）和 Arg-Ala-Leu-Pro（RALP）。其中，LY 具有较高的 ACE 抑制活性，而 RALP 则在肾素抑制活性方面表现突出。以碱性蛋白酶 Alcalase 直接水解菜籽粕获得的菜籽蛋白水解物，经电渗析—膜分离技术分离后，也得到了降血压效果较好的阳离子肽、阴离子肽和分离残留的水解物。而且，多模式超声预处理能够通过破坏菜籽蛋白的超微结构，增加其表面积，进一步提高菜籽蛋白的水解度和 ACE 抑制活性。

③醒酒功能：有研究以双低菜籽粕为原料，采用碱提酸沉法制备出了菜籽蛋白 RP5.8，该蛋白不仅得率高，功能性也良好，其必需氨基酸占整个氨基酸总量的 38.5%，氨基酸模式与 FAO/WHO 儿童推荐模式较为符合，可应用于儿童食品中。将 RP5.8 进一步经碱性蛋白酶 Alcalase 水解和超滤后，得到了 RPU-Ⅰ（>5kDa）、RPU-Ⅱ（1~5kDa）和 RPU-Ⅲ（<1kDa），得率分别为 30.72%、24.13%和 0.5%。其中，RPU-Ⅰ的羟基自由基清除能力最强，达到 56.45%。体内动物实验结果表明，碱性蛋白酶 Alcalase 酶解原液、RPU-Ⅰ 和 RPU-Ⅱ均具有显著的醒酒功能。

④抗肿瘤活性：利用胃肠道蛋白酶水解菜籽分离蛋白，并通过膜分离技术将水解物分离成 4 种不同分子质量组分（<1kDa、1~3kDa、3~5kDa 和 5~10kDa）。研究发现，分子质量小于 1kDa 的组分对 HepG2 细胞体外增殖的抑制活性最强，高达 36.4%，该组分中以谷氨酸、亮氨酸、天冬氨酸的含量最高。所以，菜籽蛋白的胃肠道蛋白酶水解物及其分子质量小于 1kDa 的膜分离组分，可作为功能性成分用于开发抗肿瘤相关的功能食品和保健品。

（4）菜籽蛋白的提取方法

水相萃取法是采用不同水相将菜籽蛋白提取出来，常用的水相包括水、稀酸、稀碱、NaCl 溶液、六偏磷酸钠溶液等。传统的水相萃取法工艺简单、成本较低，但蛋白质得率不高。此外，菜籽蛋白组成复杂，分子量差异较大，使得菜籽蛋白溶解曲线不能形成"U"形，而出现 2 个或多个等电点区域。水相酶解法是在水相萃取法的基础上，采用蛋白酶将菜籽饼粕中的蛋白质溶出，从而起到改善菜籽蛋白功能特性和提高营养价值的一种提取方法。常用的蛋白酶主要包括碱性蛋白酶、中性蛋白酶、酸性蛋白酶、木瓜蛋白酶、风味蛋白酶、果胶酶、纤维素酶和半纤维素酶等。双液相萃取法提取菜籽蛋白是以己烷、二氯乙烷等非极性相萃取菜籽油，以甲醇—水、乙醇—水等极性相萃取菜籽饼粕中的抗营养成分，从而浓缩菜籽蛋白，达到提取菜籽蛋白的目的。反胶团萃取法提取菜籽蛋白是利用反胶团将菜籽蛋白包裹其中，从而达到提取菜籽蛋白的目的。反胶团萃取法的优点是萃取过程中菜籽蛋白因位于反胶团的内部而受到反胶团的保护，适用于提取具有生物活性的菜籽蛋白，但是要利用此提取方法进行工业化生产菜籽蛋白，还需要做大量的研究。

（5）菜籽蛋白在食品工业中的应用

①乳制品：从低温脱脂后的菜饼中，提取组织蛋白，加热挤压使蛋白质分子朝一定方向排列并凝固，产生独特口感的人造蛋白肉。在植物基乳制品领域，菜籽蛋白可用于制作菜籽奶、菜籽酸奶等产品，为乳糖不耐受人群和素食者提供了多样化的选择。菜籽奶经过适当的调配和加工，可具有良好的口感和稳定性，富含蛋白质和营养成分。在乳制品中添加菜籽蛋白可以调节产品的口感和质地，使其更加细腻、均匀，同时提高乳制品在储存和运输过程中的稳定性，防止沉淀和分层现象的发生。

②肉制品：在肉制品加工中，添加菜籽蛋白可以改善肉制品的品质和营养价值。菜籽蛋白能够增加肉制品的持水性和保油性，减少烹饪过程中的水分和油脂流失，提高肉制品的嫩度和口感。菜籽蛋白具有良好的凝胶特性和保水性，添加到肉制品中，如香肠、火腿等，可以使产品在加工和储存过程中保持更多的水分，减少汁液流失，提高出品率，同时使肉质更加鲜嫩多汁，口感更好。能增强肉制品的弹性和韧性，使产品具有更好的质地和口感，模拟出更接近天然肉质的质感，提升产品品质。可以部分替代肉制品中的脂肪和动物蛋白，在降低产品脂肪含量的同时，保持肉制品的风味和口感，满足消费者对健康、低脂肉制品的需求，还可降低生产成本，如在香肠、肉丸等产品中应用。

③烘焙食品：在面包、蛋糕等烘焙食品中添加菜籽蛋白，不仅可以增加产品的蛋白质含量，提高营养价值，还能改善面团的流变学性质，增强面团的筋力和持气性，使烘焙产品体积增大、质地松软，延长货架期；增强面团的韧性和延展性，使面团在加工过程中更易于操作，提高烘焙产品的质量和稳定性，减少烘焙过程中的开裂、变形等问题。例如，在全麦面包中添加菜籽蛋白，可改善全麦粉口感粗糙的问题，提升产品的口感和品质。菜籽蛋白中的一些成分具有一定的抗氧化作用，能够延缓烘焙食品的氧化变质过程，延长产品的保质期，保持烘焙食品的新鲜度和口感。

④植物饮料：乳化性在食品加工中有重要作用，有助于结合水溶性和油溶性的配料。许多食品，如牛乳、冰激凌和奶油等都是乳状液。菜籽蛋白粉配以、香料、维生素和矿物质营养素可制取乳化性效果好的营养饮料。例如，将菜籽分离蛋白液与花生蛋白液混合，再加入糖、牛乳、复合乳化剂、矿物质、维生素和香料等物质，经高压均质后可制成具有优良乳化稳定性的营养饮料。

⑤其他食品加工中的应用：添加到食品中制成复合高蛋白食品。将提取的蛋白质添加到小麦面粉中，可提高蛋白质含量，并可使氨基酸平衡互补，提高了面粉的营养价值。菜籽蛋白经过水解等工艺处理后，可以制成风味独特的调味料，如菜籽蛋白水解物可以作为鲜味剂、风味增强剂等，用于提升食品的风味，增加食品的鲜美度。由于菜籽蛋白富含多种营养成分，如必需氨基酸、维生素、矿物质等，可以

作为原料用于开发保健品，如蛋白胶囊、蛋白棒等，满足人们对健康保健产品的需求，还可添加到快餐食品、面包、肉饼中。

（6）菜籽蛋白的研究展望

不断探索新的提取技术或技术组合，如将膜分离技术与酶法提取相结合，进一步提高菜籽蛋白的纯度和回收率，降低生产成本，同时减少对环境的影响。此外，研究如何优化现有提取技术的工艺参数，从而实现菜籽蛋白的高效、绿色提取。通过物理、化学和生物等多种手段对菜籽蛋白进行改性，拓展其功能特性和应用范围。例如，研究不同改性方法对菜籽蛋白结构和功能的影响机制，开发更加有效的改性技术，提高菜籽蛋白的溶解性、乳化性、凝胶性等，以满足不同食品加工和工业应用的需求。深入挖掘菜籽蛋白中潜在的功能性成分，开发具有特定功能的菜籽蛋白产品。除了已研究的抗氧化、降压、抗菌等功能外，进一步探索菜籽蛋白在免疫调节、血糖调节等方面的作用，开发相应的功能性食品和保健品，满足消费者对健康食品的多样化需求。利用基因工程技术和传统育种方法，培育高蛋白质含量、优质氨基酸组成的菜籽新品种，从源头上提高菜籽蛋白的品质和产量。同时，研究菜籽蛋白基因的表达调控机制，为菜籽品种改良提供理论依据。

3.2.2.4　棉籽蛋白

棉籽作为棉花的种子，是优质的油料资源。棉籽包含 50%~55% 的棉籽仁，棉籽饼粕是棉籽仁经提油处理后产生的副产品，蛋白质含量高达 60%，显著高于大豆粕。棉籽蛋白的氨基酸组成较为理想，是一种关键的植物蛋白质资源。然而，棉籽饼粕中棉酚的存在，在一定程度上制约了其营养价值，同时也限制了棉籽饼粕在饲料与食品领域的应用范围。因此，系统性地研究棉籽蛋白的性质以及棉酚脱除方法，制备脱毒棉籽饼粕蛋白用以替代豆粕和鱼粉，这一举措对于缓解蛋白质饲料的供需矛盾、推动养殖业发展具有重要意义。近年来，研究人员主要通过两条途径为棉籽蛋白资源的深度开发利用创造了可能：一是开发棉籽中游离棉酚的脱除技术；二是培育低酚（无腺体）棉籽新品种。在美国，棉籽浓缩蛋白已获美国食品药品监督管理局批准，作为食品添加剂投入使用。我国自 1972 年引入无腺体棉品种资源后，部分育种单位也陆续选育出一系列无腺体棉新品种，为棉籽蛋白的研究与应用提供了更多的种质基础。

（1）棉籽蛋白的组成与结构

棉籽蛋白经水解后得到 18 种氨基酸。其中，必需氨基酸含量超过 10%，是蛋白质和氨基酸生产的重要原料。棉籽蛋白必需氨基酸组成见表 3-22。从必需氨基酸组成来看，除蛋氨酸稍低外，其余必需氨基酸均达到联合国粮农组织和世界卫生组织（FAO/WHO）推荐的标准。因此，棉籽蛋白是一种很好的食用和饲用蛋白来源。

表 3-22　棉籽蛋白必需氨基酸组成　　　　　单位：g/100g 蛋白

氨基酸	品种			FAO/WHO 推荐值
	棉籽饼	大豆饼	去酚棉籽蛋白	
异亮氨酸	4.0	5.8	3.6	4.2
赖氨酸	4.2	6.6	5.1	4.2
苯丙氨酸	5.2	4.8	4.2	2.8
色氨酸	1.6	1.2	—	1.4
苏氨酸	3.5	3.9	3.5	2.8
缬氨酸	5.0	5.2	5.3	4.2
亮氨酸	6.2	7.6	4.7	4.8
蛋氨酸	1.5	1.1	1.6	2.2
总含硫氨基酸	—	—	4.2	3.4

　　棉籽蛋白主要由球蛋白、清蛋白、醇溶蛋白和谷蛋白构成。经超速离心，棉籽蛋白可分离出低分子量的 2S 清蛋白、中分子量的 7S 球蛋白、高分子量的 12S 球蛋白以及多聚分子量的 18S 蛋白组分。球蛋白在棉籽蛋白中含量相对较高，含量约达 90%，是棉籽蛋白的关键组成部分。球蛋白通常由多个亚基通过非共价键相互连接，形成较为复杂的四级结构，这些亚基的种类和数量差异决定了球蛋白结构的多样性。2S 清蛋白位于蛋白质体外部，占比约 30%，富含含硫氨基酸与赖氨酸。清蛋白多为水溶性，在棉籽细胞的生理代谢过程中承担着物质运输和酶催化等重要职责。在棉籽蛋白的生产过程中，无论是制备分离蛋白还是浓缩蛋白，都需去除低分子量的 2S 清蛋白。棉籽球蛋白的黏度为 4.0mL/g，其二级结构中 α-螺旋占 5%，β-折叠占 20%，由 6 个亚基组成，含糖量为 0.5%。对比大豆球蛋白（平均疏水性 872、非极性侧链 0.30、极性残基与非极性残基比值 1.28）和花生球蛋白（分别为 860、0.29、1.73），α-棉籽球蛋白的相应数值为 804、0.24 和 1.0，可见棉籽球蛋白平均疏水性和网络蛋白序列值均低于大豆蛋白与花生蛋白。棉籽球蛋白存在缔合—解离现象，会随环境中的 pH、离子强度、蛋白质浓度及温度变化而变化。7S 球蛋白和 12S 球蛋白共占 60%，其含硫氨基酸与赖氨酸含量较低。在酸性溶液中，它们会解离为低分子量单体，而用碱中和酸性溶液后，又会聚合成寡聚蛋白。18S 蛋白组分是分子质量大于 500kDa 的多聚蛋白质。醇溶蛋白富含脯氨酸和谷氨酰胺，分子内存在大量的氢键和疏水相互作用，使其结构较为紧密，具有一定的疏水性。谷蛋白则通过二硫键和其他非共价键形成高分子量的聚合体，对维持棉籽蛋白整体结构的稳定性发挥着关键作用。这些不同类型的蛋白质相互作用，共同构建了棉籽蛋白独特而复杂的结构体系，为其功能特性的展现奠定了基础。商业棉籽蛋白制品

的主要成分即为球蛋白，因此，球蛋白的功能特性决定了棉籽蛋白产品的性质。

棉籽高分子量蛋白质含糖约 0.5%，主要包含纤维素、木质素、果胶等。其中约一半的糖通过氢键与部分蛋白质紧密缠绕，在蛋白质紧密折叠的结构中，阻碍了蛋白质的水解，导致这部分蛋白质难以被利用。利用非淀粉多糖酶-果胶酶预处理棉籽蛋白，可大幅提高固形物浓度，这表明果胶酶能够改善果胶质与部分蛋白质及碳水化合物紧密缠绕的状况，使这部分蛋白质和碳水化合物得以释放，为进一步水解棉籽蛋白、提高其纯度创造了可能。

SDS-PAGE 电泳分析显示，棉籽高分子质量蛋白质有 6 个亚基，亚基分子质量在 2.5~7kDa，通过肽链连接，并以氢键等非共价键及其他弱性疏水作用形成稳定的分子结构。商业棉籽分离蛋白产品主要含有中分子质量的 7S 球蛋白和高分子质量的 12S 球蛋白，而酸法浓缩棉籽蛋白产品中还含有一定量的 18S 多聚蛋白质。

（2）棉籽蛋白加工工艺

棉籽作为一种重要的植物蛋白资源，其加工工艺对于棉籽蛋白的品质和应用价值至关重要。目前，常见的棉籽蛋白加工工艺主要包括提取、分离、纯化以及改性等关键环节。

①提取工艺。

碱溶酸沉法：将棉籽粕置于特定温度的碱性溶液中浸提一定时间，在碱性环境下，棉籽蛋白的结构发生变化，溶解度增加，从而溶解于溶液中。混合液经过离心分离，去除不溶性杂质，随后用 HCl 溶液调节上层清液的 pH 至棉籽蛋白的等电点，此时棉籽蛋白的溶解度急剧减小，以沉淀的形式从溶液中析出。沉淀经过洗涤、冷冻干燥等处理后，即可得到棉籽蛋白粉。有研究表明，在 pH 为 10，温度为 40℃，料液比为 10∶1，浸提时间为 60min 的条件下，棉籽蛋白质提取率可达 75.5%，等电点为 5.0，变性温度为 67.2℃。

盐提法：其原理是利用蛋白质分子在 NaCl 等盐溶液中吸附大量盐离子，增加蛋白质分子之间的静电排斥，进而加强蛋白质的水合作用，提高蛋白质的溶解度。不同盐溶液对棉籽蛋白的提取效果存在差异，例如亚硫酸钠作为强碱弱酸盐，在提取过程中显弱碱性，其对棉籽蛋白的提取率高于六偏磷酸钠和 NaCl，可达 32.15%。与碱溶酸沉法相比，在最佳工艺条件下，两种方法的棉籽蛋白提取率较为接近，但盐法提取的蛋白产品纯度较高，颜色较浅，且游离棉酚含量相对较低。

酶解提取法：该方法反应条件温和，对营养物质的破坏较小，液固比小且无污染，提取出的蛋白颜色优于碱法和盐法。单独使用碱性蛋白酶提取棉籽蛋白，在最佳工艺条件下提取率可达 62.5%。采用碱酶两步法，两步提取后的棉籽蛋白总提取率可达 88.77%。由于棉籽粕中存在纤维素、木质素、果胶等成分，它们与部分蛋白质通过氢键紧密缠绕，阻碍了蛋白酶的水解和棉籽蛋白的释放。利用复合植物酶水解棉籽粕，可使包裹或结合在棉籽蛋白分子上的纤维、木质素和多聚戊糖等成分降解，形成更疏散的结构，从而使蛋白质最大限度地溶出，在此条件下，蛋白质提取率为89%，最终产品经干燥后蛋白纯度为93%。也可以先用纤维素酶破坏棉籽细胞的细胞壁，使细胞内的蛋白质更易于提取，然后用碱性蛋白酶进行酶提，蛋白提取率可达86.4%，蛋白纯度达91.5%。

反胶束法：将表面活性剂溶解在非极性有机溶剂中，当浓度超过临界浓度时，表面活性剂分子会形成特殊结构，其疏水链向外、亲水基向内，形成的极性核内含有一定数量的水，被称为"水池"。在反胶束体系中，植物蛋白能够依靠蛋白质分子表面所带净电荷与反胶束中表面活性剂极性头所带电荷相互作用、疏水键及自由能等其他作用，增溶到水池内，进而实现被提取的目的。研究表明，SDS/异辛烷（正辛醇）反胶束体系萃取棉籽粕的萃取率远高于阴离子 AOT/异辛烷反胶束体系。

②分离与纯化工艺。棉籽蛋白提取后，常需进一步分离纯化以提高纯度。超速离心是常用方法之一，可将棉籽蛋白分离为低分子量的 2S 清蛋白、中分子量的 7S 球蛋白、高分子量的 12S 球蛋白以及多聚分子量的 18S 蛋白组分。在生产中，商业棉籽蛋白制品主要成分是球蛋白，所以常需分离除去低分子量的 2S 清蛋白。此外，还可结合色谱技术，如离子交换色谱和凝胶过滤色谱等，基于蛋白电荷特性和分子大小差异，进一步纯化目标蛋白，去除杂质，提高棉籽蛋白的纯度和质量。

③改性工艺。为改善棉籽蛋白功能特性，满足不同应用需求，常对其进行改性。化学改性如酰化、磷酸化，通过化学反应引入特定基团，改变蛋白结构和电荷分布，提升溶解性、乳化性和起泡性等。物理改性可采用加热、高压均质、超声波处理等方式。加热使蛋白变性，改变空间结构；高压均质让蛋白颗粒细化，提高分散性；超声波处理则能破坏蛋白聚集态，改善功能特性。酶法改性利用蛋白酶对蛋白进行适度水解，断裂部分肽键，释放氨基酸和小肽，提升蛋白消化率和功能特性，如制备抗氧化肽、降压肽等功能性肽段，拓展棉籽蛋白在食品、医药等领域的应用。

（3）棉籽蛋白的功能特性

①溶解性。蛋白质的溶解性是指蛋白质在水中的溶解度，通常用氮溶指数衡量。蛋白质的溶解性对其乳化性、起泡性和凝胶性等功能特性具有重要影响。棉籽浓缩蛋白的氮溶解指数（nitrogen soluble index，NSI）低于棉籽粕蛋白，这可能是由于 K_2CO_3 溶液的 pH 较高，使蛋白质发生变性的缘故。棉籽沉淀蛋白的 NSI 与菜籽沉淀蛋白的相近，且都比较低，分别为 5.50%和 4.02%。棉籽沉淀蛋白的 NSI 与沉淀蛋白的自身特性有关。沉淀蛋白主要是大分子碱溶蛋白，在 pH 7.0 处接近其等电点，所以溶解度很低。棉籽溶解蛋白和菜籽溶解蛋白的 NSI 均高于大豆沉淀蛋白，这是因为溶解蛋白主要由小分子的水溶蛋白构成，易溶于水，所以 NSI 较高，可达 91.42%。

②持水性和持油性。将棉籽蛋白添加到焙烤制品中时，其吸水特性可以有效改进面团的加工特性。通过与水分的结合，棉籽蛋白能够使面团的质地更加均匀，增强面团的韧性和延展性，便于加工操作。同时，它还能维持食品中的水分含量，减

缓水分的散失速度，进而延长食品的保鲜期，保持食品的口感和品质。蛋白产品的吸油性在多种食品的配方及加工中也有着不可忽视的作用，比如在肉制品、奶制品以及饼干夹心等食品的制作过程中。在肉制品加工时加入棉籽蛋白，能够减少脂肪和汁液的损失。这是因为棉籽蛋白可以吸附油脂，阻止脂肪在加工过程中流出，同时减少肉汁的渗出，有助于维持肉制品外形的稳定，提升产品的品质和外观。现有研究数据（表3-23）显示，在吸水性方面，棉籽蛋白的表现低于菜籽沉淀蛋白，却高于大豆沉淀蛋白；而在吸油性方面，棉籽蛋白均低于菜籽蛋白和大豆蛋白。这些特性差异为不同食品的原料选择和配方优化提供了科学依据，食品加工者可以根据实际需求，合理利用棉籽蛋白的这些特性，开发出更优质的食品产品，满足消费者对于食品品质和口感的追求。

表3-23　棉籽蛋白、菜籽蛋白和大豆蛋白吸水性、吸油性比较　　单位：g/g 蛋白

蛋白质类别	吸水性	吸油性
棉籽浓缩蛋白	2.25	2.26
棉籽沉淀蛋白	2.98	2.07
棉籽溶解蛋白	—	1.74
菜籽沉淀蛋白	3.16	4.13
菜籽溶解蛋白	—	3.81
大豆沉淀蛋白	1.02	3.63

③乳化性和乳化稳定性。棉籽蛋白具备良好的乳化能力，能够在油水界面吸附并形成稳定的界面膜，有效降低油水界面的表面张力，促使油滴均匀分散在水相中，形成稳定的乳状液。其乳化性受到蛋白质结构、氨基酸组成以及环境因素的综合影响。球蛋白的复杂结构和丰富的表面活性基团，有助于在油水界面的吸附和乳化作用的充分发挥。在食品加工中，常用于制作乳制品、肉制品、酱料等产品，能够显著改善产品的稳定性和口感。乳化性及乳化稳定性受多种因素的影响，如蛋白质浓度、pH、溶解性、离子强度、糖类物质的存在、温度等。不同棉籽蛋白的乳化性及乳化稳定性见表3-24。其中，棉籽溶解蛋白的乳化性较好，因此在烤制食品、冷冻食品及汤类食品的制作中，加入棉籽溶解蛋白作为乳化剂，可以提高制品的稳定性，并有助于香肠、牛乳、干酪等食品的品质控制。

表3-24　棉籽蛋白的乳化性和乳化稳定性

项目	棉籽浓缩蛋白	棉籽沉淀蛋白	棉籽溶解蛋白
乳化性/（m²/g）	17	15	76
乳化稳定性/min	78	86	92

④起泡性和泡沫稳定性。起泡性是指蛋白质在一定条件下能够形成泡沫的能力，主要源于蛋白质降低表面张力的特性，使空气能够分散在液体中形成气泡。不同棉籽蛋白的起泡性和泡沫稳定性见表 3-25。棉籽蛋白中的球蛋白等成分，其特定的氨基酸组成和分子结构会影响起泡性。例如，含有较多疏水氨基酸残基的棉籽蛋白，更容易在气液界面吸附和定向排列，有助于气泡的形成。pH、离子强度和温度等环境因素对棉籽蛋白起泡性影响较大。在等电点附近，棉籽蛋白的溶解度较低，分子间容易聚集，可能不利于起泡；而在偏离等电点的 pH 条件下，蛋白质分子带有较多电荷，相互排斥，溶解度增加，通常更有利于起泡。温度过高可能导致蛋白变性，破坏其结构，从而降低起泡能力；但适当提高温度在一定程度上可能会加快蛋白质在界面的吸附速度，有利于起泡。

表 3-25　不同棉籽蛋白起泡性和泡沫稳定性　　　　　　　　　单位：%

蛋白质类别	起泡性	泡沫稳定性					
		10min	20min	30min	40min	50min	60min
棉籽浓缩蛋白	11	6	0	—	—	—	—
棉籽沉淀蛋白	46	34	25	14	6	0	—
棉籽溶解蛋白	154	130	113	104	90	84	78

泡沫稳定性是指泡沫形成后保持其形态和体积，抵抗破裂和消泡的能力。当棉籽蛋白浓度较低时，形成的泡沫膜较薄，泡沫稳定性较差；随着蛋白浓度增加，泡沫膜厚度增加，泡沫稳定性增强，但过高的蛋白浓度可能会使体系过于黏稠，也不利于泡沫的稳定。棉籽蛋白分子表面的电荷分布会影响分子间的相互作用。带有适当电荷的蛋白分子之间相互排斥，能够防止泡沫膜中的蛋白分子过度聚集，从而提高泡沫稳定性。食品体系中的其他成分如糖类、脂类等也会影响棉籽蛋白的泡沫稳定性。糖类一般可以提高泡沫稳定性，它能增加溶液的黏度，降低泡沫液膜的排水速度；而脂类通常会降低泡沫稳定性，因为脂类会与蛋白质竞争气液界面，破坏蛋白质形成的稳定膜。与其他植物蛋白相比，棉籽蛋白的起泡性和泡沫稳定性有其独特之处，在食品工业中可根据具体需求，通过调整加工工艺和配方等手段，充分发挥棉籽蛋白的这些特性，如用于烘焙食品、饮料、乳制品等，以改善产品的质地、口感和保质期等品质。

⑤凝胶性。在特定条件下，如加热、添加凝固剂等，棉籽蛋白能够形成凝胶。加热过程中，蛋白质分子展开，分子间通过氢键、疏水相互作用和二硫键等形成三维网络结构，从而使蛋白质溶液转变为具有一定弹性和强度的凝胶。棉籽蛋白凝胶的特性可应用于制作豆腐、仿生肉制品等，赋予产品独特的质地和口感。不过，与一些常见的植物蛋白相比，棉籽蛋白的凝胶形成能力相对较弱，通常需要通过改性

等手段来提升其凝胶性能。

（4）棉籽蛋白的营养功能和生物活性

棉籽蛋白的氨基酸组成较为丰富，含有人体必需的 8 种氨基酸。其中，精氨酸含量较高，在植物蛋白中具有一定优势，精氨酸在人体的新陈代谢、免疫调节以及心血管健康等方面发挥着重要作用。然而，棉籽蛋白中赖氨酸和蛋氨酸的含量相对较低，在实际应用中，可以通过与富含这两种氨基酸的食物（如豆类、鱼类等）搭配食用，实现氨基酸互补，从而提高蛋白质的营养价值。此外，棉籽蛋白还含有多种维生素和矿物质，如维生素 E、B 族维生素、钙、铁、锌等，进一步增强了其营养保健价值。利用生物催化技术将棉籽蛋白水解转化成多肽，是提高棉籽蛋白开发应用的新途径。棉籽蛋白经蛋白酶水解后，分子量减少，结构松弛，更利于人和动物体的消化吸收。重要的是，棉籽蛋白经水解后生成的一些多肽还具有抗氧化、降血压等生理功能。蛋白质经水解后的多肽产物具有较强的抗氧化活性，可筛选出合适的酶水解蛋白质，将活性肽作为一种自由基清除剂应用于保健食品中。

（5）棉籽蛋白在食品工业中的应用

棉籽蛋白是一种优质蛋白资源，其赖氨酸含量略低于大豆蛋白，不过高于 FAO/WHO 规定的标准。在蛋氨酸水平上，棉籽蛋白更贴合 FAO/WHO 的相关规定。与大豆蛋白相比，棉籽蛋白具有独特优势，它不会导致食用者肠胃胀气，也没有豆腥味，这为其在多领域的综合开发利用提供了有利条件。在食品应用方面，以棉籽蛋白制作的面包，蛋白质含量显著高于普通面包。棉籽蛋白还能生产出一种浓缩蛋白细粉，该细粉蛋白含量高达 70%，棉酚含量极低，呈纯白色且无异味，蛋白质效率比处于 2.3~2.7，可作为优质的食品蛋白添加剂。棉籽蛋白还可用作肉的填充料，常用于肉丸、肉馅饼等肉制品中。将其作为面粉添加剂，能够增强面团的水合性能，有效延长食品的保鲜期和贮存期。在炸制食品中添加棉籽蛋白粉，能够减少食品的吸油量，提升产品品质。食用级棉籽蛋白代替大豆蛋白，应用于肉制品中，既可增加肉制品的营养价值，又能改善产品风味。用酸质水解棉籽蛋白，可生产复合氨基酸液、调味酱油等。美国福尔公司准许贝尔面包房出售的一种棉籽蛋白面包，其蛋白质含量比一般面包高 60%。棉籽蛋白经蛋白酶水解后，发泡性能得到明显改善，可用来生产棉籽蛋白发泡粉。棉籽蛋白溶液用 AS1.398 蛋白酶在 pH 为 7.5，温度为 38℃ 条件下水解 5h，使其分子量降至鸡蛋蛋白分子量大小，用 β-糊精脱苦，即制成强发泡能力的棉籽蛋白发泡粉，发泡能力由原来的 210% 增至 408%。用此发泡粉取代 50% 的鸡蛋或明胶作原料，制作蛋白裱花蛋糕、冰激凌等，产品质地疏松、粒度均匀、泡沫细致、口感丰富。

3.2.2.5　亚麻籽蛋白

亚麻籽作为一种古老且富含多种营养成分的油料作物。目前，全球亚麻籽的年平均种植面积稳定在 $3 \times 10^{10} m^2$，年产量达 230 万吨，荣膺世界第七大油料作物的称号。

我国的亚麻籽种植呈现出明显的区域集中性，主要分布在华北和西北地区，甘肃、内蒙古、宁夏、新疆以及河北等地是其主产区。这些地区的亚麻籽产量颇高，约占全国总产量的75%，为我国亚麻籽产业的发展奠定了坚实基础。

亚麻籽在榨油后，会产生脱脂亚麻籽饼粕，其中蛋白质含量高达35%以上，这无疑是一座极具潜力的蛋白质宝库。然而，现状却不容乐观，当前这些榨油后的饼粕大多仅被简单加工成动物饲料，对于亚麻籽蛋白深层次的开发利用程度较低，还有很大的提升空间。

从营养角度来看，亚麻籽蛋白有着出色的表现。它含有丰富多样的氨基酸种类，在必需氨基酸中，除了赖氨酸含量相对较低外，其他必需氨基酸的含量较为均衡，整体营养较为丰富。更为重要的是，当亚麻籽蛋白经过部分水解后，会生成具有特殊功能的多肽。这些多肽在人体中能够发挥多种生理功能，对预防慢性非传染性疾病展现出良好的效果，极具研究和开发价值。

随着科研的不断进步，亚麻育种研究持续发展，加工工艺也在持续优化。在这一过程中，亚麻籽饼粕中抗营养因子生氰糖苷的含量显著降低。这一积极变化为亚麻籽蛋白的开发利用带来了新的契机，使其逐步成为一种极具潜力的优质蛋白资源，有望在食品、医药、饲料等多个领域发挥重要作用。

（1）亚麻籽蛋白的组成与结构

亚麻籽含有18%~35%的蛋白质，但受品种、种植方式、生态环境等因素的影响，其蛋白含量有一定差异。亚麻籽蛋白的氨基酸模式与大豆蛋白类似，且精氨酸、天冬氨酸、甘氨酸和亮氨酸含量较高，芳香族氨基酸含量较低，亚麻籽蛋白的氨基酸组成见表3-26，能为特殊需要的患者提供特殊生理功能。因此，亚麻籽蛋白被认为是最具有营养的一类植物蛋白。但长期以来，我国亚麻籽主要以在产地榨油自主消费为主，亚麻籽蛋白的潜在价值仍有待进一步开发利用。亚麻籽蛋白与其他植物蛋白一样，主要由储藏蛋白组成，包括球蛋白（58%~66%）和白蛋白（20%~42%），分子质量分别为294~440kDa和15~17kDa。此外，亚麻籽蛋白还含有少量的低分子量的结构和功能蛋白，包括醇溶蛋白、谷蛋白、油体蛋白、水蛭素等，分子质量为18~25kDa。SDS-PAGE测定结果表明，亚麻籽蛋白中12S球蛋白主要由11个亚基组成，包括1~2个酸性亚基、2个中性亚基和1~3个碱性亚基，等电点位于4.7~6.0；2S白蛋白主要由1个碱性亚基组成，等电点为4.5。

表3-26 亚麻籽蛋白的氨基酸组成   单位：g/100g 蛋白质

氨基酸	亚麻籽蛋白		大豆蛋白	FAO/WHO 推荐值
	黄色	棕色		
丙氨酸	4.4	4.5	—	—

氨基酸	亚麻籽蛋白		大豆蛋白	FAO/WHO 推荐值
	黄色	棕色		
精氨酸	9.2	9.4	—	—
天冬氨酸	9.3	9.7	—	—
胱氨酸	1.1	1.1	—	—
甘氨酸	5.8	5.8	—	—
组氨酸	2.2	2.3	—	—
异亮氨酸	4.0	4.0	4.2	4.0
亮氨酸	5.8	5.9	7.0	7.0
赖氨酸	4.0	3.9	5.8	5.5
蛋氨酸	1.5	1.4	1.1	—
苯丙氨酸	4.6	4.7	4.5	6.0
脯氨酸	3.5	3.5	—	—
丝氨酸	4.5	4.6	—	—
苏氨酸	3.6	3.7	3.8	4.0
色氨酸	1.8	—	1.3	1.0
酪氨酸	2.3	2.3	—	—
缬氨酸	4.6	4.7	4.3	5.0

（2）亚麻籽蛋白的加工工艺

碱提酸沉法是将亚麻籽粕在一定温度的碱性溶液中浸提一定时间，混合液经过离心分离后，用 HCl 溶液调节上层清液 pH 至亚麻籽蛋白的等电点，使亚麻籽蛋白的溶解度减小而从溶液中析出、沉淀，经洗涤、冷冻干燥后即得亚麻籽蛋白。有学者采用超声辅助—碱提酸沉的方法对亚麻籽饼粕蛋白的提取工艺进行了优化研究。结果表明，超声提取亚麻籽饼粕蛋白的提取率可达 46.4%，与常规提取相比提高了 20.7%。

双液相萃取技术是进行油料提油去毒的新技术，目前在油菜籽的提油去硫苷和棉籽的提油去棉酚中取得了很好的效果。采用含水乙醇正己烷双液相（TPS）萃取亚麻籽粕，结果表明，双液相技术能够提高亚麻籽粕和分离蛋白中的蛋白含量，分别达到 37.4% 和 63.6%，必需氨基酸所占比例分别为 37.91% 和 35.98%。双液相萃取技术能够明显改善亚麻籽分离蛋白的功能特性，并增强 TPS 分离蛋白的凝胶力学性质，同时，变性温度从 99.7℃ 提高到 108℃。

（3）亚麻籽蛋白的功能特性

①亚麻籽蛋白的溶解性和持水性。亚麻籽蛋白具有良好的溶解性和持水性，亚

麻籽蛋白的溶解性与溶液 pH 紧密相关，在等电点 pH4.5~5.5 附近达到最低值。在等电点时，蛋白质分子间电荷作用减弱，相互聚集导致溶解性最低，易发生沉淀。而在酸性或碱性条件下，尤其是弱碱性环境中，蛋白质分子的解离程度增加，电荷排斥作用增强，溶解性显著提高。这一特性在亚麻籽蛋白的提取、分离及后续应用中起着关键作用。研究表明，pH 和离子强度对亚麻籽蛋白溶解性的影响较大。不同的盐溶液处理使亚麻籽蛋白的等电点范围变宽，且随着处理时间的延长，沉淀略有增加。亚麻籽蛋白在 pH>pI 时，盐溶液使亚麻籽蛋白的溶解度增加，在 pH<pI 时，亚麻籽蛋白的溶解度减小。不同离子对亚麻籽蛋白溶解性和持水性影响的强弱顺序为 $Ca^{2+}>Mg^{2+}>Na^{+}$。在 pH 为 6.8，NaCl 溶液浓度为 1.28mol/L，料液比为 16：1 条件下，80% 的亚麻籽蛋白能够被溶解。

②黏度。亚麻籽蛋白溶液的黏度随浓度的增加而增大。当温度为 25℃ 时，10% 亚麻籽分离蛋白已成糊状，流动性极小。而亚麻籽蛋白糊的黏度随剪切速度的增加而迅速降低，随剪切速度的减少黏度又即刻恢复，表现出一定程度的假性。亚麻籽蛋白溶液的黏度随温度的升高而降低。当 pH 在亚麻籽蛋白等电点附近时，其溶解度最低，黏度下降。盐离子的加入会使亚麻籽蛋白的溶解度降低，黏度下降。

③起泡性。亚麻籽分离蛋白的分子结构中同时含有疏水基团和亲水基团，因而具有表面活性，能够降低水的表面张力，在剧烈搅拌时形成泡沫。亚麻籽分离蛋白的表面张力、HLB 值及起泡力同其他几种物质的比较见表 3-27。在相同浓度条件下，亚麻籽分离蛋白与大豆分离蛋白的表面张力、HLB 值和起泡力相当。亚麻籽分离蛋白受温度影响，温度升高，亚麻籽蛋白溶液的起泡能力增强。此外，亚麻籽蛋白的起泡能力还与 pH 有关，当 pH 在等电点附近时，起泡能力最低。

表 3-27　亚麻籽分离蛋白的表面张力、HLB 值及起泡力同其他 4 种物质的比较（20℃）

名称	浓度/%	表面张力/（dyn/cm）	HLB 值	起泡力/%
水	—	72.9	—	0
甘油	3	71.2	11.3	0.8
鸡蛋清蛋白	3	70.1	>13	260
大豆分离蛋白	3	54.6	8~10	110
亚麻籽分离蛋白	3	53.2	8.5~10	120

注　1dyn = 10^{-5}N。

④乳化特性。亚麻籽蛋白具有良好的乳化能力，能够在油水界面吸附并形成稳定的界面膜。其分子结构中的亲水基团和疏水基团分别朝向水相和油相，可降低油水界面的表面张力，使油滴均匀分散在水相中，形成稳定的乳状液。球蛋白的复杂

结构和丰富的表面活性基团，有助于其在油水界面的吸附和乳化作用的充分发挥。在食品加工中，常用于制作乳制品、肉制品、酱料等产品，可有效改善产品的稳定性和口感。研究表明，亚麻籽分离蛋白在较高浓度条件下（0.7% W/V）能够作为乳化剂稳定乳液体系，其作用机制主要基于亚麻籽分离蛋白凝胶的形成。乳清分离蛋白的添加则能够降低亚麻籽分离蛋白添加量（0.14% W/V），协同提高乳液体系的界面稳定性。此外，亚麻籽蛋白中多酚类物质能够影响亚麻籽蛋白的理化特性。研究表明，以全脂或脱脂亚麻籽为原料，采用等电点沉淀法分离亚麻籽蛋白，去除游离和结合酚酸可降低亚麻籽蛋白的热稳定性、持水性和黏弹性。

⑤凝胶性。在特定条件下，如加热、添加凝固剂等，亚麻籽蛋白能够形成凝胶。加热过程中，蛋白质分子展开，分子间通过氢键、疏水相互作用和二硫键等形成三维网络结构，使蛋白质溶液转变为具有一定弹性和强度的凝胶。不过，相较于一些常见植物蛋白，亚麻籽蛋白的凝胶形成能力相对较弱，通常需要通过物理、化学或生物改性等手段来提升其凝胶性能。

（4）亚麻籽蛋白的营养价值和生物活性

亚麻籽蛋白的氨基酸组成较为丰富，含有人体必需的 8 种氨基酸。其中，亮氨酸、异亮氨酸和缬氨酸等支链氨基酸含量较高，这些氨基酸在人体的能量代谢、肌肉修复和生长等方面发挥重要作用。作为优质的植物蛋白来源，亚麻籽蛋白能够为人体提供必需的氨基酸，满足人体生长发育、组织修复以及维持正常生理功能的需求。对于素食者、健身爱好者以及追求健康饮食的人群，亚麻籽蛋白是良好的蛋白质补充选择。然而，亚麻籽蛋白中蛋氨酸和半胱氨酸等含硫氨基酸含量相对较低，在实际应用中，可通过与富含含硫氨基酸的食物（如豆类、蛋类）搭配食用，实现氨基酸互补，提高蛋白质的营养价值。此外，亚麻籽蛋白还富含多种维生素和矿物质，如维生素 E、B 族维生素、钙、镁、钾等，以及具有生物活性的木酚素和 α-亚麻酸等成分，进一步增强了其营养保健价值。α-亚麻酸作为一种 ω-3 脂肪酸，对心血管健康、大脑发育和视力维护等具有积极作用；木酚素具有抗氧化、抗炎和调节激素水平等功效。

亚麻籽蛋白经过酶解等处理后，可产生具有生物活性的肽，如抗氧化肽、降压肽、抗菌肽等。这些活性肽能够参与人体的生理调节过程，如抗氧化肽可以清除体内自由基，减少氧化应激对细胞的损伤，有助于预防心血管疾病、癌症等慢性疾病；降压肽能够抑制血管紧张素转化酶的活性，从而起到降低血压的作用，对高血压人群具有一定的保健功效。此外，亚麻籽蛋白中的木酚素和 α-亚麻酸等生物活性成分，也在调节人体生理功能方面发挥着重要作用。抗氧化和抑菌活性评价结果表明，分子质量范围为 1~3kDa 的肽段表现出较维生素 C、维生素 E、丁基羟基茴香醚（butylateel hydroxyanisole，BHA）和其他组分更强的自由基清除活性和总还原能力。分子质量范围小于 1kDa 的肽段则表现出较 BHA 和其他组分更强的亚铁离子螯合能力和脂质过氧化抑制作用。该组分还表现出最强的抑制铜绿假单胞菌和大肠杆菌生长的能力，从而获得兼具天然抗氧化和抑菌活性的生物活性组分。此外，高静压预处理亚麻籽分离蛋白能够影响蛋白的结构、酶法水解产物的抗氧化活性。研究发现，经3%嗜热菌蛋白酶消化的亚麻籽蛋白水解物具有明显的抑制肾素活性。经超滤膜分离获得的<1kDa和1~3kDa肽组分则能够进一步抑制体外血管紧张素转移酶活性。体内动物实验结果表明，亚麻籽蛋白酶水解物及超滤膜分离获得的肽组分能够有效降低自发性高血压大鼠的收缩压。研究发现，经3%嗜热菌蛋白酶消化的亚麻籽蛋白水解物具有明显的抑制肾素活性。经超滤膜分离获得的<1kDa和1~3kDa肽组分则能够进一步抑制体外血管紧张素转移酶活性。体内动物实验结果表明，亚麻籽蛋白酶水解物及超滤膜分离获得的肽组分能够有效降低自发性高血压大鼠的收缩压。

（5）亚麻籽蛋白在食品工业中的应用

亚麻籽蛋白具备优良的持水性、黏度、起泡性以及乳化性等功能特性，同时拥有潜在的营养价值，这使其可作为功能性添加剂，与亚麻胶协同应用于食品工业的多个领域，如肉制品、冰激凌、鱼罐头等（表3-28）。

表3-28　亚麻籽蛋白功能特性及应用

产品	蛋白质含量/%	应用	功能特性
亚麻籽粉	20~25	焙烤食品、糕点（面包、比萨、饼干和松饼）	质地和流变性（弹性、外壳颜色、硬度、风味）
		点心和早餐谷类面食	黏弹性、持水性、煮后硬性
		比萨（面条、通心粉）	黏性、货架期
亚麻籽浓缩蛋白	56~66	肉糜（香肠）	蒸煮损失、脂肪吸收
		肉汁/汤	乳化性和黏性
		冰激凌	乳化性和黏性
		肉糜	蒸煮损失（持水性和持油性）硬度、颜色
亚麻籽分离蛋白	87	混合蛋白/马铃薯淀粉	黏性
		奶油甜点	起泡性
		肉汁/汤	乳化性、黏性和持油性
		冰激凌	乳化性、黏性
		肉糜（香肠）	蒸煮损失（持水性和持油性）

在肉制品加工中，亚麻籽蛋白发挥着重要作用。它能够显著降低肉制品在焙烤

过程中的重量损失，并且呈现出蛋白质浓度越高，减重抑制效果越明显的趋势。亚麻籽蛋白的凝胶强度和质构，与肉制品的硬度存在直接关联。当把含胶亚麻籽蛋白质作为添加剂融入肉制品时，肉制品的持水、持油能力得到显著提升，切片性也有所改善。不过，添加亚麻籽蛋白会在一定程度上改变肉制品的风味。

在冰激凌制作方面，随着高含胶亚麻籽蛋白产品添加量的增多，冰激凌的黏度逐渐增大，融化时间相应缩短，脂肪球中的脂肪溢出量也有所减少。这可能是因为亚麻籽蛋白能与其他亲水胶体相互协作，从而产生了良好的稳定效果。

在鱼罐头加工领域，将 3% 的亚麻籽蛋白添加到鱼沙司罐头中，能够制作出质地光滑、色泽呈奶油色的鱼子酱，还能有效掩盖鱼本身的异味，提升产品的感官品质。

3.2.3 薯类蛋白

薯类作物，又称根茎类作物，主要包括甘薯、马铃薯、木薯等，是我国食品工业提取淀粉的重要原料。在淀粉提取过程中，大量薯类可溶性蛋白质流失至工艺废水，若直接排放，会造成严重水污染，同时这也是亟待开发利用的天然食物蛋白质资源。薯类蛋白营养价值良好，富含人体必需氨基酸，且氨基酸组成合理，能与其他食物蛋白互补以提高利用率。同时，其具有多种特殊生物活性，部分薯类蛋白有抗氧化活性，可清除体内自由基，预防衰老和慢性疾病；部分具有免疫调节活性，能增强人体免疫力；还有部分呈现出降血压、降血脂等活性，有助于预防心血管疾病。植物性蛋白对维持人体营养均衡意义重大。近年来，诸多学者针对马铃薯、甘薯等薯类蛋白开展研究，发现其具备优良的理化和功能特性，如溶解性、乳化性、凝胶性、起泡性等，可作为天然食品添加剂用于食品工业，改善烘焙食品的面团流变学特性，增强乳制品稳定性。因此，开发利用薯类作物中流失的可溶性蛋白质资源，既能解决淀粉提取废水污染问题，又能为食品工业、营养健康领域开拓新路径，助力人类健康与可持续发展。

3.2.3.1 马铃薯蛋白

（1）马铃薯蛋白的组成与结构

马铃薯属茄科，又称土豆、洋芋等，其块茎可供食用，是重要的粮食、蔬菜兼用作物。马铃薯蛋白的种类丰富，主要包括 30%～40% 的贮藏蛋白、50% 的蛋白酶抑制剂和 10%～20% 的其他蛋白质 3 大类。其中，马铃薯贮藏蛋白中约含 25% 的球蛋白和 40% 的糖蛋白。研究发现，对新鲜马铃薯块茎中的蛋白进行提取，结果显示新鲜马铃薯块茎中蛋白含量为 1.97%。对马铃薯蛋白氨基酸组成的分析发现了 19 种氨基酸，氨基酸评分达到 88.0 分。而且，必需氨基酸的含量占氨基酸总量的 47.9%，优于其他植物蛋白，与全鸡蛋和酪蛋白相当，蛋白质的功效比值达 2.3。由于马铃薯的人均消费量比较大，其蛋白质可以为儿童和成人分别提供 8%～13% 和 6%～7% 推荐摄入量的氮。研究发现，马铃薯蛋白富含其他粮谷类蛋白所缺乏的赖氨酸，可与各种谷类蛋白互补。

（2）马铃薯蛋白的生物活性

当前，马铃薯生物活性蛋白的研究聚焦于贮藏蛋白、蛋白酶抑制剂和其他蛋白这三大类。

贮藏蛋白，即 Patatin 蛋白，是特异性存在于马铃薯块茎的一组糖蛋白，约占马铃薯块茎可溶性蛋白的 40%。其分子质量处于 39~45kDa，在自然状态下通常以二聚体形式存在，展现出两方面重要生物活性。其一为脂肪酶活性（酯酰基水解酶活性），Patatin 蛋白能够水解油脂，经研究证实，纯化后的该蛋白具备酯酰基水解酶活性。其二是抗氧化活性，蛋白质的抗氧化能力主要取决于对自由基的清除能力，这涉及蛋白所含具备自由基清除能力的氨基酸数量及其溶解度等因素。研究表明，Patatin 蛋白含有甲硫氨酸、苯丙氨酸、色氨酸、酪氨酸、半胱氨酸和组氨酸等 12 种可清除自由基的氨基酸，其体外抗氧化活性与半胱氨酸残基和色氨酸残基含量紧密相关。研究还发现，Patatin 蛋白对 1,1-二苯基-2-三硝基苯肼（DPPH）自由基和超氧自由基具有极强的清除能力，还原能力显著，且对羟自由基导致的 DNA 损伤有明显的保护作用，是一种优质的天然抗氧化物质。

蛋白酶抑制剂是一类能够抑制蛋白酶活性，使蛋白酶活力降低甚至丧失，但不会导致酶蛋白变性的物质。大量研究显示，诸多蛋白酶抑制剂具有清除自由基的作用，进而实现抗氧化、抗癌功效，在临床上还可用于预防和治疗急性胰腺炎等病症。在马铃薯蛋白中，约 50% 的蛋白质为具有药理活性的蛋白酶抑制剂。例如，研究发现马铃薯羧肽酶抑制蛋白（potato carboxypeptidases inhibitor, PCI）能够抑制血浆羧肽酶 B 的促纤溶作用，且这种抑制作用在一定范围内会随着组织中纤溶酶原激活剂浓度的升高而增强，这表明 PCI 有望作为辅助溶栓剂，用于避免溶栓剂使用过量引发的全身性纤溶性出血。

多酚氧化酶广泛存在于微生物、动物和植物中，是一种结构复杂的含 Cu 氧化还原酶，在果蔬褐变过程中发挥催化作用，促使产生导致褐变的色素物质。研究揭示，马铃薯中的多酚氧化酶在马铃薯生长进程中具有抗虫害、参与光合作用等活性功能。

（3）马铃薯蛋白制备方法

①等电点法。

原料处理与浸提：首先将马铃薯仔细洗净并切成块状，随后放入含有 0.12% Na_2SO_3 的蒸馏水中，按照 1kg 新鲜马铃薯搭配 4L 蒸馏水的比例进行配置。利用打浆机将其打碎，接着在室温条件下搅拌浸提 2h，使马铃薯中的蛋白质充分溶解到溶液中。

初步分离与沉淀：浸提结束后，通过双层滤布对混合液进行过滤，得到的滤液在 4℃ 环境下，以 3000g 的离心力离心 15min，去除其中的不溶性杂质。将所得上清液用 1mol/L HCl 调节 pH 至 4 左右，同时开启磁力搅拌，持续搅拌 10min，使蛋白质分子的电荷状态发生改变，溶解度降低。随后静置 1h，让蛋白质充分沉淀，再在 4℃、3000g 条件下离心 15min，得到蛋白质沉淀。

复溶、透析与干燥：将沉淀物重新溶解于蒸馏水中，并调节 pH 至 7.0，使蛋白质恢复到接近中性的环境。之后进行 24h 的透析处理，以去除沉淀中可能含有的小分子杂质。透析完成后，对溶液进行冷冻干燥，去除水分，最终得到马铃薯分离蛋白制品，将其保存在 4℃ 的冰箱中备用。这种方法操作相对简单，成本较低，但可能会导致部分蛋白质变性，影响蛋白的活性和纯度。

②乙醇沉淀法。

原料预处理与离心：将马铃薯洗净并去皮切块后，迅速放入浓度为 20g/L 的 Na_2SO_3 溶液中浸泡，同样按照 1kg 新鲜马铃薯使用 4L Na_2SO_3 溶液的比例。利用打浆机打碎后，静置 15min，使部分杂质沉淀。然后在 17000r/min 的转速、4℃ 的环境下离心 15min，实现固液初步分离。

乙醇添加与沉淀：将离心所得的上清液用双层滤布过滤后，缓慢加入预冷至 −20℃ 的 95% 乙醇，使乙醇在溶液中的最终浓度达到 20%（体积分数）。接着用 0.5mol/L H_2SO_4 调节乙醇溶液的 pH 至 5.0，在 4℃ 条件下静置 1h，使蛋白质在乙醇的作用下沉淀析出。随后在 17000r/min、4℃ 的条件下离心 30min，收集沉淀。

洗涤、复溶与干燥：得到的沉淀用含有 20%（体积分数）乙醇的 0.1mol/L 乙酸铵溶液洗涤 2 次，进一步去除杂质。离心后，将沉淀用蒸馏水复溶，再用 0.1mol/L NaOH 调节 pH 至 7，最后进行冷冻干燥，得到马铃薯蛋白粉末，将其装入密封袋中，保存在 −20℃ 的环境下。该方法利用乙醇对蛋白质的沉淀作用，能有效去除一些杂质，提高蛋白纯度，但乙醇的使用成本较高，且可能对蛋白结构产生一定影响。

③硫酸铵沉淀法。

原料处理与初步分离：与乙醇沉淀法类似，先将洗净去皮切块的马铃薯放入 20g/L 的 Na_2SO_3 溶液中浸泡，打浆后静置 15min，然后在 17000r/min、4℃ 的条件下离心 15min，用双层滤布过滤上清液。

硫酸铵添加与沉淀：在滤液中添加硫酸铵，使其饱和度达到 60%，再用 0.5mol/L H_2SO_4 调节 pH 至 5.7，在 4℃ 下静置 1h，促使蛋白质沉淀。之后在 17000r/min、4℃ 的条件下离心 30min，收集沉淀。

洗涤、复溶、透析与干燥：沉淀用 50mmol/L Na_3PO_4 缓冲液（硫酸铵饱和度达 60%）洗涤 2 次，以去除残留的杂质和多余的硫酸铵。接着用蒸馏水复溶，用 0.1mol/L NaOH 调节 pH 至 7，随后进行透析处理，去除小分子物质。最后将截留液冷冻干燥，得到马铃薯蛋白粉末，密封保存于 −20℃ 环境下。硫酸铵沉淀法利用不同蛋白质在不同硫酸铵饱和度下的溶解度差异来分离蛋白质，具有操作简单、成本较低、对蛋白质活性影响较小等优点，但可能会引入硫酸铵杂质，需要后续透析等步骤进行去除。

3.2.3.2 甘薯蛋白

（1）甘薯蛋白的组成与结构

甘薯属牵牛花科，又称番薯、山芋、红薯、地瓜等。甘薯可溶性蛋白中有 60%～80% 的贮藏蛋白及少量糖蛋白。其贮藏蛋白（又名 Sporamin 蛋白）在非还原条件下进行聚丙烯酰胺凝胶电泳时可以被分为 2 个条带（Sporamin A 和 Sporamin B）。其中，Sporamin A 的含量是 Sporamin B 的 2 倍。从氨基酸组成看，甘薯蛋白含有 18 种氨基酸，其中 8 种人体必需氨基酸的含量高于许多植物蛋白，生物价达到 72，高于马铃薯的 67，其总必需氨基酸含量为 402mg/g，占总氨基酸含量的 40%。

（2）甘薯蛋白的生物活性

甘薯中的活性蛋白类物质主要涵盖糖蛋白和贮藏蛋白，它们在人体生理调节和健康维护等方面展现出多种关键作用，包括清除自由基、抑制血糖升高、增强免疫力以及清除胆固醇等。

糖蛋白是一类由糖类与多肽或蛋白质通过共价键连接而成的结合蛋白，其结合方式主要包括 O-连接和 N-连接。O-连接是糖与含羟基的氨基酸（如丝氨酸、苏氨酸等）以糖苷形式结合；N-连接则是糖和天冬酰胺基以糖苷形式相连。作为重要的生物活性物质，糖蛋白及其复合物具备抗氧化、抗肿瘤、免疫调节、辅助降血糖等多方面生物活性。

研究发现，甘薯糖蛋白其能够降低血糖和血胰岛素浓度，有效改善葡萄糖不耐受状况，这为血糖调节机制的研究提供了新的视角。对动脉粥样硬化家兔进行甘薯糖蛋白干预实验后，发现家兔的血脂水平显著降低，这意味着甘薯糖蛋白在心血管健康维护方面或许具有潜在应用价值。

甘薯贮藏蛋白，又被称为 Sporamin 蛋白，是甘薯块根中特异性表达的一类蛋白，在甘薯块根可溶性蛋白质中占比高达 60%～80%。Sporamin 蛋白由多重基因家族编码，属于 Kunitz 型胰蛋白酶抑制剂，包含 Sporamin A（31kDa）和 Sporamin B（22kDa）两个亚基因家族。

作为天然植物源性胰蛋白酶抑制剂，Sporamin 蛋白在肿瘤抑制方面展现出一定作用。研究发现，甘薯贮藏蛋白对结肠癌 HT-29 细胞的增殖具有明显的抑制作用，且呈现出浓度依赖性，即随着甘薯贮藏蛋白浓度的增加，对癌细胞增殖的抑制效果越显著。这一发现为肿瘤防治研究提供了新的植物蛋白资源方向，也暗示了甘薯贮藏蛋白在医药领域可能存在的潜在应用价值。

（3）甘薯蛋白制备方法

①直接匀浆法。选用储藏 15 天的甘薯块根，取中间部分进行环切，切成薄片

（包含表皮与内部组织），称取 2g。将切好的组织放入预冷的研钵，借助液氮冷冻研磨成粉末状，随后转移至 4 个 2mL 的 EP 管中，每个 EP 管约装 0.5g。接着，向各 EP 管加入 1mL 蛋白质提取液 I，其成分为 50mmol/L Tris-HCl（pH 7.8）与 10mmol/L EDTA。将 EP 管置于冰上静置 30min，期间振荡 3~5 次，随后在 4℃ 环境下，以 12000r/min 的转速离心 10min，取上层清液，即可得到甘薯总蛋白提取液。这种方法操作相对简便直接，能快速获取包含多种蛋白的总提取液，但可能存在杂质较多、蛋白纯度不高等问题。

②丙酮沉淀法。向 EP 管中添加 1.5mL 预冷丙酮（含有 0.07% β-巯基乙醇），充分混匀后，放置于 -20℃ 环境中过夜。接着在 4℃、12000r/min 条件下离心 10min，弃去上清液。把沉淀重新悬浮于 1.5mL 预冷丙酮（含 0.07% β-巯基乙醇）中，在 -20℃ 放置 2h，期间振荡 3~5 次，再次于 4℃、12000r/min 离心 10min，弃上清。之后，沉淀分别用预冷丙酮和 80% 的丙酮（含 0.07% β-巯基乙醇）各洗涤一次。将沉淀进行真空冻干处理，再加入 1mL 裂解液 [由 8mol/L 尿素、4% CHAPS、1% DTT、1% PMSF、20mmol/L Tris-HCl（pH 7.8）组成]，在 4℃ 放置 2h，振荡 3~5 次，最后在室温、12000r/min 下离心 10min，取上清液分装保存。该方法通过多次丙酮沉淀与洗涤，能有效去除杂质，提高蛋白纯度。

③TCA—丙酮沉淀法。先向 EP 管中加入 1.5mL 预冷的 TCA—丙酮溶液（含 10%TCA 和 0.07% β-巯基乙醇），混匀后在 -20℃ 过夜，然后 4℃、12000r/min 离心 10min，弃上清液。后续处理与丙酮沉淀法一致，即再次用预冷丙酮和 80% 丙酮（含 0.07% β-巯基乙醇）洗涤沉淀，真空冻干后加入裂解液处理。TCA—丙酮沉淀法利用三氯乙酸（TCA）的强沉淀作用，使蛋白沉淀更彻底，进一步提升蛋白的纯度和质量。

④酚提取法。向 EP 管中加入 1.5mL 预冷的 TCA—丙酮溶液，混匀后 -20℃ 过夜，4℃、12000r/min 离心 10min 弃上清。将沉淀重新悬浮于 1.5mL 预冷丙酮（含 0.07%β-巯基乙醇），-20℃ 放置 2h，振荡 3~5 次，4℃、12000r/min 离心 10min 弃上清，再用预冷丙酮和 80% 丙酮（含 0.07% β-巯基乙醇）各洗涤一次。沉淀真空冻干后，加入 0.9mL 提取缓冲液 [含 0.1mol/L Tris-HCl（pH 8.0）、30% 蔗糖、10mmol/L EDTA、1mmol/L PMSF、1mmol/L DTT、4%CHAPS、2% β-巯基乙醇]，4℃ 涡旋混匀，然后加入 0.7mL Tris-饱和酚，室温放置 30min，振荡 3~5 次，室温 12000r/min 离心 10min，收集上层酚相到 2mL EP 管中。向 EP 管加入 1.6mL 甲醇溶液（含 0.1mol/L 乙酸铵），-20℃ 静置 2h 以上，4℃、12000r/min 离心 10min 弃上清。沉淀分别用预冷丙酮和 80% 丙酮（含 0.07%β-巯基乙醇）各洗涤 2 次，收集沉淀，挥发残留丙酮后 -20℃ 保存。酚提取法利用酚对蛋白的特殊溶解性，能有效分离特定蛋白，提高目标蛋白的纯度。

⑤泡沫分离法。泡沫分离技术，也叫吸附泡沫分离技术，依据表面吸附原理，

以气泡为载体分离、浓缩表面活性物质。其装置包含恒温空气压缩机、气体转子流量计、三通阀、气体分布器等。实验所用浆液模拟甘薯淀粉加工厂生产淀粉流程，具体步骤为：将洗净的甘薯置于含 0.05% NaHSO$_3$ 溶液中打浆，料液质量比分别设置为 1:2、1:4、1:6、1:8、1:10，随后用四层纱布过滤，接着在 4500r/min 转速下离心 15min，取上清液，即得到甘薯淀粉废液。该方法利用蛋白的表面活性，通过气泡吸附实现蛋白与其他杂质的分离，具有能耗低、操作简单等优点，适合大规模工业生产，但可能存在蛋白回收率相对较低的情况。

3.3 其他来源食品蛋白质

3.3.1 单细胞蛋白质

3.3.1.1 单细胞蛋白概述

单细胞蛋白（Single-Cell Protein，SCP），也被称为微生物蛋白，是一种由各类微生物，如细菌、酵母、真菌和藻类等，在合适的培养条件下生长繁殖而产生的蛋白质资源。因其生产效率高、原料来源广泛、不依赖耕地等特点，既能作为富含蛋白质食物的成分，也可作为替代品，广泛应用于食品生产领域，或者用作动物饲料。

随着世界人口持续增长，而全球土地资源却极为有限，单纯依靠农业作物种植，已难以满足人类日益增长的食物需求，粮食短缺的风险正与日俱增。与传统农业种植模式相比，单细胞蛋白的生产优势显著。传统农业种植需要消耗大量水资源，并且占用广袤的土地，而单细胞蛋白的生产则能够摆脱对这些自然资源的过度依赖，实现集约化生产。微生物代谢具备多样性和高效性，这使得单细胞蛋白在生产模式、营养物质循环模式等方面拥有丰富的选择，其生产和转化效率更是显著高于传统作物。基于这些特性，单细胞蛋白已然成为人类食物来源的重要战略发展方向之一。

单细胞蛋白的生产过程与传统农业种植截然不同，它更趋近于工业化模式。以常见的有机废料作为原料，接种经过精心选育的微生物，同时严格控制适宜的环境条件，促使微生物大量生长繁殖。当微生物生长进入平台期后，运用离心、浮选、沉淀、凝结和过滤等技术手段，将微生物菌体或其繁殖产生的有机质从培养基质中提取并分离出来，再经过适当的加工流程，即可获得单细胞蛋白。

相较于从动植物中获取蛋白质的传统方法，单细胞蛋白的生产具备诸多突出优点：

①生产效率高。微生物的生长繁殖速度远远高于传统动植物。例如，藻类繁殖

一代需要 2~6h，酵母需要 1~3h，而细菌仅需 0.5~2h。繁殖周期的大幅缩短，不仅极大地提高了生产效率，而且有助于快速筛选出产量高且营养成分优质的生产菌株。此外，微生物对碳源、氮源的吸收和利用效率通常是作物的数倍之多。

②培养原料来源广泛，资源利用充分。单细胞蛋白的生产能够充分利用各类废弃物。大部分作物的非可食用部分，像茎、叶和根等，以及一些含有机质的工业废弃物，都能作为单细胞微生物的生产原料，从而实现有机质的高效利用。

③营养价值高。微生物的蛋白质含量普遍显著高于谷物和果蔬，其总蛋白含量可达 40%~80%（表 3-29）。除了蛋白质总量高，微生物蛋白质的氨基酸组成和营养价值也明显优于植物源食品蛋白质，甚至可与鸡蛋等动物源蛋白质相媲美。多数微生物菌体中还含有植物无法合成的维生素和功能性成分，如 B 族维生素等。

表 3-29　单细胞蛋白与其他来源蛋白质的比较

蛋白质来源	蛋白质含量/%	蛋白质消化利用率/%
细菌单细胞蛋白	40~80	约 80
酵母单细胞蛋白	30~60	70~88
大豆粉	约 40	约 60
畜禽肉、鱼、奶酪	20~35	65~80
谷物	10~15	50~70
鸡蛋	约 12	约 95
牛乳	3~5	约 82

④不受自然条件限制。单细胞蛋白的生产一般在工业化发酵罐内进行，生产过程不受日照、气温、极端天气、季节和气候变化的影响。与农业生产相比，生产单位质量的蛋白质，微生物所消耗的水资源大幅降低，并且在后续加工过程中能够实现水的回收和循环利用。

尽管单细胞蛋白优势显著，但在实现大规模生产并作为人类食品主要原料的道路上，仍存在一些问题与挑战：

①营养组成不平衡。生长迅速的微生物，如细菌和酵母，在生长过程中倾向于合成较多的核酸，这使它们不适宜大量添加到动物饲料或食品中。因为摄入的核酸分解产生的嘌呤化合物会导致血液中尿酸水平升高，进而引发痛风和肾结石等疾病。此外，部分酵母和真菌蛋白质还存在缺乏甲硫氨酸等必需氨基酸的问题。

②生产过程中的污染问题。在单细胞蛋白的生产过程中，必须严密预防和控制其他微生物的污染。因为污染微生物可能会产生毒素，如霉菌毒素或蓝藻毒素等。然而，由于生产单细胞蛋白的原材料多为废弃物，这给生产过程中污染微生物的防控带来了极大的困难。此外，一些微生物单细胞蛋白还存在颜色和味道不佳的问

题，导致消费者对其接受度较低。不过，随着微生物育种技术、生产控制技术等的不断发展，这些问题和生产过程中面临的困难在很大程度上是可以得到解决或克服的。

单细胞蛋白的组成成分会因微生物种类的不同而有所差异。一般来说，细菌蛋白富含多种必需氨基酸，其细胞结构较为简单，细胞壁由肽聚糖等物质构成，对蛋白质起到一定的保护和支撑作用。酵母蛋白中，蛋白质含量丰富，且含有多种维生素和矿物质。酵母细胞具有独特的细胞壁结构，主要由葡聚糖、甘露聚糖等多糖组成，这在一定程度上影响了酵母蛋白的提取和利用。真菌蛋白通常具有复杂的菌丝体结构，蛋白质分布在细胞内，其细胞壁成分多样，包括甲壳质、纤维素等，这些结构特性与真菌蛋白的功能和应用密切相关。藻类蛋白则具有多样化的特点，微藻蛋白含有丰富的蛋白质、不饱和脂肪酸和色素等，其细胞结构因藻类种类而异，有的具有叶绿体等特殊细胞器，这对藻类蛋白的合成和功能有着非常重要的影响。

单细胞蛋白含有人体或动物所需的多种必需氨基酸，虽然不同微生物来源的单细胞蛋白氨基酸组成存在差异，但总体来说，能够为机体提供较为全面的蛋白质营养。例如，酵母蛋白中赖氨酸、苏氨酸等必需氨基酸含量较高，可有效补充人体所需。同时，单细胞蛋白还富含多种维生素，如 B 族维生素、维生素 D 等，以及矿物质，如铁、锌、硒等，这些营养成分对维持人体正常生理功能具有重要作用。此外，藻类蛋白中的一些特殊成分，如藻胆蛋白、虾青素等，具有抗氧化、免疫调节等生理活性，进一步提升了单细胞蛋白的营养价值。

3.3.1.2 酵母蛋白

目前，常用于生产单细胞蛋白的微生物包括酵母（如酿酒酵母、巴斯德毕赤酵母、产朊假丝酵母、球拟酵母等）、霉菌类（如米曲霉、木霉等）、细菌类（如荚膜红细菌等）、藻类（如螺旋藻、小球藻等）。接下来，将对酵母单细胞蛋白进行详细阐述。

酵母单细胞蛋白的发展源于对资源的再利用，最初啤酒酵母废液被用作动物饲料补充剂。此后，为解决粮食短缺问题以及追求更高效的生产方式，其生产技术不断革新，从依赖农业资源逐渐转变为利用工业副产品等非传统原料。随着人们对其认识的加深，生产技术在经历了从简单利用到复杂工艺改进的过程后，因安全和环保等因素面临变革。酵母单细胞蛋白的发展历程见表 3-30。

表 3-30　酵母单细胞蛋白的发展历程

时间	发展历程
200 多年前	啤酒生产作坊将啤酒酵母废液作为动物饲料补充剂，开启了酵母单细胞蛋白利用
第一次世界大战和第二次世界大战期间	德国大规模生产酵母单细胞蛋白应对粮食短缺

续表

时间	发展历程
1919 年	丹麦和德国科学家发明"补料分批培养"法,实现酵母单细胞蛋白连续化生产
20 世纪 60 年代	联合国粮农组织强调粮食问题,单细胞蛋白受重视
20 世纪 60 年代中期	全球共生产 25 万吨食用酵母
20 世纪 70 年代	苏联生产约 90 万吨食用和饲用酵母;以石油为原料生产酵母单细胞蛋白流行,多国建工厂,苏联运营 8 个相关工厂
20 世纪 80 年代以后	因担心烷烃残留和毒性及环保压力,各国关闭以石油为原料生产酵母单细胞蛋白的工厂

当前,针对酵母单细胞蛋白的研究呈现出全新的方向。在原材料资源方面,研究重点集中于拓展与综合利用。生产原料从早期依赖的油气资源,逐步转变为可再生生物资源,且朝着多元化方向发展。如今,农作物秸秆、食品加工下脚料、酒精发酵废液等都已成为研究和应用的对象。在综合利用层面,酵母单细胞蛋白的生产不再局限于单纯提供蛋白质,而是与消除环境污染、促进资源再生利用、改善生态系统循环以及提供新型生物活性蛋白质等多方面紧密结合,致力于实现总体效益的最大化。在高值化加工领域,以酵母单细胞蛋白为基础的深加工产品日益丰富,如酵母提取物、酵母活性蛋白、酶类等不断涌现,不仅延伸了产业链,还大幅提高了产品附加值,真正实现了废弃物的"变废为宝",为酵母单细胞蛋白的可持续发展开辟了新的道路。

(1) 酵母单细胞蛋白主要原料

淀粉类原料:通过酵母发酵淀粉类原料是生产单细胞蛋白的关键途径。像木薯,40g 木薯干能产出 24g 酵母单细胞蛋白产品,蛋白质总含量约 37%;用大麦粉生产时,每千克大麦粉可产出 0.51kg 单细胞蛋白,蛋白含量约 40%;以产朊假丝酵母发酵土豆淀粉水溶液,所得单细胞蛋白产品的蛋白含量可达 47%。

糖蜜原料:糖蜜是甜菜、甘蔗制糖的主要副产物,干物质中约 50% 是碳水化合物,且所含糖类多为酵母可直接利用的单糖和二糖,是发酵生产酵母单细胞蛋白的优质资源,多采用液体深层发酵工艺,已有不少企业实现量产。不过,糖蜜目前大量用于生产味精、柠檬酸、酒精等,用于生产酵母单细胞蛋白时存在原料竞争和紧缺问题。

废液:各类废液也能"变废为宝"。例如,味精发酵后的废液培养产朊假丝酵母,12~20h 就能收获产品,每吨废液可生产 0.25t 单细胞蛋白;回收废纸水解后的废液用于酵母发酵,所得单细胞蛋白产品蛋白质含量在 35%~49%,可作动物饲料添加剂。日本用果汁生产副产物柑橘渣固体培养产朊假丝酵母,蛋白质含量达 18.5%;苹果渣采用混菌发酵，产物蛋白含量达33%。水果渣经酶水解后利用率更高，如柑橘渣酶解后发酵，100kg柑橘渣能得45kg酵母，蛋白质含量达30%~50%。

纤维素原料：纤维素原料资源庞大，全球绿色植物每年固定 CO_2 约 3.3×10^{14} kg，多数用于合成纤维素。早期有利用酸水解木材产生的木浆生产饲料用酵母单细胞蛋白，也有用秸秆降解菌降解秸秆生产单细胞蛋白饲料。以树状假丝酵母为菌种，以稻谷壳水解液为碳源发酵，产品蛋白质含量可达62.8%。玉米芯是重要的纤维素类原料，我国年产量约1000万吨，大多被丢弃或焚烧，利用玉米芯生产单细胞蛋白开发潜力巨大，备受全球科学家关注。

（2）酵母提取物

近些年来，酵母提取物已成为酵母单细胞蛋白实现高值化加工与利用的重要方向之一，它在食品领域以及作为营养添加剂方面得到了极为广泛的应用。

酵母提取物的制备流程相对简便。通常在发酵进入后期阶段时，向培养液里添加盐，以此提升渗透压，促使酵母细胞内的水分向外渗出，进而诱导酵母发生凋亡与自溶现象。在此期间，酵母细胞内部的酶类会对细胞结构发起"攻击"，使得细胞内容物得以释放。接下来，收集饱含大量酵母细胞内容物的培养液，去除酵母细胞壁，再经过进一步的浓缩与加工处理，酵母提取物便得以制成。液体状态的酵母提取物还能够进一步干燥，转化为糊状物或者粉末状，这极大地方便了产品的贮藏、运输以及实际应用。一种利用 β-1,6 葡聚糖酶联产酵母葡聚糖、甘露糖蛋白和酵母提取物的方法与流程，见图3-7。

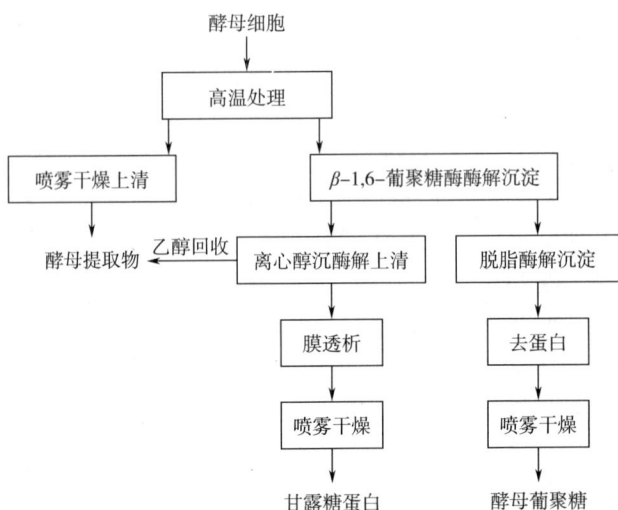

图 3-7　一种利用 β-1,6 葡聚糖酶联产酵母葡聚糖、甘露糖蛋白和
酵母提取物的方法与流程

由于酵母提取物经历了细胞自溶程序，在这个过程中，大部分蛋白质被水解，使得游离氨基酸，尤其是鲜味氨基酸的含量颇为丰富。基于这一特性，酵母提取物能够作为鲜味剂，广泛应用于各类包装食品当中，像饼干、休闲食品、加工肉制品以及调味料等。

在传统的酵母提取物生产工艺里，为了推动发酵后期酵母的自溶，一般会添加 NaCl 和乙醇等促进剂来诱导这一过程。同时，一些物理处理手段，比如高压均质、微波处理等，同样能够有效地加速酵母的自溶进程，并且有助于提升酵母提取物的品质。另外，通过添加外酶源，能够加速酶解反应，从而促进酵母自溶。不过，在选择外酶源时，需要充分考量酵母种类、发酵液成分等实际状况。此外，将酵母与合适的其他微生物共同进行发酵，也是提升酵母提取物品质的有效途径。例如，在利用产朊假丝酵母进行深层液体复合发酵来生产单细胞蛋白的过程中，若辅以米曲霉复合发酵，就能够为酵母自溶提供更为丰富多样的内源酶系，进而获得富含活性肽和多种游离氨基酸的酵母提取物。经过工艺参数的优化，发酵液中粗蛋白质含量能够达到 53.55%，酵母自溶之后，上清液中游离氨基酸的含量为 20mg/100mL。

3.3.2　藻类蛋白

3.3.2.1　藻类蛋白概述

近年来，全世界生产的蛋白质已经接近 1 亿吨，离总需求量还缺 3000 万吨左右。近年来，蛋白质生产缺口持续扩大，但动植物蛋白来源有限，怎样才能弥补人类蛋白质的不足。人们将焦点转向了海洋中的蛋白质，海洋中人类可利用的蛋白质食品有很多，大致分为鱼类、虾类、藻类和海生无脊椎动物这四类。其中无毒害的藻类植物，蛋白质含量高达 60% 左右比大豆蛋白质的含量还高，可以说藻类是优良的蛋白质源。研究发现，可食用的藻类含有人体必需的 8 种氨基酸，而且组成合理，并且这些藻类还含有许多生物活性物质，对一些疾病有很好的疗效。

藻类是生长在海洋里的含叶绿素等的其他辅助色素的低等生物。目前海洋中可供人类食用的藻类大概有 70 多种，如紫菜、石花菜、海带等。一般绿藻和红藻的蛋白含量高于棕色海藻，大部分用于工业化开发的棕色海藻的蛋白质含量低于 15%（干重），一些绿藻的蛋白含量介于 10%~26%（干重），更高蛋白含量的藻类为红藻，红藻的有些种类的蛋白含量可达到 47%，高于大豆的蛋白含量。藻类中含有丰富的蛋白质，如藻蓝蛋白、别藻蓝蛋白、藻红蛋白等。科学研究表明，藻类蛋白既可以作为天然色素用于食品、化妆品、染料等工业上，也可制成荧光试剂，用于临床医学诊断和免疫化学及生物工程等研究领域中。另外，还可以制成食品和药品用于医疗保健上，应用范围广阔，具有很高的开发、利用价值。

藻类是原生生物界一类真核生物（有些也为原核生物，如蓝藻门的藻类）。主要水生，无维管束，能进行光合作用。体型大小各异，小至长 1μm 的单细胞的鞭毛藻，大至长达 60m 的大型褐藻。

藻类可由一个或少数细胞组成，亦有许多细胞聚合成组织样的架构。丝状体可分支，可不分支，有些藻类是单细胞的鞭毛藻，而另一些藻类则聚合成群体。绿藻类的松藻属由无数分支丝体交织缠绕而成，部位不同的丝体形态和功能也不同。藻类虽然主要为水生，但无处不在，分布范围从温带的森林到极地的苍原。某些变种可生活于土壤中，能耐受长期的缺水条件；另一些生活于雪中；少数种能在温泉中繁盛生长。利用藻类，可以吸收环境中的二氧化碳。

一般情况下影响海藻蛋白分离和提取的最重要因素之一就是复杂的海藻基质。在海洋中，海藻物种的蛋白质会与其他非蛋白质成分如多糖和多酚相结合，这被认为是阻碍海藻蛋白质提取的主要成分。目前藻类蛋白的提取方法有很多，例如水溶液法、酶法、反复冻融法、高压破碎法、超声波破碎法等。除了常用的蛋白提取方法外（表 3-31）还可以使用其他方法进行蛋白质的提取。例如，亚临界水提取藻粗蛋白，传统的海藻蛋白质提取方法有处理量小、能耗高、甚至引起蛋白质变性的缺点，故使用此法弥补这个缺点。通过超声耦合亚临界水提取获得的粗蛋白在 0.15 ~ 10mg/mL 浓度范围内均具有很强的抗氧化活性，螺旋藻粗蛋白的活性随着提取温度的升高而逐渐增强，且含量明显大于传统方法提取的粗蛋白。

表 3-31　藻类蛋白不同提取方法的比较

方法	优点	缺点
水溶液、酶提取法	操作容易，方法容易掌握	耗时长，延展性差
反复冻融法	操作简单，不需使用特殊的设备	耗时长，处理量少
超声破碎提取法	提取时间短、操作简便、破壁率高	强度和均匀度难以控制，且破壁过程中会产生生物碎片，增加了后续处理的难度，破壁过程会产生大量的热量，需要冰浴
高压匀浆破碎法	破壁率高，耗时短	产生细胞碎片，后续处理增加了难度
盐析	成本低，操作简单	提取蛋白质的纯度不高

单独使用时这些方法可能会有一些不足，提取率低，为了提高蛋白质的提取率，可以选择一两种方法混合使用。

海藻作为提取具有功能性生物活性蛋白质及其衍生物的优质来源，早已得到学界认可。随着研究人员不断发表相关成果，海洋藻类所含的蛋白质、蛋白质衍生物、肽、肽衍生物、氨基酸以及氨基酸类似物，日益受到人们的关注。目前，国内外针对藻类化学成分、生物活性以及开发利用等方面的研究尚处于起步阶段。藻类

蛋白质的大规模开发利用，是当下国内研究的热点。在这一背景下，如何在分离纯
化技术上实现突破，以低成本、高效益的方式获取高纯度的藻类蛋白，成为亟待解
决的关键问题。我国在藻类研究领域起步较晚，当前藻类产品的开发存在深度不
足、品种单一、缺乏市场竞争力等问题，将藻类开发成高附加值产品的情况较为少
见。蛋白质是藻类中极为重要的生理活性物质，在食品、化妆品、医药等行业应用
广泛，具有极高的营养价值。然而，藻类蛋白生产成本高昂、生产工艺复杂，导致
高纯度藻类蛋白的市场价格始终居高不下，极大地限制了其广泛应用。因此，应加
快在有关分离纯化技术方面的研究，实现藻类蛋白的大规模生产利用，真正造福于
人类。

3.3.2.2　螺旋藻蛋白

藻类植物并不是一个单一的类群，各分类系统对它的分门也不尽一致，一般分
为蓝藻门、眼虫藻门、金藻门、甲藻门、绿藻门、褐藻门、红藻门等。下面以蓝藻
门中的螺旋藻为例，进行详细介绍。

螺旋藻（*Spirulina*），属于蓝藻门、蓝藻纲、颤藻科、螺旋藻属，是一种古老的
低等原核单细胞或多细胞水生植物，体长 $200\sim500\mu m$，宽 $5\sim10\mu m$。螺旋藻的生活
史和微观结构见图 3-8、图 3-9。藻丝体为单列细胞构成无分支、无异性胞的丝状
体，通常呈蓝绿色（又称为蓝绿藻），螺旋藻在显微镜下观察体形呈螺旋状，故名
螺旋藻。藻丝体具规则的螺旋状卷曲结构，整体可呈圆柱形、纺锤形或哑铃型；藻
丝两端略细，末端细胞钝圆或具帽状结构；通常无鞘，偶具薄而透明的鞘；细胞呈
圆柱状；细胞间有明显横隔，横隔处无或不具明显缩缢。

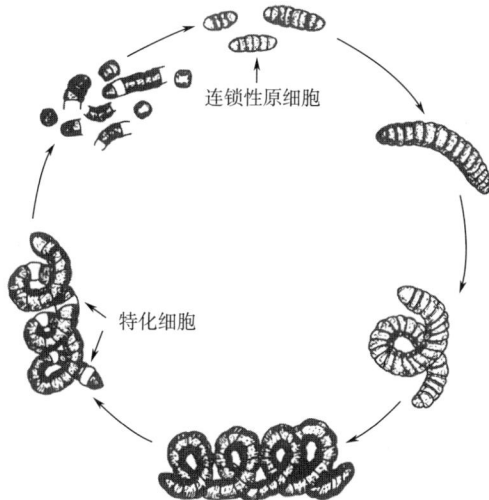

图 3-8　螺旋藻的生活史

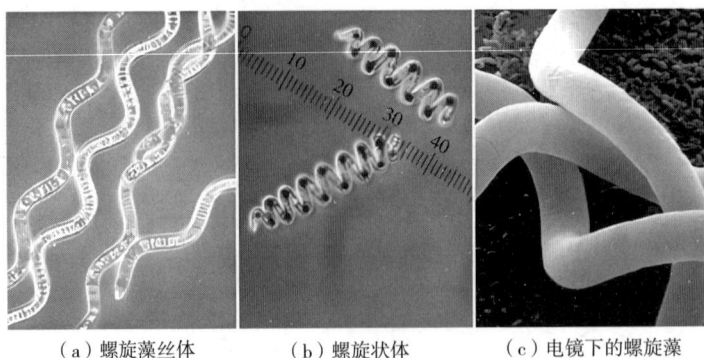

（a）螺旋藻丝体　　　　（b）螺旋状体　　　　（c）电镜下的螺旋藻

图 3-9　螺旋藻的微观结构

螺旋藻原产在墨西哥和非洲中部的乍得热带地区的碱性湖泊中，早就被当地居民食用。螺旋藻适于高温碱性环境。已发现 35 种以上，在淡水、咸水均有生长，而世界上用于生产的只有 2 种，钝顶螺旋藻和巨大螺旋藻。螺旋藻是大规模工业化生产的微藻类之一，是有 35 亿年生命史的稀有藻类生物，也是一种天然食品。螺旋藻是自然界营养成分最丰富、最全面的生物，螺旋藻富含高质量的蛋白质、γ-亚麻酸的脂肪酸、类胡萝卜素、维生素，以及多种微量元素如铁、碘、硒、锌等。螺旋藻的蛋白质含量高，含有一种特殊色素蛋白——藻蓝蛋白，还含有胡萝卜素和维生素，以及人体必需的大量元素和微量元素。螺旋藻主要营养成分见表3-32。人类食用螺旋藻有很久的历史，商业化养殖主要用于制作保健品，生产高档水产饲料，提取藻蓝蛋白等。

表 3-32　螺旋藻主要营养成分

营养素	含量（每100g）	营养素	含量（每100g）
能量	1213kJ	蛋氨酸	1.15g
碳水化合物	23.9g	胱氨酸	0.66g
糖	3.1g	苯丙氨酸	2.78g
膳食纤维	3.6g	酪氨酸	2.58g
脂肪	7.72g	缬氨酸	3.51g
饱和脂肪酸	2.65g	精氨酸	4.15g
单不饱和脂肪酸	0.68g	组氨酸	1.09g
多不饱和脂肪酸	2.08g	丙氨酸	4.52g
蛋白质	57.47g	天冬氨酸	5.79g
色氨酸	0.93g	谷氨酸	8.39g
苏氨酸	2.97g	甘氨酸	3.10g
异亮氨酸	3.20g	脯氨酸	2 38g
亮氨酸	4.95g	丝氨酸	3.00g
赖氨酸	3.03g		

（1）螺旋藻蛋白的营养价值

螺旋藻作为一种丝状多细胞蓝藻，在众多可食用资源中，以其独特的生物学特性和卓越的营养组成，展现出极高的开发利用价值。

从营养成分分析，螺旋藻的蛋白质含量高达 60%~70%，显著高于多数传统的植物性和动物性蛋白源。其蛋白质不仅含量丰富，而且氨基酸组成均衡，富含赖氨酸、苏氨酸、蛋氨酸和胱氨酸等多种人和动物维持正常生理功能所必需的氨基酸。这些氨基酸在谷物蛋白中含量较低，使得螺旋藻成为谷物膳食的理想营养补充，在营养学上，这种氨基酸的互补效应对于提高混合膳食的蛋白质利用率具有重要意义。

螺旋藻还富含多种维生素和矿物质，其胡萝卜素含量相较于胡萝卜高出 15 倍，为机体提供了高效的抗氧化保护。独特的细胞壁结构由蛋白质纤维构成，而非纤维素，这一特性极大地提高了其在人体消化系统中的可消化性和吸收率，减少了因细胞壁难以降解而导致的营养损失，在营养物质的生物可及性研究中具有独特的优势。

在药用价值方面，螺旋藻的生物活性成分展现出广泛的生理调节功能。多项研究表明，螺旋藻能够增强机体的免疫应答，通过调节免疫细胞的活性和细胞因子的分泌，提升机体的抗感染和抗肿瘤能力；能够减缓细胞衰老进程，其抗氧化成分有效清除体内自由基，降低氧化应激对细胞的损伤，维持细胞的正常生理功能；在调节机体生理功能方面，螺旋藻通过促进前列腺素的合成，参与体内的炎症反应和血管舒张调节，维持内环境的稳定；同时，它还能促进新陈代谢，加速营养物质的吸收和废物的排泄，改善机体的整体健康状态；在皮肤健康领域，螺旋藻能够防止皮肤角质化，通过调节皮肤细胞的增殖和分化，维持皮肤的正常屏障功能。大量的毒理学研究，包括急性毒性试验、亚慢性毒性试验和遗传毒性试验等，均证实了螺旋藻的食用安全性，为其在食品和医药领域的广泛应用提供了坚实的理论基础。

国际权威组织对螺旋藻的价值给予了高度认可。1980 年，联合国粮农组织（FAO）基于对螺旋藻蛋白质质量和生理功能的深入研究，正式确认了其作为理想蛋白质来源的地位，并将其誉为"21 世纪人类蛋白质的来源"，这一评价强调了螺旋藻在解决全球蛋白质需求方面的潜在贡献。1982 年，联合国教科文组织（United Nations Educational, Scientific and Cultural Organization, UNESCO）进一步称螺旋藻为"人类明天最理想的保健食品"，并倡导世界各国积极发展螺旋藻产业，以满足日益增长的健康需求。

近年来，随着消费者对健康和营养的关注度不断提高，螺旋藻作为保健食品和添加剂在市场上获得了广泛的认可。其在食品、医药和化妆品等领域的应用不断拓展，为开发新型功能性产品提供了丰富的原料选择，展现出巨大的市场潜力和经济价值。

（2）螺旋藻蛋白存在的安全问题

螺旋藻作为一种丝状多细胞蓝藻，因其富含蛋白质、多糖、维生素以及多种矿物质等营养成分，在食品、保健品及医药等领域展现出广泛的应用前景。然而，随着其应用范围的不断扩大，螺旋藻蛋白的安全性问题逐渐成为研究与关注的焦点。深入探究这些安全问题，对于保障消费者健康、规范产业发展以及推动相关领域的科学研究具有重要意义。

①微囊藻毒素污染。污染现状：在螺旋藻的自然生长环境或人工养殖体系中，常与其他藻类共生，其中部分藻类具备产生微囊藻毒素的能力。以美国俄勒冈州的实际案例为证，当地检测出部分螺旋藻补充剂存在微囊藻毒素污染现象。尽管当时的污染水平低于卫生部门所设定的阈值，但这一发现仍为螺旋藻产品的安全性敲响了警钟。由于螺旋藻生长环境的复杂性，当水体富营养化等条件适宜微囊藻等产毒藻类大量繁殖时，就极大地增加了螺旋藻产品遭受微囊藻毒素污染的风险。

危害机制：微囊藻毒素具有显著的毒性效应。从急性毒性来看，其能够引发人体胃肠功能紊乱，干扰胃肠道的正常生理活动。更为关键的是，长期低剂量暴露于微囊藻毒素环境下，会对肝脏等重要器官造成慢性毒性损伤。研究表明，微囊藻毒素能够特异性地抑制肝脏中蛋白磷酸酶的活性，从而破坏细胞内的信号传导通路，干扰细胞的正常代谢与增殖，长期积累可能导致肝脏细胞的病理性改变，甚至诱发肝癌等严重肝脏疾病。

②其他潜在毒素。除微囊藻毒素外，与螺旋藻伴生的藻类还可能产生诸如节球藻毒素、麻痹性贝类毒素等其他类型的毒素。尽管目前针对这些毒素在螺旋藻产品中的污染情况及相关研究相对有限，但基于其已知的毒性特征，其潜在危害不容忽视。例如，节球藻毒素兼具肝毒性与神经毒性，能够损害人体的神经系统和肝脏功能；麻痹性贝类毒素则主要作用于神经系统，可导致人体出现麻痹、呼吸困难等严重症状，对生命健康构成直接威胁。

③重金属污染问题。重金属污染来源主要有自然环境因素和生产加工环节。

自然环境因素：螺旋藻在生长过程中，会通过主动吸收或被动吸附等方式从周围环境中摄取各种物质，其中包括重金属。若其生长的水体、土壤等环境受到重金属污染，螺旋藻就极易富集这些重金属元素。在一些工业活动频繁、环境污染较为严重的地区，附近水域中的螺旋藻可能会大量吸收铅（Pb）、汞（Hg）、砷（As）等重金属，从而导致其产品存在重金属超标的风险。

生产加工环节：在螺旋藻的整个生产链条中，从养殖、采收、加工到运输的各个环节，均存在导致重金属污染的潜在因素。在养殖阶段，若培养液中所使用的营养盐纯度欠佳，含有重金属杂质，螺旋藻在吸收营养物质的同时，也会将这些重金属摄入体内；采收过程中，若使用含重金属的工具或设备，如采用含铅稳定剂的聚氯乙烯塑料管材，会直接造成螺旋藻的污染；在加工与运输环节，干燥设备、运输工具等若重金属含量超标，也会使螺旋藻产品受到二次污染。

原国家食品药品监督管理总局发布的报告显示，在中国市场销售的螺旋藻营养补充剂中，铅、汞和砷的污染现象较为普遍。有研究报道指出，某批次商业螺旋藻补充剂样品中的铅含量高达 5.1mg/kg。重金属在人体内具有蓄积性，长期摄入被重金属污染的螺旋藻产品，会导致重金属在体内不断蓄积，进而引发一系列严重的健康问题。铅会对神经系统发育产生不良影响，尤其是儿童，可导致智力发育迟缓、注意力不集中等症状；汞会损害神经系统和肾脏功能，影响人体的神经传导和代谢平衡；砷则与皮肤病变、癌症等疾病的发生密切相关，长期暴露可增加患癌风险。

④监管缺失带来的风险。由于螺旋藻多被归类为膳食补充剂，消费者日常摄入量相对较小，这使得各国在对其生产过程的监管方面普遍存在力度不足的问题，针对螺旋藻产品质量的强制性安全标准也尚不完善。美国国立卫生研究院对螺旋藻补充剂的安全性评估指出：在未被微囊藻毒素污染的情况下，可认为"可能安全"；一旦受到污染，则"可能不安全"，尤其是对于儿童、孕妇等特殊人群，其面临的潜在风险更为显著。由于缺乏有效的监管与明确的标准，消费者在选择和食用螺旋藻产品时，难以准确判断产品是否受到污染，这无疑极大地增加了消费者的健康风险。过量摄入被污染的螺旋藻可能会引发急性中毒症状，如恶心、呕吐、腹泻、身体疲劳以及头痛等。

螺旋藻蛋白凭借其丰富的营养价值和多样的生物活性，在多个领域展现出巨大的应用潜力。然而，当前存在的毒素污染和重金属污染等安全问题，严重制约了其产业的健康发展，并对消费者的健康构成潜在威胁。毒素污染方面，微囊藻毒素及其他潜在毒素对人体健康具有急性和慢性双重危害；重金属污染则源于自然环境和生产加工的各个环节，对人体健康产生长期且深远的不良影响。加之监管体系的不完善，使得消费者在面对螺旋藻产品时面临诸多不确定性。为实现螺旋藻产业的可持续发展，切实保障消费者的健康权益，亟须加强对螺旋藻生产全过程的监管力度，尽快制定并完善科学、严格的质量安全标准，同时加大对螺旋藻产品检测技术的研发投入，确保上市产品的安全性与质量可靠性。

3.3.3 食用菌蛋白质

食用菌，特指子实体较为硕大、可供食用的蕈菌。蕈菌属于大型真菌，其特征为能够形成大型的肉质（或胶质）子实体或菌核类组织，具备食用或药用价值，日常常以"蘑菇"统称。常见食用菌见图 3-10。在分类体系中，食用菌隶属菌物界真菌门，绝大多数归属于担子菌亚门（如平菇、香菇），少数属于子囊菌亚门（如羊肚菌）。

就全球范围而言，已被发现的真菌数量超 12 万种，其中能形成大型子实体或菌核组织的约 6000 种，可供食用的约 2000 种，然而能实现大面积人工栽培的仅有 40~50 种。中国的食用菌资源丰富，也是最早栽培食用菌的国家之一。1100 多年前已有人工栽培木耳的记载。至少在 800 多年前香菇的栽培已在浙江西南部开始。草菇则是 200 多年前首先在闽粤一带开始栽培。中国是食用菌生产第一大国，食用菌产量占全球产量的 75% 以上。据统计，截至 2022 年我国食用菌产量为 4222.54 万吨。

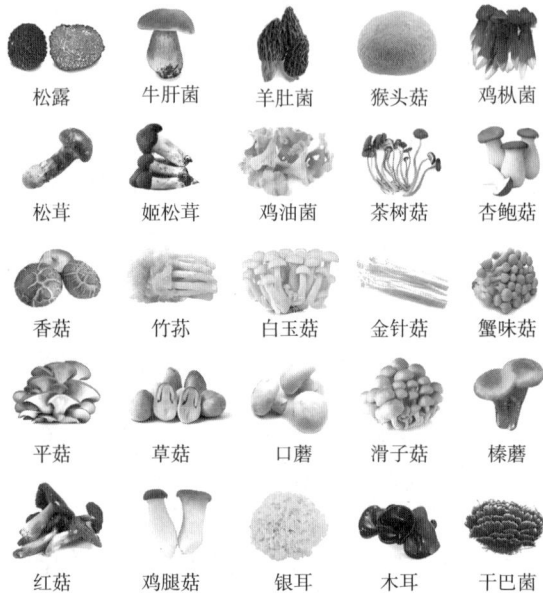

松露	牛肝菌	羊肚菌	猴头菇	鸡枞菌
松茸	姬松茸	鸡油菌	茶树菇	杏鲍菇
香菇	竹荪	白玉菇	金针菇	蟹味菇
平菇	草菇	口蘑	滑子菇	榛蘑
红菇	鸡腿菇	银耳	木耳	干巴菌

图 3-10　常见食用菌

3.3.3.1　食用菌蛋白质的含量

食用菌的蛋白质含量因种类不同呈现较大差异，多数含量在 20%~40%（干重）区间，少数低于 10%。众多研究中食用菌的蛋白质数据如下：草菇 30.1%、凤尾菇 26.6%、双孢蘑菇 26.3%、金针菇 17.6%、香菇 17.5%、木耳 8.1%、银耳 4.6%。

研究人员对冬菇、姬松茸、干枞菌、云耳、银耳、岩耳 6 种食用菌测定发现，姬松茸蛋白质含量最高达 56.40%，高于大豆（约 40%），冬菇和干枞菌为 25%~30%，云耳、银耳和岩耳约 10%。

食用菌的产地、生长环境以及气候等因素，对其营养成分有着显著影响。多数食用菌蛋白质丰富，占干物质的含量显著高于谷物、水果和蔬菜，在蛋白质含量上可与鱼、肉、蛋、奶媲美，可作为居民日常饮食中蛋白质的辅助来源。

食用菌有着复杂的生活史，在不同发育时期呈现不同状态，其蛋白质的含量和组成也存在显著差异（图 3-11）。研究表明，草菇总氨基酸含量随草菇成熟而降低，纽扣期、蛋形期、伸展期 3 个不同发育阶段的总氨基酸含量分别为 22%、21%、20%。

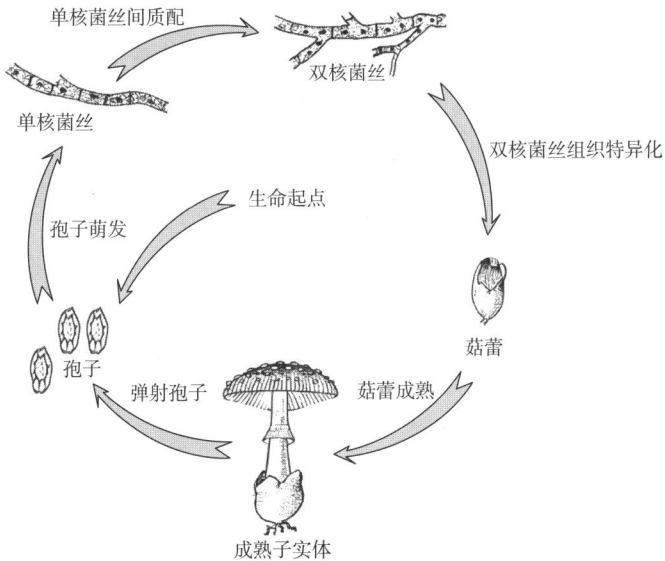

图 3-11　食用菌的生活史

对于猴头菌子实体发育的 7 个阶段，成熟后期的必需氨基酸含量最高，占氨基酸总量的 52.42%，小菌刺期最低，为 48.04%；氨基酸评分在现蕾期最高，为 89.86，分裂期次之（89.04），中菌刺期最低（78.36）；蛋白质的化学评分在分裂期最高，为 57.18；分裂期的必需氨基酸指数和生物价（BV）最高，分别为 96.82 和 93.83，中菌刺期时均降为最低，分别为 85.02 和 80.97。综合对不同发育阶段猴头菌子实体蛋白质的各种营养价值评价结果来看，中菌刺期的猴头菌子实体蛋白质营养价值较差，此时期不适宜采收，成熟后期略优于成熟期。

不同发育阶段的食用菌子实体蛋白质营养价值差异较大，这些相关研究为确定合适的采收期提供了重要的理论依据，有助于在实际生产中通过把控采收时间，最大化利用食用菌的蛋白质营养价值。

3.3.3.2　食用菌蛋白质的氨基酸含量分析

食物蛋白质的营养价值与氨基酸组成紧密相关。其中，必需氨基酸的组成以及各种必需氨基酸的相对比例，是衡量蛋白质营养价值的关键指标。依据氨基酸平衡理论，氨基酸组成比例越接近人体需求模式，蛋白质质量越优。

研究证实，食用菌蛋白质所含必需氨基酸的数量和比例，与人体每日所需的数量和比例吻合度较高。董丹丹对浙江省 4 种主栽食用菌（香菇、金针菇、双孢蘑菇、黑木耳）干样进行氨基酸测定，结果显示，这些食用菌均含 8 种人体必需氨基酸以及婴儿必需的组氨酸，其必需氨基酸之和占氨基酸总量的比例（E/T 值）为 33%～45%，达到了世界卫生组织（WHO）和联合国粮农组织（FAO）提出的 40%

标准。另一项研究表明，大白桩菇、肉色杯伞、亚白桩菇、紫丁香菇、香菇和茶树菇的 E/T 值分别为 37.11%、44.36%、38.82%、40.55%、39.63%、42.70%。张树庭等对比双孢菇、草菇、凤尾菇和香菇的氨基酸营养价值，发现这四种食用菌的 E/T 值均在 40% 左右，但氨基酸组成差异较大，双孢蘑菇和草菇中必需氨基酸里赖氨酸含量最高，比凤尾菇高一倍、比香菇高两倍。以上研究均表明，食用菌是优质蛋白质来源。

若食物中蛋白质的氨基酸组成含量比例与人体需求一致，那么该食物的氨基酸比值系数（ratios coefcientofamino acid，RCAA）为 1。RCAA 值大于 1，表明必需氨基酸相对过剩；小于 1，则说明必需氨基酸相对缺乏。在食物必需氨基酸排列中，若多个氨基酸 RCAA 值小于 1，RCAA 值最小的氨基酸即为第一限制氨基酸。

董淮海等对 11 种食用菌（香菇、姬松茸、滑子菇、美味牛肝菌、茶树菇、新杏鲍菇、竹荪、东北木耳、单片木耳、猴头菇和银耳）的蛋白质评价显示，其限制性氨基酸多为含硫氨基酸、异亮氨基酸、芳香族氨基酸和缬氨酸，其中第一限制性氨基酸为含硫氨基酸，第二限制性氨基酸为异亮氨基酸。高观世等分析评价常见野生食用菌（松茸、革质红菇、美味牛肝菌）和人工栽培食用菌（香菇、双孢菇、金针菇）的蛋白质质量，发现松茸和革质红菇的第一限制氨基酸均为含硫氨基酸（蛋氨酸、胱氨酸），美味牛肝菌、香菇和双孢蘑菇的第一限制氨基酸均为赖氨酸，而金针菇无明显限制性氨基酸。总体而言，金针菇、香菇、双孢蘑菇的 RCAA 值较高，蛋白质较为优质。江海涛对八种食药用真菌的氨基酸分析表明，除草菇和蛹虫草的第一限制性氨基酸分别为亮氨酸和异亮氨酸外，其余 6 种食药用真菌的第一限制性氨基酸均为赖氨酸。

食用菌蛋白质的限制氨基酸多为含硫氨基酸、赖氨酸，但不同食用菌的限制氨基酸存在较大差异，因此在饮食中需合理搭配。例如，由于含硫氨基酸和异亮氨基酸在食用菌中普遍缺乏，搭配食物时应选择含硫氨基酸和异亮氨基酸含量高的食物，以充分利用食用菌蛋白质。而粮食作物含硫氨基酸含量相对丰富，但缺乏赖氨酸和亮氨酸，故可将食用菌与粮食作物搭配，实现食物间氨基酸含量互补，提高营养吸收利用率。

3.3.3.3 食用菌风味物质

食用菌凭借其鲜美滋味备受消费者青睐，其游离氨基酸含量颇高，尤其是鲜味氨基酸含量突出，这是食用菌味道鲜美的关键因素。游离氨基酸作为一类重要的味觉活性物质，主要呈现出鲜味和甜味。Kato 与 Shallenberger 对食用菌各游离氨基酸的呈味特性和呈味阈值进行了总结：呈鲜味的氨基酸主要为谷氨酸和天门冬氨酸，呈味值分别为 0.3mg/mL、1mg/mL；呈甜味的氨基酸包括丙氨酸、甘氨酸、丝氨酸和苏氨酸，呈味值分别为 0.6mg/mL、1.3mg/mL、1.5mg/mL 和 2.6mg/mL；精氨酸和脯氨酸也具备一定风味，呈现出甜味或苦味。

通过测定分析可知，在羊肚菌、柱状田头菇、姬松茸、阿魏菇、白灵菇、美味侧耳、红平菇、灰树花、鸡枞菌、樟芝、蛹虫草、双孢菇、草菇等食用菌中，鲜味氨基酸占据主导地位；松杉灵芝中鲜甜味游离氨基酸占氨基酸总量的比重为4.41%；而金针菇中苦味氨基酸含量较高，达到 102mg/g，这与金针菇略微带苦味的特性相符。王逍君等对五种野生食用菌的游离氨基酸展开分析，结果表明，这五种菌的呈味游离氨基酸均占总游离氨基酸的 45% 以上，其中鸡枞菌的呈味游离氨基酸占总游离氨基酸的比值高达 90.1%。

为更精准地评价食用菌中的鲜味氨基酸，可将其含量等级划分为高、中、低三组，含量大于 20mg/g 为高组，5~20mg/g 为中组，小于 5mg/g 属于低组。研究发现，香菇、姬松茸、滑子菇、美味牛肝菌、茶树菇、杏鲍菇、竹荪等食用菌中谷氨酸、天冬氨酸和丙氨酸的含量均较高，特别是姬松茸，其谷氨酸、天冬氨酸和丙氨酸含量分别达 41.11mg/g、20.63mg/g 和 31.92mg/g，故而姬松茸是鲜味最强的食用菌之一。东北木耳、单片木耳、猴头菇和银耳稍带涩味，分析结果显示其鲜味氨基酸含量相对偏低。罗正明等的研究结果表明，大白桩菇、肉色杯伞、垩白桩菇和紫丁香蘑中谷氨酸含量最高，其次是天冬氨酸，且这四种食用菌中这两种氨基酸占氨基酸总量的比值比香菇和茶树菇的更大。

此外，食用菌的鲜味还与一些特有氨基酸密切相关。例如，羊肚菌含有顺-3-氨基-L-脯氨酸、α-氨基异丁酸和 2,4-二氨基异丁酸等，这些氨基酸可能与其特殊风味紧密相连。松口蘑、橙盖鹅膏和双孢蘑菇等含有口蘑氨基酸和鹅膏蕈氨酸，二者均为著名的鲜味氨基酸。除此之外，美味牛肝菌、四孢蘑菇和毛头鬼伞等能产生组氨酸三甲基内盐；硫色多孔菌能产生龙虾肌碱和 4-咪唑乙酸；栎金钱菌和晶粒鬼伞含有尿囊酸；乳菇属和鬼伞属含有 β-甲基羊毛硫氨酸；毛头鬼伞含有巯组氨酸三甲基内盐等。这些独特的氨基酸共同构成了食用菌丰富多样的风味特征，为其在食品领域的应用提供了坚实的物质基础。

3.3.3.4　食用菌蛋白质的性质及其在食品加工中的应用

蛋白质作为食用菌的主要成分之一，占干重的 19%~37%，具有完整的必需氨基酸组成，而且研究结果发现食用菌蛋白还具有抗肿瘤、免疫调节、抗病毒、抗炎、抗氧化等多种功能活性。目前有关食用菌蛋白质的研究主要聚焦在具有生物功能活性蛋白质的分离及功能鉴定，而较少关注其在食品加工中的应用。食用菌蛋白质的生理活性、消化性质、功能性质及其在食品加工中的应用，如图 3-12 所示。

（1）食用菌蛋白质的生理活性

食用菌不仅滋味鲜美，还蕴含多种具有特殊功能的生物活性蛋白，主要包括凝集素（lectin）、真菌免疫调节蛋白（fungal immunomodulatory proteins，FIPs）、核糖体失活蛋白（ribosome-inactivating proteins，RIPs）、漆酶（laccase）等，这些蛋白在抗病毒、抗氧化、抗肿瘤、免疫调节等多个领域展现出显著功效（表 3-33），为其在医药、食品等行业的深入开发提供了广阔前景。

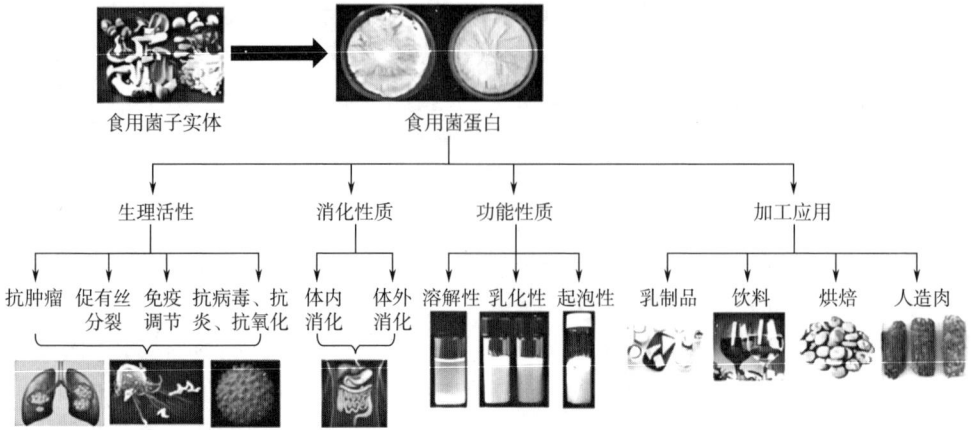

图 3-12　食用菌蛋白质的性质及其在食品加工中的应用

图 3-33　从食用菌中获得的具有生理活性的蛋白和多肽

来源	种类	功能
双孢蘑菇（*Agaricus bisporus*）	凝集素	对结肠癌具有抗肿瘤活性
牛肝菌（*Boletss edulis*）	凝集素	对结肠癌具有抗肿瘤活性
草菇（*Volvariella vovacea*）	凝集素	对小鼠脾脏 T 淋巴细胞具有促有丝分裂活性
硫磺菌（*Laetiporus sulphureus*）	凝集素	对小鼠巨噬细胞具有免疫调节活性
淡红蜡伞（*Hygrophorus russula*）	凝集素	对 HIV 病毒具有抗病毒活性
红菇（*Russula delica*）	凝集素	对 HIV 病毒具有抗病毒活性
猴头菇（*Hericium erinaceum*）	凝集素	对 HIV 病毒具有抗病毒活性
平菇（*Pleurotus ostreatus*）	凝集素	对 HBV 病毒具有抗病毒活性
灵芝（*Ganoderma lucidum*）	FIPs	抑制全身过敏反应；对肺癌具有抗肿瘤作用
虎皮香菇（*Lentinus tigrinus*）	FIPs	维持 Th1 和 Th2 细胞平衡，达到免疫调节的效果
云芝（*Trametes versicolor*）	FIPs	刺激 RAW264.7 巨噬细胞，具有免疫增强作用
草菇（*Volvariella volvacea*）	FIPs	调节机体免疫应答，具有免疫调节活性
金针菇（*Flammulina velutipes*）	FIPs	对呼吸道炎症具有抗炎作用
小孢灵芝（*Ganoderma microsporum*）	FIPs	抑制神经性炎症，具有抗炎作用
真姬菇（*Hypsizigus marmoreus*）	RIPs	对乳腺癌、白血病、肝癌具有抗肿瘤作用
平菇（*Pleurotus ostreatus*）	漆酶	对丙型肝炎病毒具有抗病毒作用
云芝（*Cerrena unicolor*）	漆酶	对白血病具有抗肿瘤作用

续表

来源	种类	功能
杏鲍菇（*Pleurotus eryngii*）	多肽	清除 DPPH 自由基、超氧阴离子自由基，具有抗氧化活性
灰树花（*Grifola frondosa*）	多肽	抑制亚油酸的氧化，具有抗氧化活性
裂褶菌（*Schizophyllun commune*）	多肽	清除 ABTS 自由基，具有抗氧化活性
双孢蘑菇（*Agaricus bisporus*）	多肽	淬灭自由基，增强抗氧化活性

①抗病毒作用。在多种食用菌中，科学家们发现了具有抗病毒活性的蛋白。例如，香菇中的抗病毒蛋白 FBP 能够抑制病毒蛋白质的合成，在防治番茄病毒病方面展现出应用潜力；杨树菇中分离得到的 AAVP 蛋白，对烟草花叶病毒（tobacco mosaic virus，TMV）抑制率高达 90% 以上。金针菇的 Zb 蛋白不仅能使 TMV 粒体降解，还具有抗肿瘤活性。从松口蘑提取的蛋白质，可抑制和杀死病毒引发的恶性肿瘤细胞，有望成为抗病毒性肿瘤的潜在药物。此外，皱盖罗鳞伞的 RC-183 蛋白可同时抑制单纯疱疹病毒、流感 A 病毒和呼吸道合胞体病毒等多种病毒。部分食用菌还能分泌核糖核酸酶（RNase）来抑制病毒侵染，如草菇、菌核侧耳、凤尾菇中分离出的 RNase 酶，分别对不同的多聚核苷酸具有抑制活性，为 RNA 病毒的防控提供了新的思路。

②抗氧化作用。蛋白质水解产生的活性多肽在抗氧化过程中发挥着关键作用，能有效降低体内自由基数量，预防氧化应激反应和细胞损伤。研究表明，食用菌蛋白质水解产生的多肽同样具有强大的抗氧化能力。羊肚菌菌丝体多肽可高效清除羟基自由基、超氧阴离子基自由基以及 DPPH；竹荪、平菇、灵芝、金针菇和虫草等食用菌中的硒蛋白也具备清除羟基自由基和超氧阴离子的能力。何慧等人的研究发现，发酵灵芝粉的水提蛋白组分经酶解后，清除羟基自由基的能力显著提高。杏鲍菇中分离出的分子质量为 63kDa 的 PEP 蛋白，不仅能显著清除活性离子，还可有效抑制脂类过氧化物的形成。

③抗肿瘤作用。众多研究表明，一些食用菌蛋白具有良好的抗肿瘤效果。金针菇子实体中分离出的碱性蛋白（朴菇素），对小白鼠艾氏腹水瘤细胞和肉瘤细胞抑制效果显著，且对正常细胞无毒性。此外，从洛巴口、糙皮侧耳、香菇、小孢灵芝、长裙竹荪等食用菌中，分别提取出多糖蛋白、糖蛋白、功能域蛋白 Latcripin-13、免疫调节蛋白 GMI、DiGP-2 糖蛋白等，均表现出抗肿瘤活性。部分食用菌中的蛋白复合体也具有抗肿瘤作用，如彩色革盖菌菌丝体中的 β-D-葡聚糖与蛋白复合体，对消化道癌、乳腺癌、肺癌有抑制作用；星斑蘑菇中的核酸与蛋白复合体（FA-2bB），抗肿瘤效果明显。

凝集素是一类能凝集细胞或沉降复合多糖的蛋白质或糖蛋白，其由单体或 2~4

个亚基以非共价方式结合而成，多为糖蛋白，分子量通常在 12~190kDa。食用菌凝集素主要表现为抗肿瘤作用，如细网牛肝菌、蒙古口蘑、草菇、糙皮侧耳、双孢蘑菇等所含的凝集素，对不同类型的癌细胞具有抑制作用。

④免疫调节作用。近年来，从高等担子菌子实体中提取出一类具有免疫功能的小分子蛋白质——食用菌免疫调节蛋白（FIP）。目前已从多种食用菌中成功提取 FIP，它们结构相似，但免疫调节机制各异。最早从赤灵芝中分离出的 LZ-8，以及后续发现的 FIP-gts 等，具有抑制过敏反应、促进核酸和蛋白质合成、加速代谢等功能，可增强机体免疫力。金针菇的 FIP-fve（朴菇素）蛋白，通过磷酸化 p38/MAPK 上调 T 细胞表面黏附分子（ICAM-1）的表达，促进 IL-2、IFN-γ 等细胞因子产生，发挥免疫调节作用；茯苓免疫调节蛋白 PCP、草菇的 FIP-VVO 蛋白、黄金平菇免疫调节蛋白 PCiP 等，也通过各自独特的方式激活免疫细胞，调节免疫反应。

部分食用菌凝集素具有免疫调节作用，如水粉杯伞凝集素、平菇凝集素等，通过调节免疫细胞和细胞因子，参与免疫应答。

其他具有免疫调节作用的生物活性蛋白：食用菌中的泛素样蛋白、酶类、糖肽等也具有免疫调节作用。茶树菇中的泛素样蛋白可刺激巨细胞产生 NO，调节细胞免疫；其蛋白组分 Yt 能同时刺激 Th1 细胞和 Th2 细胞，促进多种细胞因子产生。灰树花中的低分子蛋白可激活抗原呈递细胞，进一步激活 NK 细胞和巨噬细胞。香菇糖肽则促进小鼠脾脏单核细胞和人外周血单核细胞分泌细胞因子，激活细胞信号通路，诱导辅助性 T 细胞免疫应答。

综上所述，食用菌中丰富多样的生物活性蛋白质，为其在医药、食品等领域的精深加工和高值化利用提供了坚实基础。加强对这些蛋白的分离纯化、功能特性和应用开发研究，不仅有助于推动相关产业的发展，还能为种植农户和企业带来更多的经济效益。

（2）食用菌蛋白质的消化性质

蛋白质的消化性质是衡量其营养价值的关键指标之一，它指的是蛋白质经消化后被人体吸收的蛋白质占摄入蛋白质的百分比，这一指标与肽键被水解的难易程度紧密相关。真蛋白消化率（true protein digestibility，TPD）和体外蛋白消化率（in vitro protein digestibility，IVPD）能在一定程度上反映蛋白质消化吸收的效果。

Longvah 和 Dabbour 等利用大鼠模型展开研究，发现香菇（*Lentinus edodes*）、裂褶菌（*Schizophyllum commune*）、平菇（*Pleurotus ostreatus*）、姬松茸（*Agaricus macrosporus*）的 TPD 分别为 76.3%、53.2%、73.4%、80.5%。通过体外消化实验可知，凤尾菇（*Pleurotus sajor-caju*）和香菇（*Lentinus lepidus*）的 IVPD 分别为 63.61% 和 66.09%。对比酪蛋白（TPD=87.49%，IVPD=83.91%），食用菌蛋白消化率相对较低，这可能是由于食用菌中含有较多的多酚和抗营养因子，从而影响了蛋白质的吸收利用率。

不过，通过提取分离蛋白的方式，可在一定程度上提高食用菌蛋白的消化率。

这主要是因为在提取过程中能够去除部分多酚和抗营养因子等物质。例如，平菇分离蛋白经过体外胃肠模拟消化后，消化率高达 100%，远高于平菇粉末的消化率（23.5%）。此外，加热、超声等处理方法也能提高食用菌蛋白的消化率。这些方法可使抗营养因子失活、蛋白结构展开并暴露酶切位点。比如，加热处理使球基蘑菇（*Agaricus abruptibulbus*）和鸡枞菌（*Termitomyces globulus*）的 IVPD 分别从 62.81% 和 47.91% 提高到 81.46% 和 75.41%。对杏鲍菇蛋白进行加热（75℃，30min）和超声处理（200W，30min）后，蛋白质表面疏水性增强，结构展开，暴露出更多的蛋白酶作用位点，进而提高了蛋白的 IVPD。

（3）食用菌蛋白质的功能性质

食品中的蛋白质一方面为人体提供营养，另一方面因其具备独特的功能性质，如溶解性、乳化性、起泡性等，可作为配料应用于不同类型的食品加工中。近年来，关于食用菌蛋白的研究已从生物功能活性蛋白的分离鉴定，拓展到功能性质的探究，这为食用菌蛋白在食品工业中的应用奠定了理论基础。

溶解性是蛋白质最重要的功能性质之一，蛋白质的其他功能性质，如乳化性、起泡性，都与溶解性密切相关。在等电点附近（pH 3.5~5.0），食用菌蛋白的溶解度最低；随着 pH 远离等电点，溶解度逐渐增大。多种食用菌分离蛋白质在中性条件下（pH 7.0）的溶解度偏低（<60%），像黑木耳蛋白、鸡腿菇蛋白、杏鲍菇蛋白、金针菇菌根蛋白、白灵菇蛋白、白玉菇蛋白等，这在很大程度上限制了其在食品工业中的应用。

为提高食用菌分离蛋白在水溶液中的分散性，有研究团队采用蛋白颗粒化策略，将食用菌蛋白制备成在水溶液中能均匀分散的纳米颗粒。以白灵菇（*Pleurotus tuoliensis*）为例，其清蛋白和总分离蛋白通过调节酸碱的方法，制备出在水溶液中具有良好分散性的纳米颗粒，平均粒径为 186.0~273.8nm，电位为 26.94~29.78mV，颗粒结构主要由疏水相互作用和二硫键稳定。这些蛋白颗粒在油水界面上表现出快速的界面吸附作用，可制备出油含量≤60% 的稳定乳液。同样，利用该方法将低水溶性的牛肝菌（*Phlebopus portentosus*）蛋白制备成纳米颗粒，颗粒在油水界面的三相接触角接近于中性（$\theta_{O/W}=95.62$），能快速吸附在油水界面并有序组装成界面网络结构。值得一提的是，通过简单的一步均质法便可制备出双重乳液，为双重乳液的制备提供了新思路。

蛹虫草（*Cordyceps militaris*）清蛋白和球蛋白在中性水溶液中的溶解度可高达90%，远高于其他食用菌分离蛋白。清蛋白和球蛋白的疏水性显著低于谷蛋白，强的蛋白—界面间疏水相互作用使谷蛋白能更快速地吸附到汽水界面，表现出更好的起泡性，但清蛋白和球蛋白的泡沫稳定性显著优于谷蛋白。

（4）食用菌蛋白质在食品加工中的应用

目前，部分食用菌蛋白已在乳制品、饮料、烘焙、人造肉等食品加工领域得到应用，具体情况如表 3-34 所示。从佛州侧耳（*Pleurotus florida*）分离纯化的酶提取物，在温度为 50℃和 pH 为 6.0 条件下，具有最高凝乳活性（367.85SU），可替代小牛凝乳酶用于奶酪的生产。分子量为 29kDa 的鸡枞菌胞外金属蛋白酶，具有较高的凝乳活性（333.33U/mL）和较低的水解蛋白活性（5.21U/mL），也能作为牛奶凝结和奶酪制作的凝乳酶。

表 3-34　食用菌蛋白质在食品加工中的应用

来源	成分	用途
佛州侧耳（*Pleurotus florida*）	酶提取物	凝乳酶
鸡枞菌（*Termitomyces clypeatus*）	胞外金属蛋白酶	凝乳酶
云芝（*Trametes versicolor*）	漆酶	葡萄酒稳定剂
平菇（*Pleurotus ostreatus*）	漆酶	果汁稳定剂
双孢蘑菇（*Agaricus bisporus*）	子实体粉末	增加面包的蛋白质含量
凤尾菇（*Pleurotus sajor-caju*）	子实体粉末	增加面包、奶油蛋糕、饼干的蛋白质含量
草菇（*Volvariella volvacea*）	子实体粉末	提高饼干的蛋白质和纤维含量
纽扣蘑菇（*Button mushroom*）	子实体	制备香肠类似物
蛹虫草（*Cordyceps militaris*）	子实体	制备肉饼替代物
平菇（*Pleurotus ostreatus*）	菌丝体	制备香肠类似物
双孢蘑菇（*Agaricus bisporus*）	菌丝体	制备肉类类似物

固定化漆酶可作为饮料稳定剂。例如，1U/mL 云芝漆酶处理白葡萄酒 Moscato和 Montonico，能分别降低其总酚含量 32.1%和 33.4%，从而制备出更稳定的葡萄酒。通过共价固定制备的平菇重组漆酶 POXA1b（2000U/g），可降低橙汁 45%的酚类化合物含量，且保留了具有抗氧化活性的黄烷酮。

由于食用菌高蛋白含量的特点，可作为配料添加到烘焙制品中，以提高产品品质。将双孢蘑菇粉末（2.5%~7.5%）添加到黑面包中，能提高蛋白质和维生素 D含量，其中添加 7.5%双孢蘑菇粉末的面包总体可接受性最高，且面包的色泽、口感、质地与未添加蘑菇粉末的对照组无明显差异。凤尾菇粉末（2%~6%）可作为营养强化剂添加到面包和奶油蛋糕中，当添加量为 6%时，面包和蛋糕的蛋白质含量分别高达 10.01%和 12.33%，脂肪含量分别降低到 1.99%和 13.89%。此外，通过添加凤尾菇粉和香菇粉，可提高饼干中的蛋白和纤维含量，并降低脂肪含量。

食用菌子实体和菌丝体富含蛋白质和天然的纤维结构，在肉类替代物的制备上潜力巨大。纽扣蘑菇子实体用于开发香肠类似物，添加了 0.8%角叉菜胶混合制成的蘑菇香肠类似物，在质地特性方面表现最佳，如减少了储藏损失和蒸煮损失，改善了乳化稳定性。研究团队前期采用蛹虫草子实体制备肉饼替代物，发现捶打处理可使子实体中的蛋白质溶出，留下纤维结构，使产品形成良好的纤维状结构和凝胶结构，赋予产品高的硬度、咀嚼性、内聚性和感官评分。与俄罗斯动物肉肠相比，平菇菌丝体制作的香肠类似物在2℃储藏四周后，仍具有更佳的硬度和脆度。双孢蘑菇菌丝体制备的肉类类似物，表现出比大豆蛋白基肉类类似物更优的弹性和咀嚼性，以及更吸引人的鲜味特征。

随着人口增长，人们对蛋白质的需求不断增加，人们开始积极探索食用菌蛋白的功能特性及其在食品中的应用。食用菌丰富的蛋白组分不仅是优质的蛋白来源，还赋予其抗肿瘤、免疫调节、抗病毒、抗氧化等生理活性。可以预见，食用菌蛋白在食品领域具有广阔的应用潜力，既可以作为蛋白补充剂增加产品的蛋白含量，其生理活性蛋白还可制备成各种营养补充剂应用于保健食品中。然而，目前有关食用菌蛋白的研究主要集中在蛋白质提取及功能活性鉴定方面，对其在食品中的应用研究相对较少。因此，后续应更多地关注和研究食用菌蛋白的功能特性，开发其作为新型蛋白资源在食品中的应用，为拓展食用菌蛋白在食品工业中的应用奠定坚实的理论基础。

3.4 特殊类别食品蛋白质

3.4.1 过敏原蛋白

过敏原蛋白是指能够引发人体免疫系统产生过敏反应的一类蛋白质。除了常见的食物过敏原蛋白，如牛奶中的酪蛋白、鸡蛋中的卵清蛋白、大豆中的大豆球蛋白等，还包括花生中的 Arah1、Arah2 等过敏原蛋白。这些过敏原蛋白具有独特的分子结构和免疫原性，其氨基酸序列、糖基化修饰以及空间构象等因素决定了它们与人体免疫系统的相互作用方式。例如，Arah2 是花生中主要的过敏原蛋白之一，其含有多个 IgE 结合位点，能够特异性地与人体免疫系统中的 IgE 抗体结合，引发过敏反应。深入研究这些过敏原蛋白的分子特征，有助于开发精准的过敏原检测方法和有效的过敏防治策略。

（1）常见来源

①食物。在食物过敏领域，牛奶中酪蛋白约占总蛋白质的80%，乳清蛋白占20%，它们是引发牛奶过敏的主要成分。鸡蛋里卵清蛋白含量丰富，占蛋清蛋白总量的54%~69%，是鸡蛋过敏的关键过敏原。大豆中大豆球蛋白和β-伴大豆球蛋白含量可观，对大豆过敏人群而言，这两种蛋白质是主要的过敏诱发因素。小麦中的麦醇溶蛋白和麦谷蛋白则是导致小麦过敏的重要蛋白质，在小麦加工过程中，这些

蛋白质的特性会影响其致敏性。另外，花生、杏仁、腰果等坚果含有多种独特的过敏原蛋白，在全球范围内，坚果过敏是较为常见且严重的食物过敏类型之一，其引发的过敏反应往往较为强烈。

②花粉。蒿属花粉的 Artv1 蛋白，在花粉过敏症患者中，针对 Artv1 的免疫反应极为普遍。桦树花粉中的 Betv1 蛋白也是重要过敏原，在北欧等地区，桦树花粉过敏是春季花粉过敏的主要类型之一。豚草花粉的 Amba1 蛋白，在美国等地区，豚草花粉引发的过敏问题严重，每年因豚草花粉过敏就医的人数众多。花粉过敏原的释放量和传播范围受气候、地理位置等因素影响，如温暖、干燥、多风的天气利于花粉传播。

③动物毛发皮屑。猫的 Feld1 蛋白由猫的皮脂腺、唾液腺等分泌，即使是短毛猫也会产生。研究表明，10%~20%的过敏人群对猫毛及皮屑过敏，Feld1 蛋白会附着在毛发和皮屑上，以微小颗粒形式在空气中长时间悬浮，过敏者吸入后易引发呼吸道过敏症状。狗的 Canf1 和 Canf2 等蛋白也是常见过敏原，狗的日常活动会使这些过敏原广泛散布在生活环境中。

④霉菌。在霉菌家族中，青霉产生的 Pench1、曲霉产生的 Aspf1、链格孢霉产生的 Alta1，都是引发过敏的重要物质。室内湿度达到 60%以上时，霉菌极易滋生繁殖，其产生的过敏原会随着空气流动在室内传播。在一些老旧建筑或通风不良的室内环境中，霉菌过敏原含量较高，容易引发居住者的过敏反应。

⑤昆虫。尘螨是室内最主要的过敏原昆虫，其排泄物、尸体碎片中 Derp1 和 Derf1 等过敏原蛋白含量丰富。研究显示，全球 10%~30%的人群对尘螨过敏，在潮湿的南方地区，尘螨过敏的发生率相对更高。一只尘螨每天可产生 20 个左右的排泄物颗粒，这些颗粒携带过敏原，极易在床铺、沙发等家居用品上积累。

（2）过敏反应机制

①初次接触。当过敏原蛋白首次进入人体，树突状细胞等抗原呈递细胞会识别并摄取这些蛋白质，将其降解为短肽片段，然后与细胞表面的主要组织相容性复合体（MHC）结合，形成 MHC—抗原肽复合物。该复合物被 T 淋巴细胞表面的 T 细胞受体（TCR）识别，激活 T 淋巴细胞，进而激活 B 淋巴细胞。B 淋巴细胞在 T 淋巴细胞辅助下，分化为浆细胞，产生针对该过敏原的特异性 IgE 抗体。IgE 抗体通过其 Fc 段与肥大细胞和嗜碱性粒细胞表面的 FcεRI 受体高亲和力结合，使机体处于致敏状态，这个过程通常需要数天到数周。

②再次接触。当相同的过敏原蛋白再次进入人体，会迅速与致敏肥大细胞和嗜碱性粒细胞表面的 IgE 抗体结合，形成"桥联"结构，激活细胞内的信号传导通路。这会导致细胞内钙离子浓度升高，促使细胞脱颗粒，释放出组胺、白三烯、前列腺素等生物活性介质。组胺可使血管扩张、通透性增加，引起皮肤瘙痒、红肿；作用于呼吸道平滑肌，导致支气管收缩，引发咳嗽、喘息；作用于鼻黏膜，造成鼻

塞、流涕。白三烯的致炎作用比组胺更强，会加重呼吸道炎症和过敏症状。这些介质的释放几乎在接触过敏原后数分钟内即可发生，引发速发型过敏反应。

（3）检测方法

①皮肤点刺试验。将常见的数十种过敏原蛋白提取液（如花粉、尘螨、食物等）按一定顺序滴在患者前臂内侧或背部皮肤上，然后用特制的点刺针垂直刺入皮肤，深度为 1~2mm，使过敏原进入皮肤浅层。15~20min 后观察结果，若皮肤出现直径大于 3mm 的风团和红晕，且风团直径比对照液（通常为生理盐水）所致风团大 3mm 以上，判定为阳性，提示对该过敏原过敏。该方法操作简便、快速，成本较低，是临床上常用的过敏原筛查方法之一。

②血清特异性 IgE 检测。采集患者静脉血 3~5mL，采用酶联免疫吸附试验、化学发光免疫分析等技术，测定血清中针对各种过敏原蛋白的特异性 IgE 抗体水平。以 IU/mL 为单位，根据检测结果将过敏程度分为 0~6 级，0 级表示无过敏，1~6 级过敏程度逐渐加重。该方法不受皮肤状态、药物等因素影响，适用于不能进行皮肤点刺试验的患者，如皮肤有广泛皮疹、正在服用抗组胺药物的患者。

③斑贴试验。主要用于检测接触性过敏原。将含有常见接触性过敏原蛋白的试剂（如金属镍、化妆品成分等）固定在特制的斑试器中，贴敷在患者背部或上臂皮肤，用胶布固定，保持 48h。48h 后去除斑试器，30min 后观察皮肤反应，72h 再次观察结果。若皮肤出现红斑、丘疹、水疱等反应，判定为阳性，提示对该过敏原过敏。该方法对于诊断化妆品过敏、金属过敏等接触性皮炎具有重要意义。

3.4.2　抗营养因子

在了解食物对人体的影响时，除需关注过敏原蛋白外，抗营养因子也是一个重要的方面。抗营养因子与过敏原蛋白有所不同，过敏原蛋白主要引发人体免疫系统的异常反应，而抗营养因子则主要干扰人体对营养物质的吸收和利用。

（1）常见类型

①蛋白酶抑制剂。广泛存在于豆类、谷物等食物中。例如，大豆中的胰蛋白酶抑制剂，它能够与胰蛋白酶结合，使其活性受到抑制。胰蛋白酶在蛋白质消化过程中起着关键作用，它能将蛋白质分解为小分子肽和氨基酸，便于人体吸收。当胰蛋白酶被抑制后，蛋白质的消化率降低，进而影响人体对蛋白质的利用。

②植酸。在谷类、豆类种子的外层含量丰富。植酸具有很强的络合能力，它可以与钙、铁、锌等多种金属离子结合，形成难溶性的复合物。这些复合物难以被人体肠道吸收，导致人体对这些矿物质的利用率下降。例如，长期大量食用未经处理的全谷物，可能会因植酸的影响而导致钙、铁缺乏。

③凝集素。凝集素是一类能够特异性结合糖类的蛋白质，广泛存在于植物种子、豆类以及一些微生物中。凝集素与肠道上皮细胞表面的糖类受体结合，干扰营

养物质的消化和吸收，影响动物的生长性能和健康。例如，大豆凝集素可与小肠黏膜上皮细胞表面的糖蛋白结合，破坏肠道黏膜的完整性，导致肠道通透性增加，引发炎症反应，降低动物对营养物质的利用率。常见于豆类、谷物以及一些蔬菜中，如大豆凝集素、小麦凝集素等。此外，凝集素还可能引发肠道免疫反应，对肠道健康产生不良影响。

④单宁。一些植物中的多酚类物质（如单宁）也具有抗营养作用，它们能够与蛋白质、碳水化合物等营养成分结合，形成难以消化的复合物，降低食物的营养价值。主要存在于高粱、茶叶、柿子等植物中。单宁具有苦涩味，会影响食物的口感和风味。同时，单宁能与蛋白质、碳水化合物等营养物质结合，形成难以消化的复合物，降低这些营养物质的消化率。在高粱中，单宁的存在会使蛋白质的消化率降低10%~20%。

（2）作用机制

①抑制酶活性。像蛋白酶抑制剂这类抗营养因子，通过与消化酶结合，改变酶的空间构象，使其活性中心被遮蔽或破坏，从而抑制酶的催化作用。除了胰蛋白酶抑制剂，还有 α-淀粉酶抑制剂，它能抑制 α-淀粉酶对淀粉的水解，影响碳水化合物的消化吸收。

②络合营养物质。植酸、单宁等抗营养因子通过与矿物质、蛋白质等营养物质发生络合反应，降低营养物质的溶解性和生物利用率。植酸与钙结合形成的植酸钙，在肠道内难以溶解，阻碍了钙的吸收；单宁与蛋白质结合形成的复合物，不仅难以被消化，还可能影响蛋白质的功能。

③破坏肠道结构和功能。凝集素与肠道上皮细胞表面的受体结合后，会导致细胞形态和功能改变，破坏肠道黏膜的完整性和屏障功能。这不仅影响营养物质的吸收，还可能使肠道通透性增加，引发肠道炎症反应，进一步影响人体健康。

（3）去除或降低抗营养因子的方法

①加热处理。加热可以使蛋白酶抑制剂、凝集素等抗营养因子变性失活。例如，大豆经充分煮熟后，胰蛋白酶抑制剂的活性可降低85%以上，大大提高了大豆蛋白质的消化率。但加热时间和温度要控制得当，过度加热可能会导致营养物质的损失。

②发酵。发酵过程中，微生物会分泌一些酶类，如植酸酶、蛋白酶等，这些酶可以分解抗营养因子。例如，豆类发酵制成豆豉、腐乳等食品后，植酸含量明显降低，矿物质的生物利用率提高。

③浸泡和水浸提。将谷物、豆类等原料浸泡在水中，部分抗营养因子会溶解在水中被去除。例如，将高粱浸泡后，单宁含量可降低30%~50%，改善了高粱的口感和营养品质。

3.4.3 毒素蛋白

毒素蛋白与前面提到的抗营养因子和过敏原蛋白都不同，它对生物体的危害更直接且严重，可直接导致机体出现中毒症状甚至危及生命。

（1）常见来源

①细菌。肉毒杆菌产生的肉毒毒素是已知毒性最强的天然毒素之一，它是一种神经毒素。肉毒杆菌在厌氧环境中生长繁殖时释放该毒素，常见于被污染的罐头食品、发酵豆制品等。少量的肉毒毒素就能抑制神经肌肉接头处乙酰胆碱的释放，导致肌肉松弛性麻痹，严重时可因呼吸肌麻痹而死亡。

②真菌。黄曲霉产生的黄曲霉毒素 B_1 是毒性和致癌性极强的毒素蛋白。在高温高湿环境下，黄曲霉易污染花生、玉米、大米等谷物。黄曲霉毒素 B_1 进入人体后，经肝脏代谢转化为具有活性的环氧化物，可与 DNA、RNA 和蛋白质等生物大分子结合，造成细胞损伤和基因突变，长期摄入会增加肝癌等癌症的发病风险。

③植物。蓖麻中的蓖麻毒素毒性剧烈，它由 A、B 两条链组成。B 链能与细胞表面的半乳糖残基结合，协助 A 链进入细胞。A 链可作用于核糖体，抑制蛋白质合成，导致细胞死亡。误食蓖麻籽会引发中毒，初期表现为恶心、呕吐、腹痛、腹泻等胃肠道症状，严重时可出现脱水、休克、脏器功能衰竭。

④动物。毒蛇的毒液中含有多种毒素蛋白，如神经毒素和血循毒素。以眼镜蛇毒液为例，神经毒素可阻断神经冲动的传递，使呼吸肌麻痹；血循毒素则破坏血管内皮细胞和血细胞，导致出血、溶血、凝血功能障碍等，被咬伤者若不及时救治，会迅速危及生命。

（2）中毒机制

①抑制生物大分子合成。像蓖麻毒素、白喉毒素等，它们作用于细胞内的核糖体或相关合成酶系，干扰蛋白质、DNA 或 RNA 的合成过程。白喉毒素由白喉杆菌产生，它进入细胞后，可使延伸因子 2 发生 ADP-核糖基化修饰，从而抑制蛋白质的合成，导致细胞代谢紊乱和死亡。

②破坏细胞膜结构和功能。某些毒素蛋白如溶血毒素，能与细胞膜上的脂质或蛋白质结合，形成孔道或破坏细胞膜的完整性。蜂毒中的磷脂酶 A_2 可水解细胞膜上的磷脂，使细胞膜溶解，导致细胞内容物泄漏，引发炎症反应和组织损伤。

③干扰神经传导。神经毒素如肉毒毒素、河鲀毒素等，通过作用于神经细胞膜上的离子通道或神经递质的释放、传递过程，干扰神经冲动的正常传导。河豚毒素主要作用于神经细胞膜上的钠离子通道，阻断钠离子内流，使神经冲动无法产生和传导，导致肌肉麻痹和呼吸抑制。

（3）检测方法

①免疫学检测。酶联免疫吸附试验是常用的方法，利用抗原抗体特异性结合的原理，将毒素蛋白作为抗原，制备相应的抗体。将抗体固定在酶标板上，加入待检测样品，若样品中含有毒素蛋白，就会与抗体结合，再加入酶标记的二抗和底物，通过检测底物显色的深浅来定量分析毒素蛋白的含量。该方法灵敏度高、特异性

强、操作简便，可用于食品、生物样品中毒素蛋白的快速筛查。

②生物传感器检测。基于生物识别元件与毒素蛋白之间的特异性相互作用，将生物识别元件（如抗体、核酸适配体等）固定在传感器表面，当毒素蛋白与生物识别元件结合时，会引起传感器的物理或化学信号变化，如电化学信号、光学信号等，通过检测这些信号的变化来实现对毒素蛋白的检测。生物传感器具有检测速度快、灵敏度高、可实时监测等优点。

③质谱检测。将样品中的毒素蛋白进行分离和纯化后，通过质谱仪分析其分子质量、碎片离子等信息，与已知毒素蛋白的质谱数据库进行比对，从而确定毒素蛋白的种类和含量。质谱检测具有高分辨率、高准确性的特点，可用于复杂样品中多种毒素蛋白的定性和定量分析，但设备昂贵，操作复杂。

（4）预防与应对措施

①严格的食品监管。对于可能被毒素蛋白污染的食品，如谷物、肉类、豆制品等，要加强源头监管，控制生产环境的卫生条件，严格检测原料和成品中的毒素蛋白含量。建立完善的食品安全追溯体系，一旦发现问题食品，能够迅速召回和处理。

②正确的加工处理。对于一些已知含有毒素蛋白的食物，如豆类（部分豆类含凝集素等毒素蛋白前体），要进行充分的加热煮熟，破坏毒素蛋白的结构，降低其毒性。在食用野生植物、菌类时，要确保其无毒，避免误食含有毒素蛋白的种类。

③中毒后的急救措施。一旦发生毒素蛋白中毒，应立即采取催吐、洗胃等措施，减少毒素的吸收。同时，尽快送往医院，根据毒素蛋白的类型和中毒症状，给予相应的解毒剂和对症治疗。例如，对于肉毒毒素中毒，可使用肉毒抗毒素进行中和治疗；对于蛇毒中毒，及时注射相应的抗蛇毒血清是关键。

第4章 蛋白质的功能性质

蛋白质的功能性质是指食品体系在加工、贮藏、制备和消费过程中蛋白质产生食品需要特征的物理化学性质。如蛋白质的胶凝作用、溶解性、界面特性、组织形成性等在食品中起着至关重要的作用。蛋白质的功能性质大多数影响着食品的感官品质，如质地、风味、色泽和外观等；同时也能对食品及其组分在制备、加工、储存和销售过程中的物理特性起主要作用。表 4-1 和表 4-2 分别列出了蛋白质在食品中的功能作用和不同食品对蛋白质功能特性的要求。

表 4-1 蛋白质在食品中的功能作用

功能	作用机制	食品	蛋白质类型
溶解性	亲水性	饮料	乳清蛋白
黏度	持水性，流体动力学的大小和形状	汤，调味汁，甜食	明胶
持水性	氢键，离子水合	肉，香肠，蛋糕，面包	肌肉蛋白，鸡蛋蛋白
胶凝作用	水的结合和不流动性，网络的形成	肉，凝胶，蛋糕，焙烤食品和奶酪	肌肉蛋白，鸡蛋蛋白，牛奶蛋白
黏结-黏合	疏水作用，离子键和氢键	肉，香肠，面条，焙烤食品	肌肉蛋白，鸡蛋蛋白，乳清蛋白
弹性	疏水键，二硫键	肉和面包	肌肉蛋白，谷物蛋白
乳化	界面吸附和膜的形成	香肠，大红肠，汤，蛋糕，甜食	肌肉蛋白，鸡蛋蛋白，乳清蛋白
泡沫	界面吸附和膜的形成	冰激凌，蛋糕，甜食	鸡蛋蛋白，乳清蛋白
脂肪和风味的结合	疏水键，截留	低脂肪焙烤食品，油炸面圈	牛奶蛋白，鸡蛋蛋白，谷物蛋白

表 4-2 不同食品对蛋白质功能特性的要求

食品	功能性质
饮料	不同 pH 时的溶解性、热稳定性、黏度
汤、调味料	黏度，乳化作用，持水性

食品	功能性质
面团焙烤产品（面包、蛋糕等）	成型和形成黏弹性膜，内聚力，热变性和胶凝作用，乳化作用，吸水作用，发泡，褐变
乳制品（干酪、冰激凌、甜点等）	乳化作用，对脂肪的保留，黏度，发泡，胶凝作用，凝结作用
鸡蛋	发泡，胶凝作用
肉制品（香肠等）	乳化作用，胶凝作用，内聚力，对水和脂肪的吸收和保持
肉代用品（组织化植物蛋白）	对水和脂肪的吸收和保持，不溶性、硬度、咀嚼性、内聚力、热变性
食品涂膜	内聚力，黏合
糖果制品（牛乳巧克力等）	分散性，乳化作用

根据蛋白质所具有的功能特性，可以将食品蛋白质的功能性质分为三大类：

①水合性质。取决于蛋白质同水分子之间的相互作用，包括水的吸附与保留、湿润性、膨胀性、黏合、分散性、溶解性等。

②与蛋白质分子之间相互作用有关的性质。如沉淀、胶凝作用、组织化、面团的形成等。

③蛋白质的界面性质。涉及蛋白质在两相之间所产生的作用，主要有蛋白质的起泡和乳化特性。

蛋白质的功能性质是由许多相关因素共同作用产生的结果，蛋白质分子本身的大小、形状、氨基酸组成与顺序、净电荷和电荷分布、空间构象、疏水性和亲水性之比、分子内和分子间的相互作用、分子柔性和刚性，以及外部因素如 pH、温度、离子强度与食品中其他成分（糖类、肽类、盐等）相互作用的影响等均会导致蛋白质结构的改变，进而改变蛋白质的功能性质，且这些性质并非相互独立、完全不同的，其间存在相互联系。例如，蛋白质的胶凝作用不仅涉及蛋白质分子之间的相互作用（形成空间三维网络结构），同时又涉及蛋白质分子同水分子之间的作用（水的保留）；黏度、溶解度均同时涉及蛋白质分子之间的作用和蛋白质分子与水分子之间的作用。

4.1　物理功能特性

蛋白质的物理功能特性是由其分子结构、氨基酸组成及其相互作用共同决定的。在食品科学领域，蛋白质的物理功能特性在食品体系中占据着举足轻重的地位，其对食品品质、加工性能以及货架期的影响极为深远。这些特性并非孤立存在，而是紧密依赖于蛋白质复杂的分子结构、独特的氨基酸组成，以及它们之间纷繁复杂的相互作用。

蛋白质的分子结构是其物理功能特性的基础。从一级结构来看，氨基酸通过肽键连接形成线性序列，这一序列直接决定了蛋白质后续的折叠方式和高级结构的形成。不同的氨基酸排列顺序赋予了蛋白质初始的化学和物理性质。而二级结构，如 α-螺旋、β-折叠和无规卷曲等，进一步塑造了蛋白质的局部空间构象，这些结构单元之间通过氢键等弱相互作用得以稳定。三级结构则是在二级结构的基础上，通过各种非共价键以及二硫键等相互作用，使得多肽链进一步折叠形成具有特定三维形状的球状或纤维状结构，这一结构直接决定了蛋白质在食品体系中的许多物理行为，例如溶解性、持水性等。四级结构则是由多个亚基通过非共价相互作用组装而成，这种复杂的结构赋予了蛋白质更为多样化的功能特性。

氨基酸组成对蛋白质物理功能特性的影响同样不可忽视。不同氨基酸具有不同的侧链基团，这些基团的化学性质和空间结构差异显著。例如，极性氨基酸使得蛋白质分子表面具有亲水性，从而有利于蛋白质在水溶液中的溶解；而非极性氨基酸则倾向于聚集在蛋白质分子内部，形成疏水核心，维持蛋白质的结构稳定性。此外，一些特殊氨基酸，如含有巯基的半胱氨酸，能够通过形成二硫键参与蛋白质的交联，改变蛋白质的结构和功能特性，进而影响食品的质地和加工性能。

蛋白质分子间以及与其他食品成分间的相互作用，是决定蛋白质物理功能特性在食品体系中表现的关键因素。蛋白质分子间通过静电相互作用、氢键、疏水相互作用以及范德瓦耳斯力等形成复杂的网络结构，这一结构直接影响着食品的流变学性质，如黏度、弹性和凝胶特性等。在食品加工过程中，这些相互作用会随着温度、pH、离子强度等条件的变化而发生改变，从而对食品的加工性能产生显著影响。例如，在加热过程中，蛋白质分子的结构发生变性，分子间的相互作用重新调整，可能导致蛋白质的聚集、凝胶化或沉淀等现象，这些变化直接关系到食品的质地、口感和外观品质。同时，蛋白质与其他食品成分，如碳水化合物、脂质等之间的相互作用，也会影响食品的整体品质和货架期。例如，蛋白质与碳水化合物之间通过美拉德反应形成的共价复合物，不仅影响食品的色泽、风味，还可能改变蛋白质的功能特性和食品的稳定性。

4.1.1　溶解性

蛋白质的溶解性指的是在一定条件下，蛋白质分子均匀分散于溶剂（通常为水）中的能力，常用蛋白质分散指数（protein dispersibility index，PDI）等指标衡量。其溶解过程涉及蛋白质分子与水分子间的相互作用。当蛋白质分子表面的亲水基团（如氨基、羧基、羟基等）与水分子形成氢键，同时疏水基团因疏水相互作用被包裹于分子内部时，蛋白质可溶解于水。

影响蛋白质溶解性的因素众多，包括 pH、温度、离子强度等。在等电点时，蛋白质分子净电荷为零，分子间静电排斥力最小，溶解度最低；偏离等电点，蛋白质所带电荷增加，溶解度上升。适度升高温度可增强蛋白质分子热运动，促进其溶解，但高温会使蛋白质变性，导致溶解度下降。比如在制作酸奶时，牛奶中的酪蛋白在发酵过程中，由于 pH 的改变，酪蛋白的溶解性发生变化，进而形成凝胶状结构，赋予酸奶独特的质地。

在食品工业中，蛋白质的溶解性至关重要。例如在蛋白粉的生产中，良好的溶解性确保其能快速溶解于水，方便消费者冲调饮用；在饮料加工中，蛋白质的溶解特性影响产品的澄清度与稳定性。如果饮料中的蛋白质溶解性不佳，可能会出现沉淀、分层等现象，严重影响产品的品质和消费者的接受度。

4.1.2　持水性

持水性是指蛋白质保持水分的能力，它反映了蛋白质与水之间的结合强度。蛋白质分子中的极性基团可通过氢键与水分子结合，形成水化层，从而将水分固定在蛋白质结构内部或表面。这种结合并非简单的物理吸附，而是有着较为复杂的分子间相互作用机制。蛋白质的持水性受多种因素影响，如蛋白质的种类、结构、pH、离子强度以及温度等。

不同种类的蛋白质，由于其氨基酸组成和排列顺序的差异，持水性也有所不同。一般来说，结构疏松、富含亲水性氨基酸残基的蛋白质持水性较好。例如，大豆蛋白相较于一些动物蛋白，具有较为疏松的结构，其内部存在较多可供水分子结合的位点，且亲水性氨基酸含量相对较高，所以大豆蛋白在适当条件下能够结合大量水分。

从结构角度来看，蛋白质的三级结构和四级结构对持水性有着重要影响。具有开放、伸展结构的蛋白质，能够为水分子提供更多的结合空间，而紧密折叠的结构则会限制水分的进入。

pH 对蛋白质持水性的影响源于其对蛋白质分子电荷分布的改变。当 pH 偏离蛋白质的等电点时，蛋白质分子所带电荷增加，分子间的静电排斥作用增强，使得蛋白质结构更加舒展，暴露出更多的极性基团，从而有利于与水分子结合，提高持水性；反之，在等电点时，蛋白质分子电荷较少，结构相对紧凑，持水性降低。

离子强度同样会对蛋白质持水性产生作用。低离子强度下，适量的离子可以与蛋白质分子表面的电荷相互作用，稳定蛋白质的结构，有助于维持其持水性；而在高离子强度时，过多的离子会与水分子竞争蛋白质表面的结合位点，导致蛋白质的持水性下降。

温度的影响则较为复杂，在一定范围内升高温度，能够增加蛋白质分子的热运动，使蛋白质结构变得松散，有利于水分子的进入，提高持水性；但当温度过高时，蛋白质会发生变性，其空间结构被破坏，原有的结合水分的能力丧失，持水性显著降低。

在肉制品加工中，持水性起着关键作用。肌肉蛋白的持水性决定了肉品的嫩度、多汁性和出品率。如果肌肉蛋白持水性良好，肉品在烹饪和储存过程中就能保留更多的水分，从而保持鲜嫩多汁的口感，同时出品率也能得到保证，减少因水分流失造成的重量损失。通过添加磷酸盐等物质调节 pH，可提高肌肉蛋白的持水性。磷酸盐在溶液中会解离出磷酸根离子，这些离子能够与蛋白质分子相互作用，改变蛋白质的电荷分布和结构，使蛋白质结构更加松散，从而增加对水分的结合能力，使肉制品在加工和储存过程中减少水分流失，保持良好的口感和品质。

4.1.3　黏度

蛋白质溶液的黏度是衡量其流动阻力的物理量，体现了蛋白质分子间以及蛋白质与溶剂分子间的相互作用。当蛋白质分子在溶液中相互缠绕、形成网络结构时，会阻碍分子的自由流动，导致溶液黏度增加。这种网络结构的形成，既依赖于蛋白质分子自身的特性，也与周围环境因素密切相关。黏度受到蛋白质浓度、分子大小、形状以及溶液温度、pH 和离子强度等因素的影响。

随着蛋白质浓度的升高，单位体积内蛋白质分子数量增多，分子间相互碰撞和作用的概率增大，使它们更容易相互缠绕并形成更为复杂的网络结构，从而显著增大溶液的黏度。

蛋白质分子的大小和形状也对黏度有着重要影响，分子形状不对称、体积较大的蛋白质，在溶液中占据更大的空间，并且由于其不规则的外形，更容易与周围分子发生相互作用，阻碍分子的流动，因此其溶液黏度相对较高。例如，纤维状蛋白质由于其细长的结构，在溶液中更易相互交织，相较于球状蛋白质，能产生更高的黏度。

溶液的温度对蛋白质溶液黏度的影响较为复杂。一般来说，温度升高时，分子热运动加剧，蛋白质分子间的相互作用减弱，分子的流动性增强，溶液黏度降低；但在某些情况下，温度的变化可能会导致蛋白质结构的改变，如变性等，这可能会使蛋白质分子聚集或形成新的网络结构，反而导致黏度升高。

pH 是通过改变蛋白质分子的电荷状态，影响分子间的静电相互作用，进而改变蛋白质的构象和聚集状态，对黏度产生影响。在等电点附近，蛋白质分子电荷较少，分子间静电排斥力减弱，容易聚集，导致黏度增加；偏离等电点时，蛋白质分子电荷增加，静电排斥作用增强，分子更为分散，黏度可能降低。

离子强度同样会干扰蛋白质分子间的静电相互作用，低离子强度时，适量的离子可以屏蔽蛋白质分子表面的电荷，减弱静电排斥，使蛋白质分子更易相互靠近和作用，可能导致黏度上升；而高离子强度下，过多的离子会破坏蛋白质分子间的相互作用，使蛋白质结构发生改变，黏度下降。

在食品加工中，蛋白质溶液的黏度影响着产品的加工性能和口感。例如，在酸奶生产中，蛋白质的黏度决定了酸奶的质地和稠度。适宜的黏度能赋予酸奶细腻、滑润的口感，同时保证其在储存和运输过程中的稳定性；若黏度过低，酸奶可能会出现分层、稀薄等现象，影响产品品质和消费者体验；黏度过高则会使酸奶质地过于浓稠，不易搅拌和饮用。在酱料制备过程中，通过调节蛋白质的含量和性质来控制酱料的黏度，以满足不同的使用需求。如用于涂抹的酱料需要具有适中的黏度，既能方便涂抹在面包等食物上，又不会由于过于稀薄而流淌；而用于烹饪的酱料则可能需要根据具体烹饪方式和菜品要求，调整其黏度，以确保在烹饪过程中能均匀附着在食材上，发挥其调味和增色的作用。

4.1.4　流变特性

流变特性描述了蛋白质在受力作用下的变形和流动行为，包括弹性、黏性和塑性等方面。这一特性是蛋白质在食品体系中展现出多样功能的重要基础，其本质上取决于蛋白质分子结构、聚集状态以及与其他成分的相互作用。

从分子结构层面来看，蛋白质的一级结构决定了其基本的化学组成，而二级、三级乃至四级结构则进一步塑造了蛋白质的空间构象。例如，具有紧密折叠三级结构的球状蛋白质，在受力时可能凭借其相对稳定的结构首先表现出弹性行为，就像弹簧一样，在低应力下发生可逆的形变，当外力撤销后能够恢复到初始状态。这是因为在低应力条件下，蛋白质分子内部的非共价相互作用，如氢键、疏水相互作用等，能够维持分子结构的相对稳定，从而产生弹性回复力。然而，随着应力的逐渐增加，蛋白质分子间的相互作用开始被破坏，分子间的相对滑动和重排变得更加容易，黏性逐渐显现，此时蛋白质产生不可逆的流动。

蛋白质的聚集状态也对其流变特性有着显著影响。当蛋白质分子形成高度有序的聚集结构，如在某些蛋白质凝胶中，分子间通过强相互作用形成三维网络，这种结构赋予了蛋白质体系较高的弹性和一定的强度。在受到外力作用时，凝胶网络能够发生一定程度的形变，但由于分子间相互作用的存在，仍能保持整体的结构完整性，表现出类似固体的弹性行为。而当蛋白质处于较为分散的状态，如在低浓度的蛋白质溶液中，分子间相互作用较弱，此时主要表现出黏性流体的特征，受力时容易发生流动。

此外，蛋白质与其他食品成分的相互作用也会改变其流变特性。在面团的揉制过程中，面筋蛋白与淀粉等成分相互作用，形成了复杂的网络结构。面筋蛋白分子中的麦谷蛋白和麦醇溶蛋白通过二硫键和其他非共价相互作用交联，赋予面团独特的流变特性。这种网络结构使得面团具有良好的延展性和韧性，便于加工成型。在揉面过程中，面团能够在外力作用下发生变形，但又不会轻易断裂，这正是蛋白质流变特性在食品加工中的典型体现。

在果冻等凝胶类食品中，蛋白质凝胶的流变特性决定了产品的质地、口感和稳定性。合适的流变特性使得果冻具有爽滑的口感，既能保持一定的形状，又能在受力时发生适度的变形。如果蛋白质凝胶的弹性过强，果冻可能会过于硬实，口感不佳；而如果黏性过大，果冻则可能会出现不成形、易流动的问题，影响产品的稳定性和消费者的接受度。

4.1.5　热稳定性

热稳定性是指蛋白质在受热条件下保持其结构和功能的能力。蛋白质分子内部的非共价键，包括氢键、疏水相互作用和范德瓦耳斯力，以及共价键如二硫键，共同维系着蛋白质的稳定结构。正常情况下，这些化学键相互协作，维持蛋白质特定的三维构象，确保其发挥正常的生理功能。然而，当蛋白质受到温度升高的影响时，分子热运动加剧，这些维系结构的化学键逐渐受到破坏。首先，较弱的非共价键，如氢键和范德瓦耳斯力，会在相对较低的温度下开始断裂，使得蛋白质分子的局部结构发生改变。随着温度进一步升高，二硫键等共价键也可能被破坏，导致蛋白质分子的整体结构发生剧烈变化，即发生变性。蛋白质变性后，其物理和化学性质会发生显著改变，例如溶解度下降、生物活性丧失、黏度变化等。

热稳定性受到多种因素的综合影响。从蛋白质自身角度来看，氨基酸组成起着关键作用。富含脯氨酸、甘氨酸等特殊氨基酸的蛋白质，其热稳定性可能相对较高，因为这些氨基酸的结构特点有助于维持蛋白质的螺旋或折叠结构的稳定性。蛋白质的二级和三级结构也至关重要，具有紧密、规则折叠结构的蛋白质，通常比结构松散的蛋白质更能抵抗热变性。分子内二硫键的数量同样影响热稳定性，更多的二硫键可以在蛋白质分子内形成更紧密的交联结构，增强蛋白质对热的耐受性。

环境因素对蛋白质热稳定性的影响也不容忽视。pH 通过改变蛋白质分子的电荷分布，影响分子间的静电相互作用，从而改变蛋白质的稳定性。在某些 pH 条件下，蛋白质分子可能处于更稳定的状态，其热稳定性相应提高；而在 pH 不适宜的环境中，蛋白质分子的结构可能变得脆弱，更容易受热变性。水分含量对蛋白质热稳定性也有显著影响，适量的水分可以作为蛋白质分子运动的介质，在一定程度上有助于维持蛋白质的结构稳定性；但过高的水分含量可能会加速热传递，促进蛋白质变性。离子强度同样会干扰蛋白质分子间的相互作用，某些离子可以与蛋白质分子结合，稳定其结构，提高热稳定性；而另一些离子则可能破坏蛋白质的结构，降低其热稳定性。

在食品加工中，热稳定性是一个关键因素。例如，在烘焙食品中，面粉中的蛋白质，如面筋蛋白，需要在高温烘焙过程中保持一定的结构和功能。在面团发酵和烘焙初期，面筋蛋白形成的网络结构能够捕捉发酵产生的气体，使面团膨胀；在高温烘焙阶段，面筋蛋白虽然会发生一定程度的变性，但仍需保持足够的结构稳定性，以形成稳定的网络结构，支撑食品的形状，赋予烘焙食品良好的质地和口感。如果面筋蛋白热稳定性不足，在烘焙过程中过早过度变性，可能导致面团塌陷，无法形成理想的蓬松结构。

在罐头食品的杀菌过程中，蛋白质的热稳定性决定了食品在高温处理后的品质和营养价值。罐头食品通常需要经过高温高压杀菌，以杀灭微生物，延长保质期。在这一过程中，食品中的蛋白质不可避免地会受到高温影响。如果蛋白质热稳定性较好，在杀菌后仍能保持一定的结构和功能，食品就能保留较好的口感、质地和营养价值；反之，蛋白质过度变性可能导致食品质地变差、营养成分流失，甚至产生不良风味。例如，肉类罐头中的肌肉蛋白在高温杀菌后，若能保持较好的热稳定性，就能维持肉品鲜嫩多汁的口感；而如果肌肉蛋白热稳定性差，过度变性后会使肉品变得干硬，失去原有的品质。

4.1.6　胶凝能力

胶凝能力是指蛋白质在一定条件下形成三维网络结构，并将液体固定其中形成凝胶的能力。蛋白质的胶凝过程是一个复杂的物理化学变化过程，通常涉及蛋白质分子的变性、聚集和交联。在加热、调节 pH、添加盐类或酶处理等条件刺激下，原本折叠紧密的蛋白质分子开始展开，分子构象发生改变，内部的疏水基团和具有反应活性的基团得以暴露。疏水基团的暴露促使蛋白质分子间通过疏水相互作用相互靠近聚集，而反应性基团则参与分子间的交联反应，如二硫键的形成或其他共价键的连接，进一步增强分子间的相互作用，从而形成有序的聚集结构。随着这些过程的不断进行，蛋白质分子逐渐连接形成三维网络，将大量的液体固定在网络空隙中，最终形成具有一定形状和强度的凝胶。

不同蛋白质的胶凝能力存在显著差异。例如明胶，它是一种由动物胶原蛋白水解得到的蛋白质，具有独特的氨基酸组成和分子结构，使得其在较低浓度下就能形成坚固且透明的凝胶。明胶分子中的氨基酸序列含有较多的甘氨酸、脯氨酸和羟脯氨酸，这些氨基酸有助于形成稳定的螺旋结构，并且在冷却过程中，明胶分子间通过氢键和范德瓦耳斯力相互作用，形成紧密的三维网络，从而表现出很强的胶凝能力。酪蛋白也是一种胶凝能力较强的蛋白质，它存在于牛奶中，在酸性条件下，酪蛋白分子会发生聚集和交联，形成凝胶状结构，这一特性在酸奶和奶酪的制作过程中起着关键作用。

4.1.7　颗粒形态与分散性

蛋白质的颗粒形态与分散性描述了蛋白质在溶液或食品体系中以颗粒形式存在时的大小、形状以及均匀分散的程度。蛋白质的颗粒形态受到其来源、制备方法以及加工条件的影响。例如，通过喷雾干燥制备的蛋白质粉，其颗粒形态呈球形，且大小相对均匀；而通过沉淀法制备的蛋白质，颗粒形状可能不规则。分散性则取决于蛋白质分子与周围介质的相互作用以及颗粒之间的相互作用力。良好的分散性意味着蛋白质颗粒能够均匀地分布在体系中，不发生聚集和沉降。

蛋白质的颗粒形态并非一成不变，而是显著受到其来源的制约。不同来源的蛋白质，如植物源（大豆蛋白、小麦蛋白等）与动物源（乳蛋白、肉蛋白等），由于自身结构和组成的差异，天然具备不同的原始形态特征。制备方法在塑造蛋白质颗粒形态方面扮演着决定性角色。以喷雾干燥制备蛋白质粉为例，在这一过程中，蛋白质溶液经雾化后在热空气流中迅速蒸发水分，促使蛋白质分子聚集并形成球形颗粒，且由于工艺的相对均一性，颗粒大小较为均匀。相比之下，沉淀法制备蛋白质时，沉淀条件（如 pH、离子强度等）的复杂性使蛋白质颗粒的聚集方式难以精确控制，导致颗粒形状往往不规则，可能呈现出块状、片状或多面体等多样化形态。此外，加工条件如温度、压力和搅拌速度等，也会对颗粒形态产生二次影响，高温或高剪切力可能导致颗粒的破碎、融合或变形。

分散性作为蛋白质另一重要性质，本质上取决于蛋白质分子与周围介质（如水、油或其他溶剂）的相互作用，以及颗粒之间的相互作用力。蛋白质分子表面的电荷分布、亲疏水性和空间结构决定了其与周围介质的亲和程度。当蛋白质分子与介质间存在较强的吸引力时，有利于蛋白质在介质中均匀分散；反之，若颗粒之间的吸引力（如范德瓦耳斯力、氢键等）过强，就容易导致颗粒聚集沉降。良好的分散性对于食品体系至关重要，它意味着蛋白质颗粒能够均匀地分布在整个体系中，不发生聚集和沉降现象。这不仅有助于维持食品的均一外观，还能保证口感的细腻与稳定性。在乳制品中，乳蛋白的颗粒形态和分散性直接影响着牛奶的均匀度和稳定性。若乳蛋白颗粒分散不佳，牛奶可能出现分层现象，严重影响产品品质；在饮料中，蛋白质颗粒的分散性更是决定了产品的澄清度和货架期，分散性差的蛋白质颗粒会使饮料产生浑浊甚至沉淀，缩短产品的货架寿命。

4.1.8　吸附与解吸特性

蛋白质的吸附与解吸特性是指蛋白质分子在界面上（如气—液界面、固—液界面）吸附其他物质的能力，以及在一定条件下从界面上解吸的过程。蛋白质分子的表面具有不同的电荷分布和化学基团，使其能够与其他物质通过静电引力、氢键、疏水相互作用等方式发生吸附。吸附过程不仅取决于蛋白质和被吸附物质的性质，还受到环境因素（如 pH、温度、离子强度等）的影响。

蛋白质分子的表面犹如一个复杂的化学平台，具有独特的电荷分布和丰富的化学基团，如氨基、羧基、羟基等。这些化学基团和电荷分布使得蛋白质能够与其他物质通过多种作用力发生吸附。静电引力是常见的吸附作用力之一，当蛋白质分子表面电荷与被吸附物质表面电荷相反时，会产生静电吸引，促使两者结合；氢键则是通过蛋白质分子与被吸附物质之间共享氢原子而形成的弱相互作用，它在维持吸附稳定性方面发挥着重要作用；疏水相互作用是基于蛋白质分子表面的疏水区域与被吸附物质的疏水部分相互靠近，以减少与周围极性溶剂的接触面积，从而在非极性环境中增强吸附效果。

吸附过程是一个复杂的动态平衡，不仅取决于蛋白质和被吸附物质的固有性质，还受到诸多环境因素的显著影响。pH 的变化会改变蛋白质分子表面的电荷状态，进而影响其与带相反电荷物质的静电吸附能力。例如，在酸性条件下，蛋白质分子表面的氨基质子化，使其带正电荷，更易吸附带负电荷的物质；而在碱性条件下，羧基解离，蛋白质带负电荷，吸附对象则转变为带正电荷的物质。温度的升高一般会增加分子的热运动，在一定范围内可能促进吸附过程，但过高的温度可能导致蛋白质分子结构变性，破坏吸附位点，反而降低吸附能力。离子强度的改变会影响溶液中离子的浓度和分布，从而屏蔽或增强蛋白质与被吸附物质之间的静电作用，对吸附产生促进或抑制效果。

在食品加工领域，蛋白质的吸附与解吸特性展现出广泛且重要的应用价值。在烘焙食品制作过程中，蛋白质凭借其吸附特性能够有效捕获风味物质。在面团发酵和烘焙的升温过程中，这些被吸附的风味物质逐渐解吸释放，均匀地扩散到整个烘焙产品中，极大地增强了产品的风味层次和浓郁度。在食品包装材料方面，蛋白质的吸附特性可用于改善包装材料与食品之间的相容性。例如，将蛋白质涂层应用于包装材料表面，蛋白质分子可以通过吸附作用与食品表面的成分相互作用，形成一层紧密的界面层，有效阻挡氧气、水分和微生物的侵入，提高包装的保鲜效果，延长食品的货架期，同时还能减少包装材料对食品风味和品质的不良影响。

4.2　化学功能特性

蛋白质的化学功能特性在食品体系中发挥着至关重要的作用，不仅直接影响食品的加工性能和品质，还与食品的营养、风味和储存稳定性紧密相关。这些特性源于蛋白质分子独特的化学结构以及与其他物质之间的化学反应。

4.2.1　表面活性

表面活性是指蛋白质能够降低液体表面张力的能力。蛋白质分子具有两亲性结构，即同时含有亲水基团和疏水基团。在气—液或油—水界面上，蛋白质分子会自发地定向排列，亲水基团朝向水相，疏水基团朝向气相或油相，从而降低界面的表面张力。

蛋白质表面活性的高低是多种因素协同作用的结果。从氨基酸组成角度分析，富含疏水氨基酸残基（如缬氨酸、亮氨酸、异亮氨酸、苯丙氨酸等）的蛋白质，由于其具备较强的疏水相互作用驱动力，更易于在界面上快速吸附并通过疏水基团之间的相互聚集形成致密且稳定的界面膜。研究表明，蛋白质中疏水氨基酸残基的比例与表面活性之间存在显著的正相关性，当疏水氨基酸残基含量超过一定阈值时，蛋白质的表面活性会发生质的飞跃。

蛋白质的分子结构同样是影响表面活性的关键因素。不同的蛋白质折叠方式和空间构象决定了亲水、疏水基团在分子表面的暴露程度和分布状态。例如，具有柔性结构的蛋白质分子在界面吸附时，能够通过更灵活的构象调整使界面覆盖面积最大化，从而展现出更高的表面活性；而结构刚性较强的蛋白质，由于其分子构象的相对稳定性，在界面吸附过程中可能受到一定限制，表面活性相对较低。

环境条件对蛋白质表面活性的影响也不容忽视。温度的变化会改变分子的热运动能量和分子间相互作用的强度，在一定温度范围内，温度升高有助于蛋白质分子的扩散和吸附，从而提高表面活性；但当温度超过蛋白质的变性温度时，蛋白质分子的二级和三级结构会发生不可逆的破坏，导致表面活性急剧下降。pH 的改变会影响蛋白质分子表面的电荷分布和酸碱平衡，进而改变蛋白质分子与周围环境分子的相互作用方式，对表面活性产生显著影响。在等电点附近，蛋白质分子的净电荷为零，分子间的静电排斥力最小，容易发生聚集，导致表面活性降低。离子强度的变化主要通过影响溶液中离子的浓度和分布，屏蔽或增强蛋白质分子表面的电荷效应，从而间接影响蛋白质在界面的吸附行为和表面活性。

在食品加工领域，蛋白质的表面活性展现出极为广泛且重要的应用价值，深刻地影响着食品的质地、口感和感官品质。以冰淇淋的复杂乳化体系为例，乳清蛋白作为冰淇淋配方中的关键功能性成分，其卓越的表面活性在冰淇淋微观结构的构建中发挥着核心作用。在冰淇淋的制作过程中，乳清蛋白能够在气—液界面快速吸附并形成稳定的蛋白质膜，有效地包裹和分散气泡，防止气泡的合并和上浮，从而促进了大量细小且均匀分布的气泡形成；同时，在油—水界面，乳清蛋白通过降低界面张力，使脂肪球均匀分散，避免脂肪球的聚集和上浮，这种双重乳化稳定作用极大地优化了冰淇淋的微观结构，赋予冰淇淋细腻、绵密的质地和丰富、浓郁的口感，为消费者带来了独特的感官享受。

在烘焙食品领域，蛋白质的表面活性同样扮演着不可或缺的角色。在蛋糕、面包等烘焙产品的制作过程中，蛋白质（如小麦面筋蛋白、蛋清蛋白等）能够在面团形成和发酵过程中，在气—液界面吸附并形成具有一定弹性和韧性的界面膜，稳定面团中的气泡结构。这些稳定的气泡在烘焙过程中受热膨胀，促使面团体积增大，形成松软多孔的组织结构。同时，蛋白质的表面活性还能够改善面团的流变学性质，增强面团的持气能力和延展性，进一步提升烘焙产品的体积、质地和口感品质。此外，在乳化型食品（如蛋黄酱、沙拉酱等）的生产中，蛋白质的表面活性被用于构建稳定的油—水乳液体系，确保油滴均匀分散在水相中，防止乳液的分层和破乳，延长产品的货架期和稳定性。

4.2.2 乳化性及乳化稳定性

乳化性是指蛋白质能够使互不相溶的油和水形成稳定乳液的能力，而乳化稳定性则是指乳液在一定时间内保持稳定、不发生分层或破乳的能力。蛋白质作为乳化剂，其分子具有独特的两亲性结构，一端为亲水基团，另一端为疏水基团。在油—水体系中，蛋白质的疏水基团倾向于与油滴相互作用，而亲水基团则与水相接触，从而在油—水界面上吸附并定向排列，形成一层紧密的保护膜，有效地阻止油滴的聚集和合并。

蛋白质的乳化性和乳化稳定性受多种因素影响。从蛋白质自身结构角度来看，蛋白质分子的柔性和伸展性越好，越容易在界面上展开并形成紧密的吸附层，从而显著提高乳化效果。例如，一些具有较高比例无序结构区域的蛋白质，其在油—水界面的吸附效率更高，能够形成更为稳定的乳液。

蛋白质的浓度对乳化性和乳化稳定性也有重要影响。当蛋白质浓度较低时，油—水界面不能被充分覆盖，乳液稳定性较差；随着蛋白质浓度增加，界面吸附量增大，形成的保护膜更加完整，乳液稳定性增强。然而，过高的蛋白质浓度可能会导致蛋白质分子间相互作用增强，引发聚集，反而对乳化稳定性产生不利影响。

体系的 pH 通过改变蛋白质的带电状态，影响其乳化性能。在等电点附近，蛋白质的净电荷为零，分子间静电斥力最小，蛋白质容易聚集，乳化性和乳化稳定性降低；而在远离等电点的 pH 条件下，蛋白质分子带有较多电荷，相互间静电斥力增大，有利于在界面上的分散和吸附，从而提高乳化效果。

离子强度同样会干扰蛋白质的乳化特性。低离子强度下，蛋白质分子间的静电作用占主导；高离子强度时，盐离子会屏蔽蛋白质分子的电荷，影响其在界面的吸附和构象，进而改变乳化性和乳化稳定性。

温度对蛋白质乳化性的影响较为复杂，适度升温可能会增加蛋白质分子的流动性，促进其在界面的吸附；但过高温度则可能导致蛋白质变性，使其结构展开、疏水基团暴露，引发蛋白质聚集，破坏乳液稳定性。

在肉制品加工中，大豆蛋白常被用作乳化剂。大豆蛋白分子结构适宜，在肉糜体系中，能够将脂肪均匀地分散在水相中，形成稳定的乳液结构。这不仅改善了肉制品的质地，使其口感更加细腻、多汁，还提高了产品的出品率，减少了加工过程中的脂肪流失。同时，大豆蛋白富含多种营养成分，进一步提升了肉制品的营养价值。除大豆蛋白外，乳清蛋白、酪蛋白等在食品工业中也广泛应用于乳化体系，如在乳制品、烘焙食品等加工中，通过发挥其乳化功能，提升产品品质。

4.2.3　起泡性与泡沫稳定性

起泡性是指蛋白质在搅拌、振荡等条件下能够产生泡沫的能力，泡沫稳定性则是指泡沫在一定时间内保持稳定、不破裂的能力。在气—液体系中，当蛋白质溶液受到外界机械作用，如搅拌、振荡时，空气被引入溶液中，蛋白质分子迅速向气—液界面迁移。蛋白质分子具有表面活性，其疏水基团倾向于朝向气相，亲水基团则朝向液相，在气—液界面上吸附并定向排列，形成一层具有一定强度的薄膜，包裹住气体分子，从而形成泡沫。

蛋白质的起泡性和泡沫稳定性受到诸多因素影响。从蛋白质结构层面分析，蛋白质分子的表面活性和柔韧性是影响起泡性的关键因素。具有较高表面活性的蛋白质，能够快速降低气—液界面的表面张力，促进气泡的形成；而柔韧性好的蛋白质分子，更容易在界面上变形、伸展，形成紧密排列的吸附层，有利于产生丰富且细密的泡沫。例如，一些富含脯氨酸等特殊氨基酸的蛋白质，其分子结构具有独特的柔韧性，在起泡过程中表现出良好的性能。

蛋白质的浓度对起泡性和泡沫稳定性有着显著作用。在一定范围内，随着蛋白质浓度的增加，气—液界面上能够吸附的蛋白质分子增多，形成的界面膜更加厚实，泡沫的稳定性增强，同时也能产生更多的泡沫，提高起泡性。但当蛋白质浓度过高时，溶液的黏度增大，气体在溶液中的扩散阻力增加，反而不利于气泡的形成；而且过高浓度的蛋白质分子间相互作用过于强烈，可能导致界面膜的刚性过大，缺乏弹性，使得泡沫在受到外界微小扰动时就容易破裂，降低泡沫稳定性。

体系的 pH 对蛋白质的带电状态影响显著，进而作用于起泡性和泡沫稳定性。在等电点时，蛋白质的净电荷为零，分子间静电斥力最小，容易聚集，此时蛋白质在气—液界面的吸附能力下降，起泡性和泡沫稳定性均较差。而在偏离等电点的pH 条件下，蛋白质分子带有电荷，相互间静电斥力增大，分子在溶液中更加分散，有利于在气—液界面的吸附和定向排列，从而提高起泡性和泡沫稳定性。

离子强度同样会干扰蛋白质的起泡特性。低离子强度下，蛋白质分子间的静电作用占主导，有利于蛋白质在气—液界面的吸附和界面膜的形成，对起泡性和泡沫稳定性有积极影响。然而，当离子强度过高时，盐离子会屏蔽蛋白质分子的电荷，削弱蛋白质分子间的静电相互作用，导致蛋白质在界面的吸附量减少，界面膜的强度降低，泡沫稳定性变差；同时，过高的离子强度还可能影响蛋白质分子的构象，使其表面活性发生改变，进而影响起泡性。

温度对蛋白质起泡性和泡沫稳定性的影响较为复杂。适度升温能够增加蛋白质分子的热运动，使其在气—液界面的吸附速度加快，有利于气泡的形成和泡沫的稳定。但温度过高时，蛋白质会发生变性，分子结构展开，疏水基团大量暴露，导致蛋白质分子间聚集，界面膜的完整性被破坏，泡沫稳定性急剧下降，甚至可能完全失去起泡能力。

在蛋糕制作中，蛋清蛋白的起泡性和泡沫稳定性起着至关重要的作用。通过打发蛋清，蛋清蛋白形成大量细密的泡沫，这些泡沫均匀分布在蛋糕面糊中，在烘焙过程中，泡沫中的气体受热膨胀，为蛋糕提供了松软的结构和良好的口感。此外，在冰淇淋、慕斯等食品的制作过程中，蛋白质的起泡性和泡沫稳定性也发挥着关键作用，赋予这些食品独特的质地和口感。

4.2.4　交联与成膜特性

交联是指蛋白质分子之间通过共价键或非共价键相互连接，形成更大分子量聚合物的过程。成膜特性则是指蛋白质在一定条件下能够形成连续、均匀薄膜的能力。

蛋白质的交联可通过多种方式诱导发生。化学试剂方面，戊二醛是一种常用的交联剂，其分子中的醛基能够与蛋白质分子中的氨基发生反应，从而在蛋白质分子间形成共价交联。转谷氨酰胺酶则是一种生物酶交联剂，它能够催化蛋白质分子中的谷氨酰胺残基与赖氨酸残基之间形成共价键，实现蛋白质的交联。在物理方法中，加热可以促使蛋白质分子发生热变性，暴露出更多的反应基团，进而引发分子间的交联；辐照（如紫外线、γ射线等）也能够通过激活蛋白质分子中的化学键，诱导交联反应的发生。交联后的蛋白质，分子间相互作用显著增强，形成了更加稳定的三维网络结构，这不仅改变了蛋白质的物理化学性质，如溶解性、流变学性质等，还赋予了其一些特殊的功能特性。

在食品包装领域，蛋白质的成膜特性具有广阔的应用前景。可食用的蛋白质膜作为一种天然的包装材料，展现出诸多优势。例如，壳聚糖—大豆蛋白复合膜，它结合了壳聚糖的抗菌性和大豆蛋白的良好成膜性。这种膜能够紧密包裹食品，有效阻隔氧气、水分以及微生物的侵入，从而延长食品的保质期。同时，通过对蛋白质膜进行适当的改性，还能赋予其抗氧化、抗菌等特殊功能。在蛋白质膜中添加天然抗氧化剂（如茶多酚、维生素E等），可以有效抑制食品中的氧化反应，保持食品的色泽、风味和营养成分；添加具有抗菌活性的物质（如溶菌酶、精油等），则能够抑制食品表面微生物的生长繁殖，保障食品的安全性。

此外，蛋白质膜还可以用于控制食品中营养成分的释放。通过调整蛋白质膜的组成、结构以及制备工艺，可以精确调控营养成分的释放速率和释放时间。例如，对于一些功能性食品，如富含益生菌的食品，可利用蛋白质膜将益生菌包裹起来，使其在胃肠道中缓慢释放，提高益生菌的存活率和功效；对于一些营养补充剂，也可以通过蛋白质膜的控释作用，实现营养成分的持续稳定供应，提高食品的品质和附加值，满足消费者对健康、功能性食品的需求。

4.2.5　金属离子螯合能力

金属离子螯合能力是指蛋白质分子能够与金属离子（如铁、锌、钙等）形成稳定络合物的能力。蛋白质分子中特定的氨基酸残基，像组氨酸的咪唑基、半胱氨酸的巯基、天冬氨酸的羧基等，具备与金属离子配位的能力。当蛋白质与金属离子相遇时，这些基团会通过配位键与金属离子结合，从而形成具有一定稳定性的螯合物。这种螯合作用并非随意发生，而是受到多种因素的精密调控。

从蛋白质自身属性来看，其氨基酸组成和结构起着关键作用。富含上述具有配位能力氨基酸残基的蛋白质，往往具有更强的金属离子螯合能力。同时，蛋白质的空间结构也影响着螯合过程，合适的结构能够使配位基团处于易于与金属离子结合的位置，促进螯合物的形成。体系的 pH 对蛋白质的金属离子螯合能力影响显著。不同的金属离子在不同 pH 条件下存在不同形态，蛋白质分子中配位基团的解离状态也会随 pH 变化而改变。例如，在酸性条件下，某些金属离子可能以水合离子形式存在，而蛋白质分子中的羧基等基团可能处于质子化状态，不利于螯合；在碱性条件下，金属离子可能发生水解，蛋白质分子的结构和电荷分布也会发生变化，这些都会对螯合能力产生影响。此外，金属离子自身的种类和浓度也不容忽视。不同金属离子的电荷数、离子半径以及电子云结构等特性不同，与蛋白质的配位能力也存在差异。一般来说，在一定浓度范围内，随着金属离子浓度增加，蛋白质对其螯合量也会相应增加，但当达到一定程度后，可能会因为蛋白质分子上的配位位点饱和，或者金属离子之间的竞争作用等因素，导致螯合能力不再增强甚至下降。

在食品加工中，蛋白质的金属离子螯合能力具有重要意义。以富含铁的食品为例，铁离子在食品体系中容易发生氧化，形成不溶性的铁氧化物沉淀，这不仅降低了铁的生物利用率，还可能影响食品的色泽、风味和稳定性。添加具有铁离子螯合能力的蛋白质后，蛋白质能够与铁离子紧密结合，形成稳定的螯合物，有效防止铁离子的氧化和沉淀，使铁元素能够以更易被人体吸收的形式存在，从而提高铁的生物利用率。同时，许多食品的氧化变质过程是由金属离子（如铁、铜等）催化引发的自由基链式反应导致的。蛋白质对这些金属离子的螯合，可以有效抑制金属离子的催化活性，阻断自由基的产生，进而抑制食品的氧化变质，延长食品的货架期。比如在油脂类食品中，通过添加合适的蛋白质螯合剂，可以显著降低油脂的氧化酸败速度，保持油脂的品质和营养价值。

食品蛋白质的性质涵盖物理性质和化学性质。从物理性质方面，蛋白质的溶解性受多种因素影响，包括 pH、离子强度、温度等。在等电点时，蛋白质的净电荷为零，分子间静电斥力最小，此时蛋白质的溶解度最低。了解这一特性，在食品加工中可通过调节 pH 来实现蛋白质的沉淀与分离，如豆腐的制作就是利用了大豆蛋白在等电点附近沉淀的原理。而蛋白质的流变学性质则决定了其在食品加工过程中的流动和变形行为，例如在面团的形成过程中，小麦面筋蛋白通过分子间的相互作用形成具有黏弹性的网络结构，赋予面团良好的加工性能和独特的口感。在化学性质上，蛋白质的水解是其重要反应之一，通过酶解或酸、碱水解，可以将蛋白质降解为小分子的肽和氨基酸，这一过程不仅能够改善蛋白质的溶解性、功能性，还能产生具有特殊风味和生物活性的肽段，如酪蛋白水解产生的酪啡肽具有阿片样活性，可应用于功能性食品的开发。

4.2.6 酸碱缓冲能力

酸碱缓冲能力是指蛋白质在一定 pH 范围内能够抵抗外加酸或碱的影响，维持溶液 pH 相对稳定的能力。蛋白质分子犹如一个精密的化学平衡调节器，其中含有众多可解离的酸性和碱性基团，羧基（—COOH）在溶液中可解离出氢离子（H^+），表现出酸性；氨基（—NH_2）则能结合氢离子，呈现碱性。在不同的 pH 条件下，这些基团会发生解离或质子化反应。当向含有蛋白质的溶液中加入酸时，溶液中的氢离子浓度增加，此时蛋白质分子中的碱性基团（如氨基）会结合氢离子，发生质子化反应，从而消耗溶液中的氢离子，使溶液 pH 不至于急剧下降；反之，当加入碱时，溶液中氢氧根离子（OH^-）浓度增加，蛋白质分子中的酸性基团（如羧基）会解离出氢离子与氢氧根离子结合，发生中和反应，缓冲溶液 pH 的升高。

蛋白质的酸碱缓冲能力紧密依赖于其氨基酸组成和结构。不同氨基酸残基所携带的酸性或碱性基团种类和数量不同，使得不同蛋白质的酸碱缓冲能力存在差异。例如，富含天冬氨酸和谷氨酸等酸性氨基酸的蛋白质，在碱性环境中具有较强的缓冲能力；而富含赖氨酸、精氨酸等碱性氨基酸的蛋白质，则在酸性环境中缓冲效果更为显著。同时，蛋白质的空间结构也会影响其酸碱缓冲能力。合理的空间结构能够使可解离基团充分暴露，便于与氢离子或氢氧根离子发生反应；而某些情况下，蛋白质的结构变化可能导致部分基团被屏蔽，从而削弱其缓冲能力。溶液的 pH 同样是影响蛋白质酸碱缓冲能力的关键因素。在蛋白质的等电点附近，蛋白质分子的净电荷为零，此时其酸碱缓冲能力相对较弱；而在远离等电点的 pH 区域，蛋白质分子携带较多电荷，其酸碱缓冲能力更强。

在食品加工和储存过程中，蛋白质的酸碱缓冲能力对于维持食品体系的稳定性和品质具有重要作用。在发酵食品领域，以酸奶发酵为例，乳酸菌在发酵过程中会产生乳酸，使环境逐渐酸化。牛奶中的酪蛋白等蛋白质凭借其酸碱缓冲能力，能够调节发酵过程中的 pH，为乳酸菌的正常生长和代谢提供适宜的环境。若 pH 过低，可能抑制乳酸菌的活性，甚至导致发酵失败；而蛋白质的缓冲作用可以避免 pH 过度下降，保证发酵的顺利进行。同时，合适的 pH 对于酸奶的风味和质地形成至关重要。在酸性条件下，蛋白质会发生一定程度的变性和聚集，形成独特的凝胶结构，赋予酸奶细腻、爽滑的口感和良好的持水性。此外，在果汁饮料中，蛋白质的酸碱缓冲能力可以调节果汁的 pH，防止因 pH 波动导致的风味改变、色泽变化以及微生物污染等问题，维持果汁饮料的品质和稳定性。

4.3　生物活性功能

蛋白质在生物体内展现出丰富多样的生物活性功能，这些功能对于维持生物体正常的生理代谢、免疫防御以及细胞间通讯等过程起着不可或缺的作用，是生命活动得以有序进行的重要物质基础。

4.3.1　酶活性及其调控

酶是一类具有高度特异性和高效催化活性的蛋白质。酶活性是指酶催化化学反应的能力，其催化作用基于酶分子与底物分子之间特异性的结合，通过诱导契合模型，酶分子的活性中心与底物分子精确匹配，降低反应的活化能，从而加速化学反应的进行。例如，淀粉酶能够特异性地催化淀粉水解为麦芽糖，在生物体的消化过程中发挥关键作用。唾液淀粉酶在口腔中就开始对食物中的淀粉进行初步消化，随着食物进入胃肠道，胰淀粉酶继续发挥作用，进一步将淀粉分解，为后续吸收利用做准备。

酶活性受到多种因素的精细调控。其中，变构调节是一种重要的调控方式，一些小分子效应物结合到酶分子的别构中心，引起酶分子构象的改变，进而影响酶的活性。如血糖升高时，葡萄糖作为别构效应剂结合到磷酸果糖激酶-1 上，使其活性增强，加速糖酵解过程，促进葡萄糖的分解利用，从而降低血糖浓度，维持血糖平衡。共价修饰调节也较为常见，通过酶促反应使酶蛋白肽链上的一些基团与某些化学基团发生共价结合或去掉已结合的化学基团，从而改变酶的活性。像糖原合成酶磷酸化后无活性，而糖原磷酸化酶磷酸化后则具有活性。这种可逆的共价修饰过程在细胞内信号传导和代谢调控中广泛存在，如蛋白激酶和蛋白磷酸酶分别催化蛋白质的磷酸化和去磷酸化，共同调节酶的活性和细胞的生理功能。

此外，酶原激活也是一种重要的调控机制。某些酶在最初合成时以无活性的酶原形式存在，这是生物体的一种自我保护机制，能够避免酶在合成部位提前发挥作用而对细胞造成不必要的损伤。在特定条件下，酶原会被激活，转化为有活性的酶。例如，胰蛋白酶原在小肠中被肠激酶激活，从而启动蛋白质的消化过程；凝血酶原在凝血因子的作用下激活，参与血液凝固过程，防止机体出血过多。酶量的调节则是通过精确控制酶的合成和降解速度来实现的。细胞会根据自身的生理需求，在基因转录、翻译以及蛋白质降解等多个层面进行调控，以维持细胞内酶量的动态平衡，确保各项生理功能的正常运行。

4.3.2 免疫调节活性

蛋白质在免疫系统中扮演着重要角色，具有重要的免疫调节活性。抗体是一类由浆细胞分泌的免疫球蛋白，能够特异性地识别并结合外来病原体（如细菌、病毒等）表面的抗原，通过中和、凝集、沉淀等作用，阻止病原体对机体细胞的黏附和入侵，进而启动免疫应答反应，清除病原体。例如，当人体感染流感病毒时，免疫系统会产生相应的抗体，与流感病毒表面的抗原结合，使其失去感染能力，并被吞噬细胞清除。

除了抗体，细胞因子也是一类具有免疫调节活性的蛋白质。它们由免疫细胞和某些非免疫细胞分泌，在细胞间传递信息，调节免疫细胞的活化、增殖、分化和功能。白细胞介素-2（IL-2）能促进 T 淋巴细胞的增殖和活化，增强机体的细胞免疫功能；干扰素则具有抗病毒、抗肿瘤和免疫调节等多种作用，可诱导细胞产生抗病毒蛋白，抑制病毒的复制，同时还能增强免疫细胞的活性，提高机体的免疫防御能力。

4.3.3 抗氧化活性机理

蛋白质的抗氧化活性对于维持生物体内的氧化还原平衡至关重要。一些蛋白质通过自身的结构和化学性质，能够清除体内产生的过量自由基，从而减轻氧化应激对细胞和组织的损伤。例如，超氧化物歧化酶（superoxide dismutase，SOD）是一种含金属离子的酶蛋白，它能够催化超氧阴离子自由基发生歧化反应，生成氧气和过氧化氢，有效清除体内的超氧阴离子自由基，保护细胞免受氧化损伤。

谷胱甘肽过氧化物酶（glutathione peroxidase，GSH-Px）也是一种重要的抗氧化蛋白质，它以还原型谷胱甘肽（glutathione，GSH）为底物，催化过氧化氢和有机过氧化物的还原，将其转化为无害的水和醇，从而防止过氧化物对细胞的损伤。此外，一些蛋白质中的氨基酸残基（如半胱氨酸的巯基）具有较强的还原性，能够直接与自由基反应，将其还原为稳定的分子，发挥抗氧化作用。

4.3.4 细胞黏附与信号传导功能

细胞黏附是细胞与细胞之间、细胞与细胞外基质之间的一种特异性相互作用，蛋白质在这一过程中发挥着关键作用。细胞黏附分子（cell adhesion molecule，CAM）是一类介导细胞黏附的蛋白质，包括整合素、钙黏蛋白、免疫球蛋白超家族等。整合素能够介导细胞与细胞外基质的黏附，参与细胞的迁移、分化和增殖等过程。例如，在伤口愈合过程中，成纤维细胞通过整合素与细胞外基质中的胶原蛋白、纤连蛋白等结合，迁移到伤口部位，促进伤口的修复。

蛋白质在细胞信号传导中也扮演着核心角色。受体蛋白能够特异性地识别细胞外的信号分子（如激素、神经递质、生长因子等），并将信号传递到细胞内，引发一系列的细胞内信号转导事件。例如，胰岛素受体是一种跨膜蛋白，当胰岛素与受体结合后，受体发生自身磷酸化，激活下游的信号通路，调节细胞对葡萄糖的摄取、利用和储存，维持血糖的稳定。

4.3.5 抗菌活性

部分蛋白质具有显著的抗菌活性，能够抑制或杀灭细菌，在生物的防御系统中发挥重要作用。溶菌酶是一种典型的抗菌蛋白，它能够水解细菌细胞壁中的肽聚糖，破坏细菌细胞壁的结构完整性，导致细菌裂解死亡。溶菌酶广泛存在于生物体内，如人体的唾液、眼泪、乳汁中，对革兰氏阳性菌具有较强的抗菌作用。

抗菌肽也是一类具有抗菌活性的蛋白质，它们通常由氨基酸残基组成，具有独特的结构和作用机制。抗菌肽能够通过与细菌细胞膜相互作用，破坏细胞膜的完整性，导致细胞内物质泄漏，从而达到抗菌的目的。一些抗菌肽还具有免疫调节功能，能够增强机体的免疫防御能力。例如，防御素是一类富含半胱氨酸的抗菌肽，在哺乳动物的免疫系统中发挥着重要的抗菌和免疫调节作用。

4.4 蛋白质功能性质在食品中的应用

蛋白质的多样功能特性在食品领域有着广泛且关键的应用，显著影响着各类食品的品质、加工性能以及货架期，为满足消费者对食品口感、营养和外观的多样化需求提供了有力支持。

4.4.1 肉制品中的质构改良作用

在肉制品加工中，蛋白质对于质构改良起着不可或缺的作用。首先，肌肉蛋白自身的特性决定了肉的基本质地。肌原纤维蛋白中的肌动蛋白和肌球蛋白形成的肌动球蛋白，通过热诱导凝胶化，赋予肉制品一定的弹性和保水性。在加工过程中，添加大豆蛋白等植物蛋白能够进一步改善质构。大豆蛋白具有良好的持水性和凝胶性，它可以吸收大量水分，减少肉制品在加工和储存过程中的水分流失，使肉制品更加鲜嫩多汁。同时，大豆蛋白形成的凝胶网络结构能够增强肉制品的弹性和黏结性，使其在切片、成型等加工操作中保持良好的形态。例如，在火腿肠的制作中，适量添加大豆蛋白可以使产品口感更紧实、有嚼劲，且提高出品率，降低生产成本。此外，一些具有乳化功能的蛋白质，如酪蛋白酸钠，能够将脂肪均匀分散在肉糜体系中，防止脂肪颗粒聚集上浮，不仅改善了肉制品的质地，还提升了其营养价值和风味稳定性。

4.4.2 烘焙食品中的网络形成作用

在烘焙食品的制作过程中，蛋白质对于网络形成至关重要，直接影响着产品的结构和口感。以小麦面粉中的面筋蛋白为例，它由麦醇溶蛋白和麦谷蛋白组成。在面团揉制过程中，面筋蛋白吸水膨胀，通过分子间的二硫键、氢键等相互作用逐渐形成三维网络结构。这种网络结构具有良好的延展性和弹性，能够包裹住面团发酵过程中产生的二氧化碳气体，使面团膨胀并形成多孔的结构。在烘焙时，随着温度升高，面筋蛋白网络进一步固化，支撑起烘焙食品的形状，赋予面包、蛋糕等产品松软的质地和良好的口感。如果面粉中面筋蛋白含量不足或质量不佳，面团就难以形成有效的网络结构，导致烘焙食品体积小、质地硬、口感差。此外，在一些特殊的烘焙食品中，还会添加乳清蛋白等。乳清蛋白具有良好的起泡性和热稳定性，在蛋糕制作中，打发含有乳清蛋白的蛋清时，乳清蛋白能够在气-液界面形成稳定的薄膜，包裹住空气形成细密的泡沫，这些泡沫均匀分布在面团中，与面筋蛋白网络协同作用，进一步优化烘焙食品的结构和口感，使蛋糕更加松软、细腻。

4.4.3 乳制品中的稳定作用

蛋白质在乳制品中发挥着重要的稳定作用，保障了乳制品的品质和货架期。在牛奶中，酪蛋白是主要的蛋白质成分，它以酪蛋白胶束的形式存在。酪蛋白胶束通过磷酸钙桥等相互作用形成相对稳定的结构，分散在乳清中。酪蛋白的这种结构赋予牛奶良好的稳定性，防止蛋白质沉淀和脂肪上浮。

在酸奶制作过程中，乳酸菌发酵乳糖产生乳酸，使牛奶的 pH 下降，酪蛋白胶束逐渐聚集形成凝胶状结构，即酸奶的凝乳。这个过程中，酪蛋白的凝胶特性起着关键作用，它决定了酸奶的质地、稠度和稳定性。如果酪蛋白的质量或含量发生变化，可能导致酸奶出现乳清析出、质地不均等问题。

此外，乳清蛋白在乳制品中也有重要应用。乳清蛋白具有表面活性，能够在脂肪球表面形成吸附膜，防止脂肪球聚集，提高乳制品的乳化稳定性。在奶粉生产中，乳清蛋白的添加可以改善奶粉的溶解性和冲调性，同时增强奶粉在储存过程中的稳定性，减少脂肪氧化和蛋白质变性等问题。

4.4.4 饮料中的澄清与稳定作用

利用蛋白质的吸附和凝聚特性可以实现饮料的澄清处理。某些蛋白质分子具有特殊的结构和电荷分布，能够与饮料中的悬浮颗粒、胶体物质等杂质通过静电引力、氢键以及范德瓦耳斯力等多种作用力相互作用。这些相互作用使得蛋白质分子与杂质颗粒逐渐聚集在一起，形成较大的聚集体。随着聚集体的不断增大，其重力超过了饮料体系的浮力，从而沉降到容器底部，实现了饮料的澄清效果。例如，在果汁饮料的生产中，适量添加明胶（一种蛋白质），能够与果汁中的果胶、纤维素等大分子物质发生特异性结合，通过吸附和凝聚作用将这些杂质聚集起来，使原本浑浊的果汁变得澄清透明，极大地提高了果汁饮料的外观品质，增强了产品的市场竞争力。

蛋白质的乳化性和稳定性对于维持饮料中油滴或其他分散相的均匀分布起着至关重要的作用。在含有油脂成分的饮料中，如咖啡伴侣、植物蛋白饮料等产品中，蛋白质可以作为高效的乳化剂发挥作用。蛋白质分子具有两亲性结构，即同时含有亲水基团和疏水基团。在油—水体系中，蛋白质分子的疏水基团会优先与油脂分子相互作用，而亲水基团则与水相相互作用。这种特殊的作用方式使得蛋白质能够降低油—水界面的表面张力，使油脂均匀地分散在水相中，形成稳定的乳液体系。通过这种方式，蛋白质有效地防止了油滴在饮料中的聚集和分层现象，延长了饮料的货架期，保证了产品在储存和销售过程中的口感和稳定性。

4.4.5　糖果制品中的质构调节与风味保持作用

在糖果制作过程中，蛋白质的功能特性对糖果的质构和风味有着重要影响。蛋白质的凝胶性和黏弹性可以用于调节糖果的质地。例如，在软糖的制作中，添加明胶或乳清蛋白可以形成凝胶网络结构，赋予软糖良好的弹性和咀嚼感，使其口感更加软糯、有韧性。同时，蛋白质的持水性能够控制糖果中的水分含量，防止糖果因水分散失而变硬或干裂，保持其柔软的质地。

此外，蛋白质对风味物质具有一定的吸附和保留能力。在糖果的制作过程中添加蛋白质，蛋白质分子的特殊结构能够将挥发性的风味物质包裹在分子内部的空隙或表面的结合位点上。这种包裹作用有效地减少了风味物质在糖果储存和食用过程中的挥发损失，使得糖果能够长时间保持其独特的风味。当消费者食用糖果时，随着糖果在口腔中的溶解，被包裹的风味物质逐渐释放出来，为消费者带来更加持久和浓郁的味觉享受，显著提升了消费者的食用体验，增强了糖果产品的市场吸引力。

第5章　蛋白质的修饰技术

　　蛋白质修饰就是用使用不同的食品加工技术有目的使氨基酸残基、肽链或空间构象发生变化，继而引起蛋白质分子初级结构或高级结构的改变，从而获得具有较好的功能性质和营养特性的蛋白质。修饰方法包括物理修饰、化学修饰、酶法修饰、基因工程修饰和复合修饰方法等。基因工程修饰也称生物工程修饰，是指通过重组蛋白质的合成基因，从而对其功能特性产生影响的修饰途径。但由于该技术周期长、见效慢，目前仍处于实验室阶段。单一的修饰技术存在诸多不足，效果有限，将不同修饰技术有机结合在一起，以期更好地改善对蛋白质的不同性质要求。下面着重介绍物理修饰、化学修饰和酶法修饰对蛋白质功能性质的影响。

5.1　物理修饰

　　蛋白质的物理修饰是指利用加热、机械作用、辐照、声波以及电磁场等方式定向改变蛋白质的高级结构和蛋白质分子间聚集方式，一般不改变蛋白质的一级结构。相较于其他修饰方法，物理修饰法具有安全、处理时间短以及对食品营养价值破坏小等优点，受到越来越多的关注。

5.1.1　热处理

　　热处理（heat treatment）为最为常用的蛋白质物理处理方法，对其结构和功能性质的影响很大，尤其是对各亚基之间的相互作用、结构的稳定性，以及分子之间的聚集行为有明显的影响，但热处理后蛋白质折叠和展开的细节和机制并不完全清楚。Schellman 指出热修饰过程可以描述为结构蛋白从聚合到展开的状态。

　　Moure 等研究表明，热处理可使可溶性蛋白形成不溶性蛋白聚集，而 Damodaran 和 Kinsella 研究发现，部分或完全热处理修饰条件下的可溶性蛋白聚集仍可具有较高的溶解度。Carbonaro 等通过傅里叶红外光谱研究发现，高压蒸汽热处理对豆类蛋白的 β-折叠结构和分子间的 β-折叠产生影响。Ho 等应用动力数据模型研究热处理对乳蛋白浓缩物（milk protein concentrate，MPC）黏度的影响，表明 MPC 黏度是蛋白质变性或聚集的结果，高温短时（80℃或100℃，30s）热处理可显著增加 MPC 的黏度。Zheng 等利用差示扫描量热法（differential scanning calorimetry，DSC）研究水介质热处理对大豆蛋白的影响，结果发现低温短时（80~100℃，2min）

热处理诱导部分修饰的蛋白质聚集，显著提高了蛋白质的表观黏度、凝胶强度及泡沫稳定性；高温长时（120℃，2min）热处理诱导完全修饰的蛋白质聚集，同时增加了大豆蛋白的溶解度，两种处理方法均导致蛋白质的乳化性降低。

5.1.2　高压处理

高压处理（high pressure treatment，HP）是指将产品放在特殊容器中暴露在100MPa的压力下进行处理，有效避免了食品成分的热降解。由于疏水和静电相互作用的破坏，高压处理可能改变食品成分的功能特性（如表面疏水性、游离巯基含量、溶解性、乳化性和胶凝性等）。

直接高压处理会导致蛋白质结构的改变，新键的形成会引起蛋白质的聚集，继而形成凝胶或沉淀，而这些又与蛋白质种类、溶液条件以及处理压力的大小和时间有关。高压处理也改变了蛋白质的界面性质，导致蛋白质起泡和乳化性质发生变化。高压对大豆蛋白功能特性影响的研究表明，大豆蛋白的乳化特性得到了改善，流变学特性发生了变化，蛋白质表面疏水性增加，游离巯基（SH）减少以及大豆蛋白7S和11S组分的部分展开。

在较低压力（如200MPa）下，由于较高分子量不溶性聚集物的存在，致使蛋白质溶解度较低；而在较高压力水平（如600MPa）下，不溶性聚集物转化为平均分子量较低的可溶性聚集物，导致蛋白质溶解度增加。研究表明，在碱性条件下施加高压，液滴尺寸大幅度减小，蛋白质溶解性受pH的影响强烈。此外，Qin等还发现，核桃分离蛋白的溶解度随着施加压力水平从300MPa增加到600MPa呈降低的趋势。这可能是由于在高压处理条件下，蛋白质的空间结构部分展开，致使疏水性残基和SH基团的暴露，以及蛋白质—蛋白质相互作用而形成高分子量聚集物，从而导致聚集和溶解性降低。

高压处理可导致油—水乳状液分散相的液滴尺寸减小，从而稳定和降低油—水乳状液的乳脂化率，经高压修饰处理的蛋白质可以在食品加工中作为乳化剂使用。除粒径外，蛋白质溶解度和疏水性对乳液活性指数（emulsifying activity index，EAI）的影响也很大。在200MPa压力下进行高压处理可显著增加EAI值，而进一步增加压力（400~600MPa）EAI值没有显著的变化。Torrezan等优化了蛋白质浓度、pH和高压对大豆分离蛋白（soy protein isolate，SPI）功能和流变学性质的影响。结果表明，压力处理、pH和SPI浓度影响乳化活性。在较低和接近自然的pH范围内，蛋白质浓度的增加导致EAI的降低。在较低和接近自然的pH范围内，分别在低到中等压力下对样品进行处理，蛋白质分散液的乳化性最好。据报道，在200~600MPa压力下进行高压处理乳状液的稳定性指数显著降低，这可能是蛋白质聚集导致了分子柔性降低。这是影响乳液稳定性的一个重要因素。

处理压力的强度、蛋白质溶液的组成以及分散液的pH都会影响蛋白质的起泡性和泡沫稳定性。处理压力强度的增加会导致蛋白质空间结构的展开，提高分子间相互作用和蛋白质吸附率，离子键的破坏和疏水相互作用会使蛋白质分子的灵活性增加从而加快吸收速率。Bouaouina 等研究结果表明，在 150~300MPa 的压力范围内，处理压力时间的影响比压力大小更为显著。研究发现，在蛋白质的等电点附近，分子间斥力的降低会导致蛋白质分子的聚集，导致溶解度降低，从而蛋白质的发泡能力会下降。此外，蛋白质的功能性在很大程度上取决于最丰富的蛋白质组分。例如，在乳清蛋白中，最丰富的蛋白质是 β-乳球蛋白（β-Lg）。因此，这种球状两亲性蛋白质的功能性（如其在水—油和空气—水界面上的吸附能力）在乳清分离蛋白（whey protein isolate，WPI）的总体功能性中扮演着重要的角色。研究表明，在高压处理下，β-Lg 在乳清蛋白中的溶解度显著较低，而 α-乳清蛋白没有显著变化，因此，乳清分离蛋白起泡性的降低可能与 β-Lg 所占比例有关。Bouaouina 等发现，WPI 在 300MPa 压力下处理 15min，在等电点附件发泡能力降到最低。ibanoglu 和 Karataş 在 300MPa 条件下处理乳清蛋白，其泡沫稳定性有所提高，继续增大压力，泡沫稳定性随之降低，这可能与蛋白质在高压下有序结构的破坏（去折叠）有关。

5.1.3　超声

超声波（ultrasound）修饰是利用超声波对蛋白质分子进行高速振动从而达到修饰的目的，该方法涉及更少的能量、时间和水。超声波技术可以使用不同的频率范围，但通常使用频率高于人类听力阈值（>16kHz）的机械波。高频低强度超声波通常被用来对食品进行非破坏性分析，如测定食品的物理化学性质（包括硬度、成熟度、糖含量和酸度等）。而低频（16~100kHz）高强度超声波（通常在 10~1000W/cm² 范围内）用于改变食品的物理和化学性质。超声波技术的应用，可以改善食品品质、提高食品的货架期、缩短加工时间和节约能源等。水的超声分解过程中产生的自由基和超氧化物可能导致蛋白质分子在水介质中形成交联，此外，过氧化氢产生的空穴作用可诱导游离巯基氧化为亚硫酸。因此，超声波技术由于其对蛋白质化学结构的影响，可以引起蛋白质功能的强烈变化。

蛋白质溶解性在高强度超声波处理后有所增加。蛋白质的构象和结构改变，暴露了更多的亲水性氨基酸残基，球蛋白质三维结构的变化导致带电基团（NH_4^+、COO^-）的数量增加，在较高的静电力作用下，蛋白质与水的相互作用增强；蛋白质分子量的降低，可能导致较大区域的蛋白质被水分子覆盖，同时，由于超声波处理后体系温度会有所升高。以上这些变化都有助于蛋白质溶解度的增加。超声处理后液滴的尺寸减小，新的无序结构形成，致使蛋白质能更好的吸附于油水界面，从而提高了乳状液的乳化活性指数（EAI），另外疏水性基团数量的增加也能改善乳状液的 EAI 值。蛋白质分散在超声波处理下，乳状液液滴数量的增加和声流速度的影响都会增大其碰撞频率。此外，在超声波影响下，乳状液产生空化效应和机械振动，从而形成湍流效应。湍流效应会破坏蛋白质原有结构，使颗粒尺寸减小、表面电荷增加，从而提升溶解性和乳化性能。并且乳状液中的油泡一体化会导致乳状液稳定性指数（emulsifying stability index，ESI）的增强。然而，在这个过程中，在两种液体的界面附近的空穴作用和震动作用可能会使部分气泡破裂，导致两相液体的混合，从而无法得到稳定性好的乳浊液。据报道，超声处理后，由于超声波的均质化作用，蛋白质和脂肪颗粒分散更均匀；此外，蛋白质分子的展开以及疏水基团的暴露，蛋白质分子能更好的吸附于空气/水界面，致使起泡性和泡沫稳定性得到改善。

5.1.4　微波

微波（microwave）是指频率为 300MHz～300GHz 的电磁波，微波使食品物料中的极性分子在高频电场作用下发生相互摩擦和碰撞，将电磁能转化为热能，使物料温度升高。微波辐照修饰是利用电磁波对蛋白质极性分子产生剧烈的振动，导致其分子结构改变达到修饰效果。

Lee 等研究了微波碱处理对角蛋白水解产物的影响，结果表明，微波碱处理与传统的热碱法相比，羽毛角蛋白发生了较大程度的变性，羽毛中的二硫键含量降低，扫描电镜和傅里叶变换红外分析表明，微波碱处理后的羽毛结构受到严重破坏，明显由纤维向无定形结构转变。Liu 和 Ma 研究结果表明，小麦蛋白经微波处理（100～500W，1～5min）后，提高了小麦蛋白的结晶度、二硫键以及 α-螺旋的含量。研究发现，微波加热比未经处理的样品的 ESI 值稍高。然而，微波处理时间对 ESI 没有显著影响，连续相形成和由此产生的稳定乳状液阻止油滴分离和聚结。Yalcin 等发现，微波处理时间在所有功率水平上对泡沫稳定性有积极的影响，在处理时间均为 3min 的条件下，100% 微波功率水平处理的样品泡沫稳定均高于其他功率水平。

5.1.5　辐照处理

辐射（irradiation）处理一种非热处理过程，借助辐射源产生的高能量、穿透力强的射线，使蛋白质和其他生物聚合物发生氧化、聚合、交联、降解、破碎等变化，达到修饰的目的。辐照剂量影响蛋白质结构改变的程度，进而影响其功能性质。

李杨等采用伽马射线辐照对红豆分离蛋白进行处理，考察不同剂量（1kGy、3kGy、5kGy、7kGy、10kGy）辐照条件对红豆蛋白功能性质的影响。研究发现，低剂量伽马射线辐照处理时，蛋白质分子结构展开，疏水基团暴露，各种功能性质均有所改善；但随着辐照剂量的进一步增加，蛋白质分子则发生聚集，吸油性、乳化稳定性和起泡稳定性仍呈现上升趋势，而吸水性、溶解性、乳化性和起泡性降低。Lee 等采用不同剂量（1kGy、5kGy、7kGy、10kGy）的 $^{60}Co\ \gamma$ 射线对 0.5% 的牛和猪血浆蛋白溶液及其干粉进行辐照处理，研究结果表明，蛋白质溶液中由于水的辐射分解而形成羟基和超氧阴离子自由基，导致蛋白质分子发生降解或聚集，蛋白质分子量分布发生了显著的变化。与液体形态相反，由于缺乏水的辐射分解，蛋白质粉末的分子量分布变化不大。分子量的这些变化会影响溶解度和其他功能特性。在低剂量照射下，蛋白质的多肽链发生裂解，蛋白质分子量降低，可能会导致其溶解性的增加；在高剂量的辐照条件下，疏水和静电相互作用以及蛋白质内部交联的形成，会导致蛋白质分子发生聚集，分子量增大而降低溶解性。虽然分子量的大小对蛋白质的乳化和发泡性能影响很大，但蛋白质变性而暴露的疏水基团对这些功能性质有相反的影响，因此，蛋白质功能性质的变化因蛋白质的特殊结构、氨基酸组成和蛋白质序列而不同。食品辐照技术目前被大多数人认为是一种通用、安全和有效的处理手段，但蛋白质经过辐照后产生的小分子辐射产物，虽然少，也引起了研究者的关注，可能对食品的安全性和感官品质有不良的影响。

5.1.6　脉冲电场

脉冲电场（Pulsed electric field，PEF）技术是近些年发展起来的一种非热食品加工和保藏技术。PEF 处理是以较高的脉冲频率、较短的脉冲宽度（μs 或 ms）和较高的电场强度对半固体和液体食品进行处理。在 PEF 处理前后，要分别对食品进行预热和冷却处理。

PEF 对蛋白质功能性质的影响很大程度上取决于处理的强度。当 PEF 强度低于 30 kV/cm，处理时间小于 288μs 时，SPI 的溶解度随着 PEF 强度或时间的增加而增强。这可能是由于在相对较低程度的 PEF 处理时，蛋白质分子部分展开，蛋白质分子和溶质（水）之间的相互作用增强。当 PEF 处理强度或时间的进一步增加，会导致 SPI 的轻微变性和聚集，其溶解性反而会降低。蛋白质的分子展开导致更多隐藏的疏水基团和区域暴露，蛋白质的疏水性随着 PEF 处理强度和时间的进一步增加而增加。过强的 PEF 处理条件，会引起蛋白质分子的变性和聚集，继而疏水性降低。此外，据报道，非共价键（如疏水作用、静电作用和氢键）的形成亦会引起 SPI 更大程度的聚集，导致其溶解度和表面疏水性略有下降。由于蛋白质溶解性和疏水性的增加，蛋白质的乳化活性和乳化稳定性似乎随着 PEF 强度和时间的增加而升高，直到这种增加不会导致蛋白质的聚集进一步发生为止。同时，PEF 处理强度和时间引起蛋白质聚集的程度与蛋白质的种类有关。蛋白质分子表面暴露的疏水基团数量的增加导致蛋白质与空气的相互作用增强，蛋白质的起泡性和泡沫稳定性可能会有所提高。

5.1.7　其他物理修饰方法

Manoi 和 Rizvi 研究了 CO_2 超临界流体挤压对乳清蛋白浓缩物溶解度的影响，发现挤压后乳清蛋白溶解性降低，这可能是由于挤压过程中蛋白质聚集所致。研究发现，采用机械力对乳清蛋白溶液进行处理，发现处理后蛋白质分子量减小加速了两相中间层的形成，此外，更多的疏水基团的暴露和静电相互作用的增强，从而导致乳液乳化性能的提高。Boye 等比较了超滤和等电沉淀技术处理的豌豆、鹰嘴豆和扁豆蛋白浓缩物的功能特性，结果发现，在所有的 pH 范围内，采用超滤方法处理的蛋白质其溶解性高于等电沉淀处理方法蛋白质。Boreddy 等使用射频辅助热风对蛋白粉进行杀菌，发现射频辅助热风处理能够缩短蛋白粉的凝胶时间。

采用物理方法对蛋白质进行修饰，具有安全、快速、低能耗以及对营养成分影响小等优点，但目前有些技术仍处于实验室阶段，并没有广泛应用于工业生产中，而且每种方法都有缺陷待攻克，因此仍然需要进一步对物理修饰技术进行研究从而为实际应用提供理论支撑。

5.2 化学修饰

蛋白质的化学修饰是指用化学的方法向蛋白质引入一个新的官能团或使蛋白质分子中氨基酸残基的侧链基团或多肽链发生断裂、聚合，导致蛋白质分子的空间结构，静电荷、疏水基团等发生改变，从而起到改善功能性质（包括溶解性、持水性、乳化性、胶凝性和热稳定性等）的目的。常用的蛋白质化学修饰方法包括磷酸化修饰、酰化修饰、酯化修饰、共价交联修饰、脱酰胺化修饰、糖基化修饰等。几种常见的蛋白质化学修饰方式及所改善的功能性质见表 5-1。

表 5-1 蛋白质化学修饰方式及所改善的功能性质

修饰基团	修饰方法	改善功能性质
$-NH_2$	琥珀酰化	提高溶解性、抗凝聚性
$-NH_2$	乙酰化	改善乳化性、起泡性、溶解度，降低黏度
$-OH$	羧甲基化	提高溶解性、抑菌性、乳化性、亲油性
$S-S-SH$	磺酸化	提高溶解性、抗凝聚性、黏稠性、乳化性
$-NH_2$	脱酰胺	提高溶解性、疏水性
$-NH_2$	磷酸化	增加溶解性、吸水性、胶凝性
$-NH_2$	硫醇化	提高强韧性、黏弹性、耐咀嚼性

5.2.1 磷酸化

蛋白质的磷酸化修饰可以用化学法（磷酸化试剂）或酶法（蛋白激酶等）予

以实现。化学磷酸化修饰由于功能特性改善明显、效率高、磷酸化试剂价格低廉、易于实现工业化等优点备受关注。化学磷酸化是用磷酸化试剂（三聚磷酸盐、三氯氧磷和五氧化二磷等）选择性地与蛋白质侧链活性基团相互作用，使蛋白质分子中引入磷酸基，从而改变大豆蛋白的表面电荷及电离度，达到改善蛋白质功能性质的目的。蛋白质磷酸化作用后其等电点发生漂移，溶解性、凝胶性、起泡性、乳化性、持水性等都有明显改善。

Nayak 等将水牛乳蛋白（酪蛋白、共沉淀蛋白或乳清蛋白）在 3 种不同 pH（5.0、7.0 和 9.0）下用三氯氧磷（$POCl_3$）进行磷酸化处理，在 pH 3.0~9.0 范围内，研究了磷酸化牛奶蛋白在 0.1mol/L NaCl 或 10~70mmol/L Ca^{2+} 体系中的溶解性。结果发现，水牛乳蛋白在 pH 3.0 时溶解度降低，而磷酸化的酪蛋白和共沉淀蛋白在等电点附近溶解度增加，乳清蛋白在水溶液、NaCl 溶液和 Ca^{2+} 盐溶液中的溶解性均明显提高。这可能是由于磷酸化的水牛乳蛋白的等离子点向酸性 pH 移动，此外，亲水性磷酸基团与蛋白质侧链基团交联，使得蛋白质的亲水性增强，溶解性提高。Sánchez-Reséndiz 等利用三偏磷酸钠（sodium trimetaphosphate, STMP）对大豆分离蛋白（soy protein isolate, SPI）和花生分离蛋白（peanut protein isolates, PPI）进行修饰处理。研究发现，STMP 添加量、pH、温度和时间均影响磷酸化程度。FT-IR 光谱显示在磷酸酯区存在两个典型的峰（1168cm^{-1} 磷酸化 SPI，1311cm^{-1} 磷酸化 PPI），证实了原蛋白结构的磷酸化修饰。PPI 磷酸化作用主要改善了乳化性和体外消化性，而经磷酸化修饰的 SPI，除水溶性指数和起泡性外，其他功能性状均有提高。Xiong 和 Ma 用三聚磷酸钠在不同 pH（5.0、7.0 和 9.0）条件下对卵清蛋白（ovalbumin, OVA）进行磷酸化修饰，X 射线和拉曼光谱证实磷酸盐基团通过共价作用接合在 OVA 上形成 O-P 键。磷酸化修饰的 OVA（P-OVA）的等电点转移到较低的 pH，从而在更大的 pH 范围内增强了 P-OVA 乳剂的稳定性。P-OVA 的乳剂粒径分布较天然的 OVA（N-OVA）窄，粒径较小，界面张力从 N-OVA 的 20.652mN/m 下降到 P-OVA 的 18.22mN/m，说明粒径的减小增加了油滴的比表面积，改善了蛋白质在油水界面层的吸附和分散。CD 和 Raman 光谱显示 β-转角含量增加，酰基链的结构更无序，这说明磷酸化修饰增强了油水界面的疏水作用和蛋白质之间的相互作用，形成了更致密、更坚硬的界面膜，从而提高了乳液的稳定性。Miedzianka 和 Pęksa 采用 STMP 对马铃薯分离蛋白（PPI）在常温和不同 pH（5.2、6.2、8.0 和 10.5）条件下进行磷酸化，在损害营养价值的前提下改善其功能特性。结果表明磷酸化马铃薯分离蛋白（PP-PPI）的化学组成（总蛋白和凝固蛋白含量、灰分和矿物质含量及氨基酸组成）和功能性质（溶解性、乳化活性、发泡能力及水和油吸收能力）有显著差异（$P<0.05$）。PP-PPI 在 pH 5.2 时所有氨基酸的含量最高，而在碱性条件下 pH 10.5 时氨基酸含量下降。pH 8.0 时的 PP-PPI 吸油能力、乳化活性和发泡能力最高，而 pH 10.5 时的 PP-PPI 的持水性最好。

5.2.2 酰化

蛋白质的酰化修饰是指将酰化试剂（乙酸酐、丁二酸酐、丁二酸和琥珀酸酐等）的亲电基团（羰基）通过酰胺键连接到蛋白质分子中的亲核基团（氨基、羟基）上，使蛋白质表面亲水性负电荷增加，等电点降低，多肽链伸展，分子柔性提高，大量的酰基化会影响蛋白质的二级和三级结构，从而改善了蛋白质的功能性质（溶解性、持水性、持油性、乳化性和起泡性等）。酰化反应主要发生在赖氨酸的 ε-氨基上，酪氨酸的酚基活性次之，组氨酸上的咪唑基和半胱氨酸残基上的巯基只有相当少一部分可参与反应。

β-乳球蛋白（β-LG）是乳清蛋白的主要组分，由于其优良的功能性质、较高的营养价值和较低的成本，在食品工业得到了广泛的应用。通过酰化修饰，不仅改善了 β-LG 的功能形式，同时降低了其致敏性。据报道，β-LG 经乙酰化和琥珀酰化处理后，分子的二级、三级结构均有所改变，β-转角和无规则卷曲结构增加，疏水性下降，抗盐酸胍和尿素的变性能力下降。琥珀酰化 β-LG 可作为一种新型功能性片剂辅料，对益生菌起到保护作用并延缓其在肠道内的释放。片剂是由长双歧杆菌 HA-135 和受试赋形剂的干混合物直接压缩制成的。研究结果表明，在天然 β-LG 上嫁接羧基是可以增强益生菌对胃部环境的抵抗力，经模拟为环境培养 1h 和 2h 后，分别可以存活 10^8 CFU/mL 和 10^7 CFU/mL。此外，当冷藏 3 个月后，这些药片仍然是稳定的。琥珀酰化 β-LG 可作为一种在上消化道转运过程中保护酸敏感细菌的有效载体。Vidal 等对酪蛋白胶束进行琥珀酰化修饰处理，发现琥珀酰化酪蛋白胶束表面的净负电荷数增加，导致其 pH 下降，这在一定程度上延缓了絮凝时间，但对凝胶的形成速率影响不大。燕麦分离蛋白经过琥珀酰化后，蛋白质在油滴表面形成蛋白层，提高了乳化活性；同时，蛋白质构象发生变化，疏水性基团暴露，增强了蛋白质与油相的相互作用。然而，由于琥珀酰化修饰使蛋白质表面的负电荷数量增加，增大了蛋白质之间的斥力，从而影响了乳化稳定性。在 SPI 中引入醋酸酐，使其成为乙酰化 SPI 后，其等电点向较低 pH 转移，在 pH 4.5~7.0 范围内溶解性提高，改善了修饰产物的黏度和起泡性。Wanasundara 和 Shahidi 研究了乙酰化和琥珀酰化作用对亚麻籽分离蛋白功能特性的影响，发现酰化作用增强了蛋白质的表面疏水性，酰化蛋白的乳化性和溶解性有明显的改善，但起泡性变化不大。

5.2.3 脱酰胺化

因诸多植物来源的蛋白质中均含有大量的酰胺基团，所以在食品蛋白质的化学修饰方法中，脱酰胺修饰备受关注。蛋白质的脱酰胺修饰是指通过化学方法，蛋白质中天冬酰胺和谷氨酰胺的酰胺基脱去，生成天冬氨酸和谷氨酸，从而改善蛋白质的功能性质。一些学者认为侧链氨基和肽链氮之间的距离与脱氨基作用有关，侧链氨基与肽链氮形成氢键有利于增加脱酰胺作用，天门冬酰胺的脱酰胺作用频率和速率远大于谷氨酰胺。化学法脱酰胺修饰可通过酸或碱催化下水解和 β-转变机制（β-shift mechanism），羧基中的 H^+ 和 O 发生质子化作用，导致氨释放（去酰胺）得以实现。β-转变机制是通过产生不稳定的琥珀酰亚胺中间物，该中间物生成后立即水解产生一个"异头肽"（isopeptide），此法研究较少，而酸催化下的水解方法脱酰胺修饰较为常见。

Chan 和 Ma 从豆渣中提取大豆蛋白，采用温和酸处理对其脱酰胺修饰，脱酰胺度为 10%~70%，水解度为 6%~15%。修饰后蛋白质的溶解性显著提高，乳化能力和起泡性等功能性质也得到改善，脱酰胺修饰也提高了大豆蛋白的体外消化性和有效赖氨酸含量。研究发现，脱酰胺修饰蛋白的功能性质变化主要是由于经过酸处理后分子尺寸减小、表面净电荷增加以及表面疏水性等理化性质的变化。利用低浓度乙酸（<0.05mol/L）对小麦面筋进行脱酰胺化修饰，研究发现，与低浓度盐酸（<0.2mol/L）相比，在相近脱酰胺度（60%）时，乙酸对小麦面筋蛋白的脱酰胺修饰更高效，蛋白质的水解程度更低，二硫键含量更少，具有更好的起泡性；此外，与天然小麦面筋蛋白相比，乙酸脱酰胺修饰产物的乳化性和乳化稳定性有所改善。进一步研究表明，乙酸可以促进蛋白质的展开，改善蛋白质与水的相互作用，增强其表面性质，在相近的脱酰胺度时，乙酸脱酰胺样品的肽分子尺寸和二级结构的变化小于盐酸脱酰胺样品。用碱催化去酰胺修饰虽然速度快，但会引起蛋白质中氨基酸发生消旋作用，降低蛋白质的消化率，并产生赖丙氨酸（lysinoalanine，LAL）等有毒有害物质，从而导致蛋白营养价值的下降，因此，实际应用中较少使用。吴向明等研究了磷酸盐对大豆分离蛋白（SPI）进行去酰胺修饰，发现 SPI 的等电点随着脱酰胺度的增加向低 pH 移动，乳化能力、起泡性和持水性均有不同程度的提高和改善。

5.2.4 烷基化

蛋白质的烷基化修饰是指蛋白质中的氨基酸残基与醛、酮发生烷基化反应，生成非交联的稳定的赖氨酸衍生物，从而改善蛋白质的功能性质。烷基化修饰涉及两个独立的反应：①氨基和羰基化合物发生缩合反应生成亚胺；②亚胺在某种程度上是不稳定的，还原成相对稳定的胺。蛋白质经烷基化修饰后，由于疏水基团的暴露，分子间斥力的增大，增加了蛋白质的溶解性，吸油性和乳化稳定性也到改善。

在碱性条件（pH 9.0）下酪蛋白的氨基与醛、酮发生还原烷基化反应，得到稳定的、非交联的赖氨酸修饰衍生物，烷基化程度与烷基化试剂的用量有关。研究发现，烷基化修饰酪蛋白的分子量及构象发生了改变，α-糜蛋白酶对烷基化酪蛋白水解的初始速率明显降低，这与修饰蛋白质的尺寸和修饰程度有关；甲基酪蛋白和异丙基酪蛋白的溶解性较天然酪蛋白略有提高，当烷基尺寸较大时，烷基化酪蛋白溶解度明显低于天然酪蛋白。Gómez 等利用月桂醛（十二醛）和氰基硼氢化钠对天然的转铁蛋白（NTE）进行烷基化修饰，使十二烷基基团连接到转铁蛋白赖氨酸的 ε-氨基上制备烷基化修饰转铁蛋白（DTE），研究发现，烷基化修饰作用使 NTE 的结构发生变化，在 DTE 的蛋白核内存在烷基链。Zhang 等通过蛋白质与脂肪酸的两步反应，成功地合成了含特定 C_8-C_{16} 烷基的烷基化酪蛋白酸盐（Cn-caseinates），根据试剂的添加比例和脂肪酸链长度不同，烷基取代度（SD）为 5.2%～72.9%，SD 值与 Cn-caseinates 的表面疏水性指数（S_0）呈正相关。C_{16}-caseinates 在水中的自组装性和对姜黄素的荷载特性最佳，且 C_{16}-caseinates 自组装体具有良好的水分散性。

5.2.5　美拉德反应途径糖基化

利用以上这些化学方法对蛋白质进行修饰处理存在一些弊端（如化学试剂残留、形成有毒的氨基酸衍生物和营养价值的损失），相对而言，在化学修饰中，糖基化修饰是一种不存在化学残留等风险的修饰方法。目前，最常见的糖基化方法是美拉德途径的糖基化，该法在改善蛋白质功能性质方面的研究非常多，下面重点介绍美拉德途径的蛋白质糖基化研究的相关内容。

（1）美拉德反应作用机制

美拉德反应（Maillard Reaction，MR）也被称为羰氨缩合反应、非酶褐变反应或糖基化反应，是羰基和氨基化合物之间一系列复杂的化学反应。这种反应不仅发生在生物体内，也发生在食物的热加工和储存过程中。该反应是由法国科学家 Louis-Camille Maillard 于 1912 年率先发现并报道的。该反应过程非常复杂，包含着降解、裂解、缩合、聚合等一系列化学反应。Hodge 将其分为初期、中期和末期三个反应阶段，每一个阶段包括若干个反应。美拉德反应进程见图 5-1。

在美拉德反应的初期阶段，氨基酸、多肽或蛋白质的氨基亲核加成到还原糖的羰基上，生成一个不稳定的亚胺衍生物，称为席夫碱（schiff base），随即环化为氮代葡萄糖基胺。羰氨缩合反应是可逆的，且随着反应的进行游离氨基逐渐减少，反应体系的 pH 下降，所以碱性条件有利于该反应的进行，而在稀酸性条件下，该反应产物极易水解。羰氨缩合产物经阿姆德瑞（Amadori）分子重排后，生成单果糖胺（1-amino-1-deoxy-2-ketose）；而酮糖基胺可经过海因斯（Heyenes）分子重排作用异构成 2-氨基-2 脱氧葡萄糖（2-amino-2-deoxyglucose）。反应的"中间阶段"可以概括为重排产物通过烯醇化作用和脱水作用形成高活性 α-二羰基化合物（如羟甲基糠醛、还原酮类、羰基类衍生物等）的过程，此阶段也伴随有糖类的氧化和降解反应。在美拉德反应末期，不饱和多羰基化合物（如还原酮等）一方面进一步裂解，生成挥发性风味物质；另一方面又进行缩合、聚合反应，产生大分子的黑褐色含氮聚合物—类黑精（melanoidins），从而完成整个美拉德反应过程。

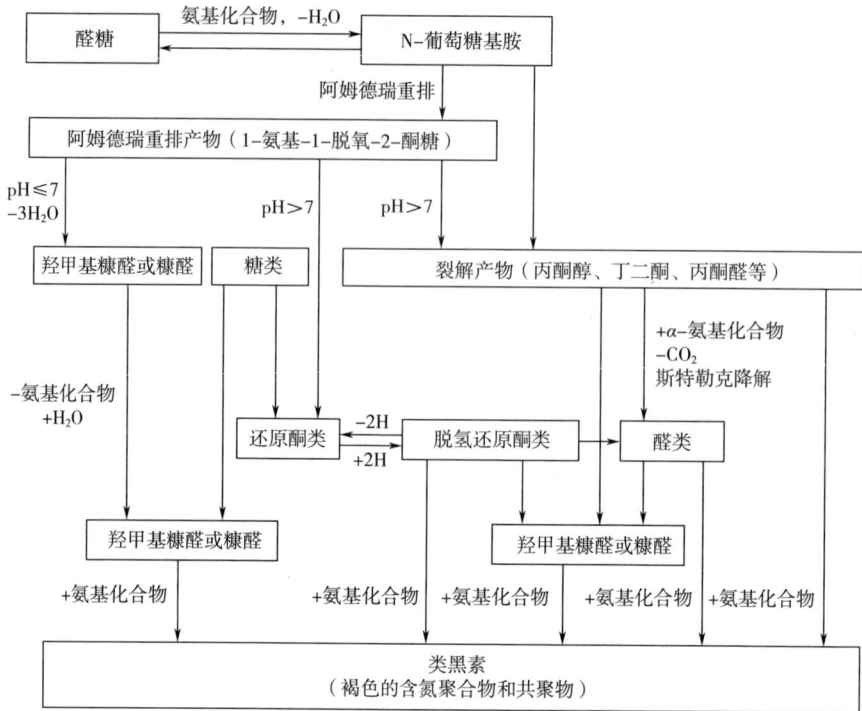

图 5-1　美拉德反应进程图

（2）蛋白质的美拉德反应途径糖基化修饰与结构变化

目前，美拉德反应途径的糖基化蛋白质的结构的报道主要是对其微观结构、一级结构和二级结构的研究，关于糖基化蛋白质的三、四级结构的报道很少。

扫描电子显微镜（scanning electron microscope，SEM）、透射电镜（transmission electron microscope，TEM）、激光共聚焦显微镜（confocal laser scanning microscope，CLSM）和原子力显微镜（atomic force microscope，AFM）等技术用于蛋白质的微观结构的研究。Niu 等利用 SEM 对小麦胚芽蛋白—葡聚糖共聚物进行微观结构观察，发现经糖基化后小麦胚芽蛋白的结构由原来不平坦、无规则的大颗粒变成了伸展的细条形；Zhu 等利用 TEM 分析发现，乳清蛋白—葡聚糖糖基化产物的粒子尺寸有所增大；Zhang 等利用 CLSM 发现，β-伴大豆球蛋白—葡聚糖的糖基化产物的乳化液滴变小；Meng 等利用 AFM 对酪蛋白—葡聚糖纳米颗粒（CNDs）的表面形貌进行了分析，结果显示，CDNs 是表面光滑的球形颗粒，干热法、湿热法美拉德反应产物的颗粒直径分别为 57nm 和 65nm。

利用质谱技术可以测定蛋白质与糖基的交联位点和相对分子质量，从而从一级结构上研究蛋白质的美拉德反应途径糖基化修饰。Fenaille 等则利用电喷雾电离质谱（ESI-MS）和基质辅助激光解吸附质谱（MALDI-MS），确定了 β-乳球蛋白与乳糖或半乳糖的糖基化位点；进一步研究表明，赖氨酸是主要的糖基化位点，其次是 α-氨基和 Arg-124；此外，乳糖和 β-乳球蛋白的交联位点的专一性强于半乳糖。Luz Sanz 等采用干热法美拉德反应制备 β-乳球蛋白和半乳聚糖聚合物，MALDI-MS 分析表明，糖基化产物的平均分子质量增加了 21%。红外光谱（infrared spectroscopy，IR）技术可以分析 C—N、N—H、C—C 和 C $=$ O 等键的变化，在一定程度上可以评价蛋白质一级结构的变化。Wang 等分析了牛血清白蛋白—灵芝多糖（BSA-GLP）美拉德反应产物的红外光谱特征，发现，与 BSA 相比，BSA-GLP 糖基化聚合物在 3500~3100cm^{-1} 处的吸光度带变宽变强，羟基数量增加；1652cm^{-1} 和 1531cm^{-1} 分别为酰胺-Ⅰ带（主要为 C $=$ O 拉伸）和酰胺-Ⅱ带（C—N 拉伸和 N—H 弯曲）的特征吸收带，糖基化修饰后分别移动至 1660cm^{-1} 和 1540cm^{-1}，结果表明，美拉德反应确实对 BSA 的多肽羰基和新的共价键形成有一定的影响。

可以利用圆二色谱（CD）、傅里叶红外光谱（fourier transform infrared spectroscopy，FTIR）和 X-射线衍射（X-ray diffraction，XRD）等技术研究糖基化蛋白质二级结构的变化。

Pirestani 等利用美拉德反应制备油菜籽分离蛋白（CPI）和阿拉伯胶（gum acacia，GA）糖基化产物，并研究美拉德反应对其结构的影响。通过 XRD 谱图可以看出，随着 GA 的加入，CPI 的峰值位置向低角度方向移动，共混物或糖基化修饰产物的结晶峰强度减弱。X′Pert 和 Origin 软件对 XRD 图谱的分析显示，CPI 的结晶度指数为 43.9%，晶粒尺寸为 13 Å。而 CPI-GA 混合物和糖基化产物的结晶度指数分别为 35.6% 和 33.3%，晶粒尺寸分别为 20 Å 和 36 Å。因此，可以推出美拉德反应可以降低 CPI-GA 糖基化产物的结晶度指数，增大晶体尺寸。据报道，经 CD 光谱分析，小麦胚芽蛋白的二级结构中 α-螺旋、β-折叠、无规则卷曲的含量分别为 57%、9% 以及 33% 的，而小麦胚芽蛋白—葡聚糖糖基化产物的二级结构发生了显著的变化，α-螺旋增加至 99%，无规则卷曲降至 1%。Achouri 等采用 FTIR 分析大豆 11S 球蛋白与卡拉胶共聚物的结构，发现糖基化后球蛋白的 β-转角和规则卷曲结构显著增加，β-折叠结构变化不显著。

（3）美拉德反应对蛋白质功能性质的影响

①溶解性。良好的溶解性是发挥蛋白质多种功能性质（如乳化性、起泡性等）的前提，然而，当环境条件"恶劣"时，通常很难达到高溶解度。例如，当水相的 pH 与等电点 pH（pI）相差不远时，大多数蛋白质的溶解度显著降低，由于蛋白质糖基化修饰产物中所连接的糖基分子的亲水性羟基的存在，可以提高天然蛋白质在不利条件下的溶解度。Mu 等研究结果表明，湿热法制备的大豆蛋白—阿拉伯胶糖基化修饰产物，在等电点条件下的溶解性显著增加。据报道，β-乳球蛋白、α-乳白蛋白、牛血清白蛋白和葡聚糖的美拉德反应修饰产物在较低 pH 下其溶解性均有明显的提高。

②流变学性质。流变学性质主要包括黏弹性、起泡性、凝胶性等，这些性质的改善对食品的质地、风味、口感及稳定性等有重要的影响。据报道，随着糖基化程度的增加，酪蛋白糖基化修饰产物（糖基为半乳糖/乳糖/葡聚糖）的弹性模量和表观黏度均有所提高，在 50℃ 下酪蛋白与半乳糖反应 48h 后，其表观黏度达到最大值。Martinez-Alvarenga 等的研究也得到了类似的结果，乳清蛋白—麦芽糊精糖基修饰产物的黏度增加，这可能与修饰后分子尺寸增大有关。Yang 等利用美拉德反应修饰鱼蛋白水解物（fish protein hydrolysates，FPH），流变仪分析结果显示，鱼蛋白与核糖共聚物（GFPH）的弹性模量和黏性模量均随着剪切频率的增加而增大，与 FPH 相比，GFPH 的溶液具有黏性流体性质，黏弹性得到改善。

③乳化性及乳化稳定性。糖基化蛋白质具有蛋白质的性质，在油滴表面具有很强的吸附能力，而糖类物质的接入又使其亲水性增强，糖基化蛋白质提供了更好的空间稳定乳液滴。一般认为，蛋白质—多糖交联聚合物具有比天然蛋白更好的乳化性能，尤其是 pH 在 pI 附近时。然而，据 Lam 和 Nickerson 报道，如果多糖的含量超过一定水平，游离的多糖可能会由于耗尽效应而破坏乳剂的稳定性。因此，控制蛋白质和多糖的配料比可能产生有效交联的关键。Yang 等研究结果表明，经美拉德反应修饰的蛋白质—核糖共聚物，其乳状液的乳化活性和乳化稳定性得到明显的改善。Akhtar 和 Dickinson 用乳清分离蛋白与麦芽糊精通过干热法美拉德反应制备糖基化产物，研究发现修饰产物在酸性和中性条件下的乳化能力显著增强。

④胶凝性。许多研究结果表明，美拉德反应对蛋白质的胶凝性质有显著的影响。Hannss 等探讨了美拉德反应不同阶段的酪蛋白修饰产物与酸诱导的凝胶特性之间的关系。结果显示，随着美拉德反应程度的增加，凝胶过程中 pH 降低到 4.6 的时间明显延迟，在美拉德反应的后期形成的中小型酪蛋白寡聚物有助于凝胶强度和持水性的提高，凝胶稳定性的增加与美拉德反应早期共价键结合的糖的量无关，但与蛋白质聚合的程度密切相关。糖的种类对美拉德修饰产物的胶凝性质有很大的影响。对乳清浓缩蛋白而言，其与乳糖的美拉德修饰产物，胶凝温度升高，胶凝时间延长，凝胶的断裂强度减小；而其与核糖的美拉德修饰产物，凝胶的断裂强度提高，凝胶的弹性也有所增大。据报道，牛血清白蛋白与其糖基化修饰产物所制的酸诱导凝胶的性质没有显著性差别。

⑤热稳定性。热处理在食品加工中是不可避免的（如巴氏杀菌），它可以导致蛋白质的变性。许多研究表明，当在蛋白多肽链上引入糖基后，可以提高蛋白质的热稳定性，表明美拉德反应中形成了更稳定的结构，这可能是由于导入的糖链能够附着在蛋白质分子的表面，阻碍蛋白质分子的聚集，降低蛋白质分子间的相互作用，进而减少了蛋白质絮凝沉淀的发生。据报道，鱼蛋白经美拉德糖基化修饰后，热稳定性得到了改善。Matsudomi 等研究发现，血浆蛋白—半乳甘露聚糖的美拉德反应产物，经高温处理 30min 后，仍具有较好的乳化能力。

⑥其他性质。除了上述几种功能性质外，蛋白质的美拉德反应途径糖基化修饰产物在表面疏水性、起泡性、持水性和体外消化性等方面均有不同程度的影响。

据报道，乳清分离蛋白经葡聚糖糖基化修饰后，其表面疏水性显著降低。而Tang 等研究表明，美拉德反应导致蛋白质的疏水性增加，增加的程度与蛋白质/糖的摩尔比以及反应时间有关。Martinez-Alvarenga 等研究结果表明，乳清分离蛋白—麦芽糊精糖基化产物的起泡性和泡沫稳定性均有所提高。

5.2.6　其他化学修饰方法

除以上几种蛋白质化学修饰方法外，还有氧化修饰、交联修饰、酯化修饰和填充修饰等其他化学修饰手段。

Liu 和 Xiong 研究了自由基氧化体系（$FeCl_3/H_2O_2$/抗坏血酸盐）对肌球蛋白、β-乳球蛋白和大豆 7S 球蛋白及其复合材料的氧化作用。发现，β-乳球蛋白和大豆 7S 球蛋白相比，氧化后的肌球蛋白热稳定性和胶凝性变化更显著。Fayle 等用脱氢抗坏血酸（dehydroascorbic acid，DHA）及其降解产物对模型蛋白质核糖核酸酶 A（RNAseA）进行交联修饰，研究发现，在模拟食品加工的温度范围内，交联反应很快发生，且 DHA 降解产物（丙酮醛、乙二醛、丁二酮和苏阿糖）与 RNAseA 交联的速率大于 DHA。

5.3　酶法修饰

酶法修饰是指利用酶试剂使蛋白质发生降解或交联聚合反应，引起结构的变化，从而达到改善蛋白质功能性质和营养品质的目的。它是改造蛋白质组成及结构、实现蛋白质功能多元化、提高蛋白质应用价值的有效途径。与化学和物理的修饰相比，酶法修饰条件温和，反应迅速，毒副作用小，专一性强，最终水解产物可通过选择特定的酶和反应条件加以控制，且蛋白水解物易被人体消化吸收。酶法修饰的方法主要有共价交联作用、水解作用、脱酰胺作用、磷酸化作用和类蛋白反应等。

5.3.1　水解作用

可以通过酸水解、碱水解以及酶水解的方式对蛋白质进行水解（proteolysis）修饰。虽水解法相对成本较低、操作简单、水解程度高，反应快，且水解产物几乎不被消旋，但是会破坏敏感氨基酸（如色氨酸、天冬氨酸和谷氨酰胺等），水解过程中还可能产生有害物质（如氯丙醇）。碱法水解可能会引起蛋白质的效率降低，氨基酸会被消旋。相比之下，酶法水解蛋白质具有副作用少，安全性高，反应程度可调节，不破坏敏感氨基酸，改善蛋白质营养价值等优点。酶法水解蛋白质修饰是指利用蛋白酶在温和的条件下催化水解蛋白质，使肽键断裂，达到蛋白质修饰的目的。常用的蛋白酶包括碱性蛋白酶、木瓜蛋白酶、胃蛋白酶、胰蛋白酶和中性蛋白酶等。在水解过程中，特异性蛋白酶可与蛋白质多肽链中的特定位点发生作用，使肽键断裂生成分子质量较小的多肽；而非特异性蛋白酶则能水解蛋白质多肽链中的多种肽键，形成各种小肽，其至游离氨基酸。蛋白质经水解后，分子量下降、极性基团（如—NH$_3^+$、—COO$^-$）数目增加以及更多疏水基团的暴露，一般会使产物的溶解性增大，消化吸收率提高，致敏性降低及多种功能性质和生理功效得到改善。然而，值得注意的是，水解破坏了蛋白质的完整结构，蛋白的黏度和乳化性有所下降。

蛋白质经水解后，其水解产物的分子量下降，分子表面极性基团的数目增多以及更多疏水基团的暴露，一般会使产物的溶解性增大，消化吸收率提高，致敏性降低及多种功能性质和生理功效得到改善。然而，值得注意的是，水解破坏了蛋白质的完整结构，蛋白的黏度和乳化性有所下降。可以通过调节蛋白质原料（水解酶）的种类和浓度、蛋白质水解程度、水解过程条件等因素得到具有特定氨基酸序列的水解产物，从而达到调整蛋白质理化、营养和功能性质的目的。

利用不同的酶在一定条件下对蛋白质进行一定程度的水解，可以得到含有特定氨基酸序列的短链肽或氨基酸混合物，从而调整蛋白质的理化性质、功能特性及营养价值。然而要得到理想的水解产物，必须考虑蛋白质原料种类与浓度、水解酶的种类与浓度、水解过程条件、蛋白质水解程度等因素。

5.3.2　共价交联

蛋白质的酶法共价交联（covalent cross-linking）修饰是指利用酶制剂的生物催化作用使原料蛋白质形成分子内或分子间共价交联，引起蛋白质的分子质量、空间构象、表面结构等的改变，达到修饰的目的。多种酶制剂可催化蛋白质发生共价交联反应，目前研究较多的酶制剂包括转谷氨酰胺酶、脂肪氧化酶、葡萄糖氧化酶、糖苷酶和糖基转移酶等。

转谷氨酰胺酶是一种酰基转移酶，可催化谷氨酰胺残基上的酰胺基供体与赖氨酸残基上的 ε-氨基受体形成异肽键，导致蛋白质发生分子内或分子间形成共价交联，此外，氨基受体也可以是伯氨基或水。Anuradha 等对 β-乳球蛋白、大豆 11S 球蛋白和芝麻籽 α-球蛋白进行转谷氨酰胺酶交联修饰，研究发现，与未处理的样品相比，交联蛋白蛋白质热稳定性和乳化性均有所提高，起泡性变化不显著；凝胶过滤色谱分析发现，近 30% 的蛋白（11S 球蛋白和 β-乳球蛋白）形成复合物，且复合物的形成与蛋白或酶浓度的无显著数量关系。Yang 等利用微生物转谷氨酰胺酶诱导酪蛋白自交联反应，发现交联反应可改善酪蛋白吸水和吸油性能、提高对金属离子的稳定性以及增强起泡性。多酚氧化酶是一类结构复杂金属氧化还原酶，能催化酚类化合物发生氧化反应。利用传统戊二醛诱导和酪氨酸酶诱导两种方法制备酪蛋白酸钠（sodium caseinate，SC）纳米颗粒，相比于使用大量有毒化学试剂戊二醛（7.5mol/mol SC）的化学诱导法，仅用少量的酪氨酸酶（10 U/mol SC）配合使用少量多酚（邻苯二酚或绿原酸，2.5mol/mol SC）即可诱导形成完整的酪蛋白酸钠纳米颗粒，且该颗粒可以抵抗一定的环境压力。过氧化物酶（peroxidase，POD）是以铁卟啉为辅基的一种氧化还原酶，其分子结构中含有一条多肽链，催化反应的电子受体是 H_2O_2。李丹等认为可能是 POD 催化了酚或醌与蛋白质氨基酸之间发生交联反应。辣根过氧化物酶（horseradish Peroxidase，HRP）是一种重要的 POD，可以在 H_2O_2 存在时催化底物发生交联。据报道，HRP 在 H_2O_2 存在时诱导 α-乳白蛋白形成蛋白纳米颗粒，此体系中微粒尺寸和形貌可通过 H_2O_2 进行控制。

蛋白质通过酶法交联可以在分子中引入新的官能团，引起蛋白质结构的改变，从而改善蛋白质功能性质和营养品质。酶法交联修饰具有低毒、反应条件温和、反应过程简单等特点，但也应尽量避免过度交联以及一些副反应的发生为产品带来不良影响。

5.3.3　磷酸化

蛋白质的酶法磷酸化（phosphorylation）修饰是指利用蛋白激酶等酶制剂将磷酸基团引入到蛋白质的分子中，以达到改变蛋白质功能性质的目的。蛋白质的酶法磷酸化虽然能在较温和反应体系中进行、副反应少、能量和营养价值无损失等，但因其是在识别蛋白质一级结构的基础上进行的，磷酸化效率低、成本高、很难实现工业化，相对研究较少。早在 1989 年，Ross 等用蛋白激酶（EC 2.7.1.37）对大豆蛋白各组分进行磷酸化处理，发现酶法磷酸化修饰是一种温和的修饰方式，只有引入丝氨酸残基后蛋白质的构象才有微小的变化，磷酸化修饰提高了蛋白质的溶解性。Campbell 等也用蛋白激酶对 SPI 进行磷酸化修饰，修饰蛋白质的水合性质、表面性质等得到了明显改善。

5.3.4　类蛋白反应

类蛋白反应（plastein reaction）是一种酶促反应，是指通过改变蛋白质的酶催化反应体系的反应条件，调控酶催化反应的化学平衡，在水解反应的同时伴随有大分子聚合物生成，这些产物被称为类蛋白物，不溶于水或呈凝胶型。该反应机制很复杂，同一反应体系中可能存在多种反应机制共同作用，主要涉及水解反应、物理聚集、转肽作用和缩合作用等作用机制。

Jiang 等采用 plastein 反应对海参蛋白制备的 ACE-抑制肽进行修饰，得到活性高、稳定性好的 ACE-抑制产物。利用 FTIR、DSC 和 XRD 对类蛋白反应机理进行了研究。分析结果显示，非共价相互作用（如疏水作用和氢键）在类蛋白反应中起重要作用。同年，Qian 等探讨蛋白质水解产物与类蛋白修饰产物结合胆汁酸的能力，分析结果显示，与大豆蛋白相比，乳清蛋白对胃蛋白酶更为敏感，经水解后得到了分子量为 3.5~17kDa 的多肽片段，而在类蛋白反应物中发现了分子量较大的组分（14.2~26kDa），此外类蛋白反应也能改善蛋白质与胆汁酸的结合能力。

蛋白质的酶法修饰是提高蛋白质营养价值、拓宽其应用领域的重要手段，具有独特的优势，然而，在今后的研究和应用中仍有诸多问题需要考虑和解决：反应机理和构效关系的深入研究；新型酶制剂的研发；设备、技术的更新；实验成果的转化。随着蛋白质的酶法修饰技术逐步发展和完善，其研究与应用前景十分广阔。

5.3.5 其他酶法修饰

可以利用酶的催化诱导作用，将具有特殊功能活性的分子接枝到蛋白质上，以期改善蛋白质的功能、生理活性和营养品质。其中酶催化多酚—蛋白质的接枝反应研究较多。植物多酚种类众多，包括类黄酮类、酚酸类和木酚素类等。酶催化蛋白质与酚类物质交联的主要机理是酶将酚羟基氧化为醌后，再与蛋白质氨基酸残基中的氨基或巯基反应，形成 C—N 或 C—S 共价键。Isaschar-Ovdat 等研究了酪氨酸酶诱导大豆球蛋白与咖啡酸共价交联对乳液稳定性的影响，采用了先诱导蛋白质形成凝胶再与油相均质制备乳液或先均质再诱导形成凝胶两种方法，研究证明，后者制备出的水包油乳液更加稳定，且利用荧光显微镜观察显示导致凝胶形成的主要是共价键。Sato 等研究了不同 pH 下，漆酶和阿魏酸对酪蛋白酸钠包埋的水包油乳液的影响，结果显示 pH 对酪蛋白酸钠包埋的乳液影响很大，漆酶诱导酪蛋白酸钠可以提高其乳化性，并改变其稳定乳液的机理。Vate 等研究了利用酪氨酸酶诱导蛋白质和单宁酸形成凝胶网络结构对沙丁鱼鱼糜制品的影响，该凝胶结构更加致密，含水量少，鱼糜制品凝胶特性提高。

蛋白质的酶法修饰是提高蛋白质营养价值、拓宽其应用领域的重要手段，具有独特的优势，然而，在今后的研究和应用中仍有诸多问题需要考虑和解决：进一步明确反应机理和构效关系；新酶源的研发；设备、技术的更新；实验成果的转化。

5.4 基因工程修饰

基因工程改性是指应用植物育种和分子生物学技术，改变蛋白质分子的结构，进而影响其功能性质的方法。目前，对大豆蛋白质的基因工程修饰研究相对较多。其主要集中在改变大豆球蛋白的组成、提高其营养价值、改变脂肪氧合酶同工酶组成、降低大豆产品的异味以及通过改变脂肪合成酶系，使其脂类组成发生变化等研究。Kim 等人通过蛋白质工程技术，选用 pKGA1aB1bⅣ+Met 做表达质粒，对大豆球蛋白的前体进行修饰改性，研究表明，改性后的大豆球蛋白前体的乳化能力较天然大豆球蛋白前体有显著的提高。

第6章　蛋白质的分离纯化技术

在生物体内，存在着种类繁多的蛋白质，其中绝大多数蛋白质与其他大分子及小分子共存于混合体系。因此，若要探究某一特定蛋白质的结构与功能，首要任务是从复杂的大分子混合体系中分离并纯化出目标蛋白质。分离纯化后的产物是否符合目的产物的纯度要求，需通过分析鉴定来判断。目标蛋白质分离纯化的纯度要求，取决于具体的研究目的。例如，在开展精确的化学分析、确定蛋白质的氨基酸组成及其排列顺序时，均需高纯度的蛋白质制剂；在测定诸多物理参数，如沉降常数和扩散常数时，同样需要高纯度的样品。然而，当采用生物学分析法测定这些物理参数时，使用纯度相对不高的样品亦可；在运用沉降平衡法测定分子量分布时，高纯度的蛋白质制剂是必要条件；而利用 X 射线衍射对蛋白质进行立体结构分析时，需将蛋白质纯化为大小适宜的单晶体。

6.1　蛋白质的提取方法

6.1.1　碱溶法

碱溶法是常见的蛋白质提取方法之一。碱溶液能够使植物样品原本紧密的结构趋于松散，同时破坏二硫键、氢键等化学键，解离部分极性基团，进而提升蛋白质的溶解能力。在蛋白质提取操作中，温度维持在55℃左右，浸提时间控制在 1~2h，pH 为 10 时，提取效果最佳。碱溶酸沉法的工艺流程相对简易，生产成本较低。然而，该方法在提取蛋白质时，容易致使蛋白变性，造成蛋白质营养成分严重损失，且提取率较低。

6.1.2　盐溶法

在运用盐溶法提取蛋白质时，添加低浓度盐溶液会使蛋白质分子表面电荷增加，水化作用增强，从而增大蛋白质的溶解度。通过离心去除水不溶性物质，再经透析除盐，即可获取蛋白质溶液。祝启张等对比研究了盐溶液浸提和水提醇沉两种方法对火山铁皮石斛糖蛋白的提取效果，发现盐提糖蛋白方法显著优于水提醇沉法。不同的原料和研究目的会使最终采用的实验方法与实验条件有所差异。盐溶法提取蛋白时，低浓度盐不仅有利于蛋白质的溶解，可提取出盐溶性蛋白，而且稀盐溶液能够维持蛋白的稳定性，防止其变性。

6.1.3 有机溶剂法

有机溶剂法适用于提取能溶解于有机溶液却不溶于无机溶液的蛋白质。常用的有机试剂如丙酮、乙醇等，具有亲脂亲水的两性特征。Yue J 等研究了二元醇链长对深共晶溶剂结构以及燕麦蛋白提取和蛋白性质的影响，结果表明燕麦蛋白的结构性质与深共晶溶剂的结构密切相关。乙醇浓度在 70% 左右时，蛋白质提取效果最佳，且不同目标蛋白的其余提取条件差异不大。使用有机溶剂法提取蛋白质时，蛋白沉淀速度快、结构紧密，便于过滤收集。但该方法要求在低温条件下进行提取，且有机试剂浓度过高易导致蛋白变性。因此，采用有机溶剂法提取蛋白质时，需综合考量浓度、温度等多种因素。

6.1.4 酶法提取

酶法提取蛋白质需选择与之对应的蛋白酶。提取植物蛋白质时，需破除细胞壁以使蛋白质充分暴露。在提取过程中，通过添加酶参与催化反应，从而直接或间接提取目标产物。不同的反应底物需选用不同的作用酶，其作用条件也各不相同。酶法提取蛋白具有反应速度快、提取时间短、提取效率高、蛋白纯度高的优点。但该方法对提取的外部条件要求严苛，不适宜的条件会使酶活性降低甚至失活，进而降低蛋白提取效率。

综上所述，采用酶法提取蛋白质时，需充分考虑酶的种类以及影响酶活性的各类条件。不同来源蛋白质的提取方法详见表 6-1。

表 6-1　蛋白质的提取方法

提取方法	目标蛋白	反应条件	提取率
碱溶法	黄秋葵籽蛋白	浸提温度 56.27℃、时间 90min、pH 10	22.67%
	柠檬籽蛋白	温度 45℃、时间 60min、pH 10.5、液料比 40∶1（mL/g）	13.06%
	紫苏饼粕蛋白	温度为 53℃、时间为 120min、pH 8.9、料液比 1∶2（g/mL）	29.765%
盐溶法	雄蚕蛾蛋白质	盐浓度 1.5%、料液比（g/mL）1∶10、提取温度为 40℃、提取时间为 4.5h	44.36%
	鸡枞菌蛋白	NaCl 浓度为 2.06%、提取温度 50.70℃、pH 10.62	63.38%
有机溶剂法	长柄扁桃仁蛋白	乙醇浓度为 71.6%、温度 50.9℃、液料比 12.3∶1（mL/g）、时间 82.5min	64.2%
	沙棘籽粕蛋白	乙醇浓度 70%、料液比例 1∶6、提取温度 45℃、提取时间 1.5h	—

续表

提取方法	目标蛋白	反应条件	提取率
酶法	核桃粕蛋白	pH 9.0、酶解温度 45℃、酶解时间 55min、料液比 1∶12（g/mL）	62.76%
	黑木耳蛋白	酶解温度 50℃、酶解 pH 4、酶解时间 2h、酶添加量（加酶量/木耳干质量）0.8%	4.84%

6.2　蛋白质的分离纯化

蛋白质的分离纯化是获取高纯度蛋白质的关键步骤，对于深入探究蛋白质的结构与功能、开发蛋白质相关产品具有重要意义。常见的分离纯化方法包括沉淀法、色谱法以及电泳和毛细管电泳法。

6.2.1　沉淀法

沉淀法是基于蛋白质在特定条件下溶解度降低，从而从溶液中析出的原理，实现蛋白质的初步分离与纯化。

（1）等电点沉淀法

等电点沉淀法依据不同蛋白质等电点的差异来分离蛋白质。在等电点时，蛋白质分子的净电荷为零，分子间的静电斥力最小，溶解度最低。吴兰兰等采用碱法提取—等电点沉淀技术分离蛋白，并通过响应面法对提取工艺进行优化，结果表明，影响蛋白质提取效果的因素排序为：料液比>pH>时间。Pereira A. M. 等获得的蛋白质分离物，其蛋白提取物在中性 pH 条件下的溶解度和发泡稳定性良好，满足蛋白补充剂的要求，可作为食品配方中的替代蛋白质成分。该方法经济、便捷，在食品工业中得到广泛应用。Fawole F. J. 等利用等电沉淀法制备出低纤维、低灰分、低脂、高蛋白和高能量含量的解毒麻疯树蛋白分离物。Clarkson C. 等研究了碱等电沉淀法从蝗虫中提取的 3 个蛋白质组分。然而，由于多数蛋白质的等电点较为接近，单一的等电点沉淀法往往难以达到理想的分离效果，通常需要与盐析法、有机溶剂沉淀法或其他方法联合使用。此外，低 pH 条件可能导致蛋白质的电荷分布改变，分子结构发生变化，从而使蛋白产量显著下降，生物活性降低。

（2）盐析法

在蛋白质溶液中添加盐类，盐离子会与蛋白质分子争夺水分子，破坏蛋白质的水化膜，同时改变蛋白质分子间的静电相互作用和疏水相互作用，降低蛋白质的溶解度，使其沉淀析出。盐析法不仅可以沉淀目的蛋白，还能起到浓缩和初步分离纯化蛋白的作用。Li 等将盐析萃取与阳离子交换层析相结合，从牛乳中成功分离出乳过氧化物酶，与传统的纯化技术相比，该方法具有更高的回收率和纯化效率。陈文斌等人研究了不同盐型、盐浓度和葡萄糖对蛋白质提取效率的影响，其研究结果为蜂王浆样品的制备提供了重要参考。Moringo N. A 等研究了盐析条件下转铁蛋白—尼龙系统模型，为优化盐析工艺提供了理论依据。确定盐析条件时，需综合考虑原材料特性、盐析后蛋白质得率以及纯化目的等因素。盐析法操作简单，能有效去除较多杂质蛋白，对易变性的蛋白质具有一定的保护作用。但该方法的分辨能力有限，纯化能力较弱，沉淀后的蛋白质通常需要通过透析等方法除去盐分。

（3）有机溶剂沉淀法

有机溶剂沉淀法是蛋白质分离的重要方法之一。有机溶剂如丙酮、乙醇等，可降低水溶液的介电常数，削弱蛋白质分子与水分子之间的相互作用，破坏蛋白质的水合膜，促使蛋白质分子聚集并沉淀。施燕平分别研究了 TCA/丙酮沉淀法、Tris-HCl 浸提法提取楸树花粉蛋白质，并通过 SDS-PAGE 电泳对花粉蛋白质组分进行分析，为楸树花粉蛋白质的研究提供了方法参考。陈锋菊研究了不同有机溶剂沉淀法对血清中高丰度蛋白的去除效果，结果表明，丙酮、乙腈等有机溶剂能不同程度地沉降人体血清中的高、中丰度蛋白。韦月平等利用有机溶剂沉淀法提取脲酶，并通过响应面法优化获得最佳提取工艺条件。Grossmann L 等使用乙醇和丙酮等体积比的混合溶液沉淀小球藻细胞中的蛋白质，获得了较高的蛋白质含量。采用该方法提取蛋白质时，有机溶剂易于去除和回收，沉淀的蛋白质无须除盐，操作相对简便。但蛋白质在有机溶剂中容易发生变性，影响其结构和功能。影响该方法的因素主要包括温度、蛋白质浓度、pH、金属离子种类及含量等，在实际应用中需要严格控制这些因素，以确保蛋白质的质量和活性。

6.2.2 色谱法

色谱法是利用不同物质在固定相和流动相之间分配系数的差异，实现混合物中各组分的分离和纯化。

（1）凝胶过滤色谱法

根据柱中流动相的不同，凝胶色谱可分为凝胶过滤色谱和凝胶渗透色谱，二者的主要区别在于流动相分别为水相和有机相。凝胶层析又称 SEC，其原理基于不同蛋白质具有不同的大小和形状。当蛋白质溶液通过装有凝胶珠的层析柱时，平均孔径小于凝胶珠的蛋白质分子会不断渗透到凝胶珠内部的孔隙中，而大分子蛋白质则被排阻在凝胶珠外，随流动相快速通过层析柱。因此，小分子蛋白质的运动路径长，受到的阻力大，洗脱时间长；大分子蛋白质则先被洗脱出来。Jiang 等使用 sephadexG-50 凝胶过滤层析法从 75%乙醇洗脱的馏分中分离出低胆固醇性肽。胡二坤等研究了凝胶过滤色谱分离纯化鱼蛋白酶解产物的条件，并考察了影响分离效果的因素。贾云虹等建立了一种用凝胶过滤色谱测定婴儿配方乳粉中 α-乳白蛋白的方法，回收率达到 93%。凝胶过滤层析具有分离范围广、能纯化多种类蛋白质、无需使用有机溶剂、可有效避免蛋白质变性等优点，在蛋白质分离纯化领域得到广泛应用。

（2）离子交换色谱法

离子交换色谱是生物大分子纯化中常用的技术之一。该方法以离子交换剂作为填充物，根据蛋白质分子所带电荷的性质和数量，与离子交换剂上的相反电荷基团发生静电相互作用，从而实现蛋白质的分离。离子交换剂可分为阴离子交换剂和阳离子交换剂，相应地，离子交换色谱可分为阴离子交换色谱法和阳离子交换色谱法。杜莹莹等建立了应用离子交换色谱测定人体内某融合蛋白的方法并进行验证，结果符合国家要求，适用于 rIFNα-2β-HSA 的纯度测定。Xi 等利用羟基磷灰石和离子交换柱层析在大肠杆菌中表达和纯化 clade4 肺炎球菌表面蛋白（PspA），大肠杆菌裂解羟基磷灰石制备的 PspA 的纯度为 17%~70%。离子交换色谱具有可控性强、分离效率高、纯化效果好等优点，能够根据蛋白质的电荷特性进行特异性分离，广泛应用于各种生物大分子的分离纯化，如蛋白质、核酸、多糖等。

6.2.3　电泳及毛细管电泳

电泳是基于带电粒子在电场中受到电场力的作用，以不同的速度移动，从而实现分离的技术。毛细管电泳则是以毛细管为分离通道，在高压直流电场驱动下，利用样品中各组分在毛细管内的电泳淌度和分配系数的差异进行分离的新型液相分离技术。

周桂等比较了三种蛋白质分离纯化方法对双向凝胶等的影响，同时优化了双向凝胶电泳体系，得出酚抽提法是最适合双向凝胶电泳法分离纯化甘蔗叶片蛋白的方法。双向凝胶电泳是一种将等电聚焦电泳和 SDS-PAGE 电泳相结合的蛋白质分离技术，能够分离复杂蛋白质混合物中的数千种蛋白质，具有高分辨率和高灵敏度的特点。付霞提出了毛细管速差电泳的概念，采用圆二色谱结合毛细管电泳优化出最佳的分离条件，为毛细管速差电泳提供理论支持。使用毛细管速差电泳可减小混合部分样品宽度，缩小区带宽度，改善分离度。电泳技术操作条件温和，对蛋白质的结构和活性影响较小，分离效果明显，现已广泛应用于各种生物大分子的分离、纯化、分析和制备等领域，如蛋白质的纯度鉴定、分子量测定、蛋白质组学研究等。

6.3　蛋白质分离纯化的影响因素

在蛋白质分离纯化过程中，诸多因素会对蛋白质的结构、活性和纯度产生显著影响，需全面且细致地把控各个环节，以确保获得高质量的目标蛋白质。

6.3.1 pH

在整个蛋白质分离纯化流程中，严格控制 pH 至关重要。过酸或过碱的环境会促使蛋白质的可解离基团发生改变，进而引发蛋白质构象的不可逆变化，最终导致蛋白质活性丧失。因此，所选用的缓冲液需具备合适的 pK 值，不仅要能有效维持体系的 pH 稳定，还应对蛋白质无任何损害。当涉及提纯植物和菌类中的蛋白质时，由于其复杂的细胞结构和成分，需要较大的缓冲容量来应对各种潜在的酸碱变化，此时缓冲液的浓度便成为关键考量因素，需根据实际情况精准调整。同时，还需密切关注溶液环境是否适宜，避免因 pH 波动引发不必要的副反应。

6.3.2 温度

通常情况下，在蛋白质分离纯化过程中需保持低温状态。这是因为细胞内存在蛋白质水解酶，在组织匀浆化后，这些酶会被激活，从而降解待分离的蛋白质。然而，并非所有蛋白质都适合在低温环境下处理，部分蛋白质的四级结构在低温条件下可能会遭到破坏。一般而言，多数蛋白质在 0℃ 时最为稳定，但也存在特殊情况，例如丙酮酸化酶对低温较为敏感，在 25℃ 时才更稳定；而有些酶则需在 −20℃ 或 −70℃ 的极端低温下才能保持稳定且具有活力。因此，在实际操作中，必须依据目标蛋白质的特性，科学合理地选择和控制温度。

6.3.3 溶液环境

蛋白质在分离纯化过程中，会暴露于与细胞内生理状态截然不同的溶液环境中。对于那些在活细胞内功能受到高度调控的蛋白质，它们对环境变化极为敏感，在分离纯化时需格外留意。相对而言，部分蛋白质（如分泌蛋白）则能承受较大的环境变化，而不改变其结构和功能。为减少许多蛋白质在稀水溶液中的自发变性，可向蛋白质溶液中添加小分子物质（如蔗糖、甘油等）或其他已纯化的蛋白质（如牛血清蛋白、明胶等），使溶液中蛋白质的总浓度维持在较高水平，以此模拟细胞内环境，降低水的不利影响。在某些特殊情况下，甚至可加入二甲基亚砜或二甲基酰胺，但其添加量需通过实验精确确定，一般控制在 1%～10%（体积分数）。此外，少数蛋白质需要在高离子强度的极性介质中才能保持活性，此时可加入氯化钾、氯化钠、硫酸铵等来维持其所需的极性环境；而在某些情况下，二价离子（如镁离子、钙离子等）的存在有助于蛋白质或蛋白质络合物的稳定。在提纯酶时，加入专一性的底物，可提高酶的稳定性，适当减少酶活性的损失。同时，若存在不需要的离子，尤其是水源带来的有害金属离子，可采用络合剂（如 EDTA）予以去除。

含有巯基的蛋白质（当其中的巯基未结合成二硫键时）极易被氧化，因此维持还原性环境至关重要。可加入含有巯基的还原剂，并确保整个体系处于无氧状态。但需注意，加入的巯基化合物有可能抑制蛋白质的活性，在实际操作中要权衡利弊，谨慎使用。

6.3.4　操作

在蛋白质分离纯化过程中，蛋白质的结构或多或少会发生变化，这是难以避免的。即便纯化后的蛋白质活力基本得以保留，但其构象仍可能与天然构象存在差异。因此，整个分离纯化过程务必严格按照操作规范进行，以确保离体测得的蛋白质性质能够较为准确地反映出这些大分子在活体内的特性。对于含多个亚基的蛋白质，其解离属于一种特殊类型的变性。在提纯蛋白质时，若所测得的活力仅由一种亚单位表现出来，那么其他亚单位可能会因观测不到而丢失。所以，依据已纯化蛋白质的性质去推断其在细胞内的完整功能时，必须格外谨慎。在分离纯化过程中，分析总活力具有重要意义，在分离纯化初期，由于干扰物质被去除，总活力可能会有所提高。通常希望在分离纯化结束时，能够回收总活力的50%，但实际回收率往往仅为5%~20%。在某些情况下，尤其是原料充足时，可着重致力于获得比活力高的样品，而不必过分纠结于回收率。

参考文献

［1］ Achouri A, Boye J I, Belanger D, et al. Functional and molecular properties of calcium precipitated soy glycinin and the effect of glycation with κ－carrageenan ［J］. Food Research International, 2010, 43 (5): 1494-1504.

［2］ Achouri A, Boye J I, Yaylayan V A, et al. Functional properties of glycated soy 11S glycinin ［J］. Journal of Food Science, 2006, 70 (4): C269-C274.

［3］ Adachi M, Takenaka Y, Gidamis A B, et al. Crystal Structure of Soybean Proglycinin A1aB1b Homotrimer ［J］. Journal of Molecular Biology, 2001, 305 (2): 291-305.

［4］ Aishah M S, Rosli W. The effect of addition of oyster mushroom (Pleurotus sajor-caju) on nutrient composition and sensory acceptation of selected wheat- and rice-based products ［J］. International Food Research Journal, 2013, 20: 183-188.

［5］ Akhtar M, Dickinson E. Whey protein－maltodextrin conjugates as emulsifying agents: An alternative to gum arabic ［J］. Food Hydrocolloids, 2007, 21 (4): 607-616.

［6］ Akhtar M, Ding R. Covalently cross－linked proteins and polysaccharides: Formation, characterisation and potential applications ［J］. Current Opinion in Colloid and Interface Science, 2017, 28: 31-36.

［7］ Anuradha S N, Prakash V. Altering functional attributes of proteins through cross linking by transglutaminase－A case study with whey and seed proteins ［J］. Food Research International, 2009, 42 (9): 1259-1265.

［8］ Apichartsrangkoon A. Effects of high pressure on rheological properties of soy protein gels ［J］. Food Chemistry, 2003, 80 (1): 55-60.

［9］ Arena S, Salzano A M, Renzone G, et al. Non－enzymatic glycation and glycoxidation protein products in foods and diseases: an interconnected, complex scenario fully open to innovative proteomic studies ［J］. Mass Spectrometry Reviews, 2014, 33 (1): 49-77.

［10］ Arora B, Kamal S, Sharma V P. Effect of binding agents on quality characteristics of mushroom based sausage analogue ［J］. Journal of Food Processing and Preservation, 2017, 41 (5): e13134.

［11］ Arzeni C, Pérez O E, Pilosof A M R. Functionality of egg white proteins as affected by high intensity ultrasound ［J］. Food Hydrocolloids, 2012, 29 (2): 308-316.

［12］ Ashraf B, Osama I, Abd E E, et al. Purification and characterization of milk clotting enzyme from edible mushroom (Pleurotus Florida) [J] . Letters in Applied NanoBioScience, 2021, 11 (2): 3362-3373.

[13] Auty M A E, O´Kennedy B T, Allan-Wojtas P, et al. The application of microscopy and rheology to study the effect of milk salt concentration on the structure of acidified micellar casein systems [J] . Food Hydrocolloids, 2005, 19 (1): 101-109.

[14] Barth Hg. Size exclusion chromatography: a teaching aid for physical chemistry [J] . Journal of Chemical Education, 2018, 95 (7): 1125-1131.

[15] Bendtsen L Q, Lorenzen J K, Bendsen N T, et al. Effect of Dairy Proteins on Appetite, Energy Expenditure, Body Weight, and Composition: a Review of the Evidence from Controlled Clinical Trials [J] . Advances in Nutrition, 2013, 4 (4): 418-438.

[16] Beuchat L R. Functional and electrophoretic characteristics of succinylated peanut flour protein [J] . Journal of Agricultural and Food Chemistry, 1977, 25 (2): 258-261.

[17] Biswas A, Shogren R L, Stevenson D G, et al. Ionic liquids as solvents for biopolymers: Acylation of starch and zein protein [J] . Carbohydrate Polymers, 2006, 66 (4): 546-550.

[18] Bönisch M P, Lauber S, Kulozik U. Improvement of enzymatic cross-linking of casein micelles with transglutaminase by glutathione addition [J] . International Dairy Journal, 2007, 17 (1): 3-11.

[19] Bönisch M P, Heidebach T C, Kulozik U. Influence of transglutaminase protein cross-linking on the rennet coagulation of casein [J] . Food Hydrocolloids, 2008, 22 (2): 288-297.

[20] Boreddy S R, Thippareddi H, Froning G, et al. Novel radiofrequency-assisted thermal processing improves the gelling properties of standard egg white powder [J] . Journal of Food Science, 2016, 81 (3): E665-E671.

[21] Bouaouina H, Desrumaux A, Loisel C, et al. Functional properties of whey proteins as affected by dynamic high-pressure treatment [J] . International Dairy Journal, 2006, 16 (4): 275-284.

[22] Bovi M, Carrizo M E, Capaldi S, et al. Structure of a lectin with antitumoral properties in king bolete (Boletus edulis) mushrooms [J] . Glycobiology, 2011, 21 (8): 1000-1009.

[23] Boye J I, Aksay S, Roufik S, et al. Comparison of the functional properties of pea, chickpea and lentil protein concentrates processed using ultrafiltration and isoelectric

precipitation techniques [J]. Food Research International, 2010, 43 (2): 537-546.

[24] Brahms S, Brahms J. Determination of protein secondary structure in solution by vacuum ultraviolet circular dichroism [J]. Journal of molecular biology, 1980, 138 (2): 149-178.

[25] Burgess R R. A brief practical review of size exclusion chromatography: rules of thumb, limitations, and troubleshooting [J]. Protein Expression and Purification, 2018, 150: 81-85.

[26] Caitabiano A M, Foley J P, Striegel A M. Aqueous size exclusion chromatography of polyelectrolytes on reversed-phase and hydrophilic interaction chromatography columns [J]. Journal of Chromatography A, 2018, 1532: 161-174.

[27] Campbell N F, Shih F F, Marshall W E. Enzymic phosphorylation of soy protein isolate for improved functional properties [J]. Journal of Agricultural and Food Chemistry, 1992, 40 (3): 403-406.

[28] Carbonaro M, Maselli P, Nucara A. Relationship between digestibility and secondary structure of raw and thermally treated legume proteins: a Fourier transform infrared (FT-IR) spectroscopic study [J]. Amino Acids, 2012, 43 (2): 911-921.

[29] Cardoso H B, Wierenga P A, Gruppen H, et al. Maillard induced glycation behaviour of individual milk proteins [J]. Food Chemistry, 2018, 252: 311-317.

[30] Cardoso J C, Albuquerque R L C, Padilha F F, et al. Effect of the Maillard reaction on properties of casein and casein films [J]. Journal of Thermal Analysis and Calorimetry, 2011, 104 (1): 249-254.

[31] Chakraborty J, Das N, Das K P, et al. Loss of structural integrity and hydrophobic ligand binding capacity of acetylated and succinylated bovine β-lactoglobulin [J]. International Dairy Journal, 2009, 19 (1): 43-49.

[32] Chan W M, Ma C Y. Acid modification of proteins from soymilk residue (okara) [J]. Food Research International, 1999, 32 (2): 119-127.

[33] Chang Y C, Chow Y H, Sun H L, et al. Alleviation of respiratory syncytial virus replication and inflammation by fungal immunomodulatory protein FIP-fve from Flammulina velutipes [J]. Antiviral Research, 2014, 110: 124-131.

[34] Chapleau N, de Lamballerie-Anton M. Improvement of emulsifying properties of lupin proteins by high pressure induced aggregation [J]. Food Hydrocolloids, 2003, 17 (3): 273-280.

[35] Chen H, Ji A G, Qiu S, et al. Covalent conjugation of bovine serum album and sugar beet pectin through Maillard reaction/laccase catalysis to improve the emulsifying properties [J]. Food Hydrocolloids, 2018, 76: 173-183.

［36］ Chen W Y, Chang C Y, Li J R, et al. Anti-inflammatory and neuroprotective effects of fungal immunomodulatory protein involving microglial inhibition ［J］. International Journal of Molecular Sciences, 2018, 19（11）：3678.

［37］ Cheng Y H, Tang W J, Xu Z, et al Structure and functional properties of rice protein-dextran conjugates prepared by the Maillard reaction ［J］. International Journal of Food Science and Technology, 2018, 53（2）：372-380.

［38］ Choi H M, Kwon I. Dissolution of Zein using protic ionic liquids：N-（2-Hydroxyethyl）Ammonium Formate and N-（2-Hydroxyethyl）Ammonium Acetate ［J］. Industrial and Engineering Chemistry Research, 2011, 50（4）：2452-2454.

［39］ Church F C, Swaisgood H E, Porter D H, et al. Spectrophotometric assay using o-Phthaldialdehyde for determination of proteolysis in milk and isolated milk proteins ［J］. Journal of Dairy Science, 1983, 66（6）：1219-1227.

［40］ Clarkson C, Mirosa M, Birch J. Potential of extracted locusta migratoria protein fractions as value-added ingredients ［J］. Insects, 2018, 9（1）：20.

［41］ Corzo-Martínez M, Carrera-Sánchez C, Villamiel M, et al. Assessment of interfacial and foaming properties of bovine sodium caseinate glycated with galactose ［J］. Journal of Food Engineering, 2012, 113（3）：461-470.

［42］ Corzo-Martínez M, Hernandez-Hernandez O, Villamiel M, et al. In vitro bifidogenic effect of Maillard-type milk protein-galactose conjugates on the human intestinal microbiota ［J］. International Dairy Journal, 2013, 31（2）：127-131.

［43］ Corzo-Martínez M, Moreno F J, Olano A, et al. Structural characterization of bovine beta-lactoglobulin-galactose/tagatose Maillard complexes by electrophoretic, chromatographic, and spectroscopic methods ［J］. Journal of Agricultural and Food Chemistry, 2008, 56（11）：4244-4252.

［44］ Corzo-Martínez M, Moreno F J, Villamiel M, et al. Characterization and improvement of rheological properties of sodium caseinate glycated with galactose, lactose and dextran ［J］. Food Hydrocolloids, 2010, 24（1）：88-97.

［45］ Cuptapun Y, Hengsawadi D, Mesomya W, et al. Quality and quantity of protein in certain kinds of edible mushroom in Thailand ［J］. Kasetsart Journal Natural Sciences, 2010, 44：664-670.

［46］ Dabbour I R, Takruri H R. Protein digestibility using corrected amino acid score method（PDCAAS）of four types of mushrooms grown in Jordan ［J］. Plant Foods for Human Nutrition, 2002, 57（1）：13-24.

［47］ Dahal Y R, Schmit J D. Ion specificity and nonmonotonic protein solubility from salt entropy ［J］. Biophysical Journal, 2018, 114（1）：76-87.

[48] Dalgleish D G. On the structural models of bovine casein micelles – review and possible improvements [J]. Soft Matter, 2011, 7 (6): 2265-2272.

[49] Darewicz M, Dziuba J. The effect of glycosylation on emulsifying and structural properties of bovine β-casein [J]. Molecular Nutrition and Food Research, 2001, 45 (1): 15-20.

[50] De GROOT A P, Slump P. Effects of severe alkali treatment of proteins on amino acid composition and nutritive value [J]. The Journal of Nutrition, 1969, 98 (1): 45-56.

[51] de Oliveira M R, Silva T J, Barros E, et al. Anti-hypertensive peptides derived from caseins: mechanism of physiological action, production bioprocesses, and challenges for food applications [J]. Applied Biochemistry and Biotechnology, 2018, 185 (4): 884-908.

[52] Deshpande S S, Damodaran S. Conformational characteristics of legume 7S globulins as revealed by circular dichroic, derivative U. V. absorption and fluorescence techniques [J]. International Journal of Peptide and Protein Research, 1990, 35 (1):25-34.

[53] Dhanasingh S, Nallaperumal S K. Chitosan/casein microparticles: preparation, characterization and drug release studies [J]. International Journal of Engineering and Applied Sciences, 2010, 4 (8): 234-238.

[54] Dhayal S K, Gruppen H, de Vries R, et al. Controlled formation of protein nanoparticles by enzymatic cross – linking of α – lactalbumin with horseradish peroxidase [J]. Food Hydrocolloids, 2014, 36: 53-59.

[55] Diftis N G, Biliaderis C G, Kiosseoglou V D. Rheological properties and stability of model salad dressing emulsions prepared with a dry-heated soybean protein isolate-dextran mixture [J]. Food Hydrocolloids, 2005, 19 (6): 1025-1031.

[56] Diftis N G, Biliaderis C G, Kiosseoglou V D. Rheological properties and stability of model salad dressing emulsions prepared with a dry-heated soybean protein isolate-dextran mixture [J]. Food Hydrocolloids, 2005, 19 (6): 1025-1031.

[57] Dong Y R, Qi G H, Yang Z P, et al. Preparation, separation and antioxidant properties of hydrolysates derived from Grifola frondosa protein [J]. Czech Journal of Food Sciences, 2015, 33 (6): 500-506.

[58] Du Y X, Shi S H, Jiang Y, et al. Physicochemical properties and emulsion stabilization of rice dreg glutelin conjugated with κ-carrageenan through Maillard reaction [J]. Journal of the Science of Food and Agriculture, 2013, 93 (1): 125-133.

[59] Du Z, Yu Y, Wang J. Extraction of proteins from biological fluids by use of an ionic

liquid/aqueous two-phase system [J] . Chemistry, 2007, 13 (7): 2130-2137.

[60] Egorova K S, Gordeev E G, Ananikov V P. Biological Activity of Ionic Liquids and Their Application in Pharmaceutics and Medicine [J] . Chemical Reviews, 2017, 117 (10): 7132-7189.

[61] El-Fakharany E M, Haroun B M, Ng T B, et al. Oyster mushroom laccase inhibits hepatitis C virus entry into peripheral blood cells and hepatoma cells [J] . Protein and Peptide Letters, 2010, 17 (8): 1031-1039.

[62] El-Maradny Y A, El-Fakharany E M, Abu-Serie M M, et al. Lectins purified from medicinal and edible mushrooms: Insights into their antiviral activity against pathogenic viruses [J] . International Journal of Biological Macromolecules, 2021, 179: 239-258.

[63] Fainerman V B, Lucassen-Reynders E H, Miller R. Adsorption of surfactants and proteins at fluid interfaces [J] . Colloids and Surfaces A: Physicochemical and Engineering Aspects, 1998, 143 (2/3): 141-165.

[64] Fan H B, Zou Y, Huang S Y, et al. Study on the physicochemical and emulsifying property of proteins extracted from Pleurotus tuoliensis [J] . LWT, 2021, 151: 112185.

[65] Fan Y C, Dong X, Zhong Y Y, et al. Effects of ionic liquids on the hydrolysis of casein by lumbrokinase [J] . Biochemical Engineering Journal, 2016, 109: 35-42.

[66] Fawole F J, Sahu N P, Shamna N, et al. Effects of detoxified Jatropha curcas protein isolate on growth performance, nutrient digestibility and physio-metabolic response of *Labeo rohita* fingerlings [J] . Aquaculture Nutrition, 2018, 24 (4): 1223-1233.

[67] Fayle S E, Gerrard J A, Simmons L, et al. Crosslinkage of proteins by dehydroascorbic acid and its degradation products [J] . Food Chemistry, 2000, 70 (2): 193-198.

[68] Fechner A, Knoth A, Scherze I, et al. Stability and release properties of double-emulsions stabilised by caseinate-dextran conjugates [J] . Food Hydrocolloids, 2007, 21 (5/6): 943-952.

[69] Fox P F, Brodkorb A. The casein micelle: Historical aspects, current concepts and significance [J] . International Dairy Journal, 2008, 18 (7): 677-684.

[70] Fox P F, Kelly A L. The caseins [M] // Proteins in Food Processing, Yada R Y, Boca Raton: CRC, 2004, 29-40.

[71] Fu M, Zhao X. Modified properties of a glycated and cross-linked soy protein isolate by transglutaminase and an oligochitosan of 5kDa [J] . Journal of the Science of Food and Agriculture, 2017, 97 (1): 58-64.

[72] Ganzevles R A, Cohen Stuart M A, Vliet T V, et al. Use of polysaccharides to

control protein adsorption to the air – water interface [J]. Food Hydrocolloids, 2006, 20 (6): 872-878.

[73] Gao A, Dong S, Wang X, et al. Preparation, characterization and calcium release evaluation in vitro of casein phosphopeptides – soluble dietary fibers copolymers as calcium delivery system [J]. Food Chemistry, 2018, 245: 262-269.

[74] Gao Y, Wáng Y, Wāng Y, et al. Protective function of novel fungal immunomodulatory proteins fip–lti1 and fip–lti2 from Lentinus tigrinus in concanavalin A–induced liver oxidative injury [J]. Oxidative Medicine and Cellular Longevity, 2019: 3139689.

[75] Gómez V, Colomé C, Reig F. Effect of reductive alkylation on transferrin conformation and physicochemical properties [J]. Analytica chimica acta, 1994, 290 (1/2): 65-74.

[76] González A, Nobre C, Simões L S, et al. Evaluation of functional and nutritional potential of a protein concentrate from Pleurotus ostreatus mushroom [J]. Food Chemistry, 2021, 346: 128884.

[77] Gouveia W, Jorge T F, Martins S, et al. Toxicity of ionic liquids prepared from biomaterials [J]. Chemosphere, 2014, 104: 51-56.

[78] Grega T, Najgebauer D, Sady M, et al. Biodegradable Complex Polymers from Casein and Potato Starch [J]. Journal of Polymers and the Environment, 2003, 11 (2): 75-83.

[79] Grossmann L, Ebert S, Hinrichs J, et al. Effect of precipitation, lyophilization, and organic solvent extraction on preparation of protein – rich powders from the microalgae Chlorella protothecoides [J]. Algal Research, 2018, 29: 266-276.

[80] Gu F, Kim J M, Abbas S, et al. Structure and antioxidant activity of high molecular weight Maillard reaction products from casein – glucose [J]. Food Chemistry, 2010, 120 (2): 505-511.

[81] Hallett J P, Welton T. Room–temperature ionic liquids: solvents for synthesis and catalysis. 2 [J]. Chemical Reviews, 2011, 111 (5): 3508-3576.

[82] Han Y P, Fu M, Zhao X H. The quality of set–style yoghurt responsible to partial lactose hydrolysis followed by protein cross – linking of the skimmed milk [J]. International Journal of Dairy Technology, 2015, 68 (3): 427-433.

[83] Hannss M, Hubbe N, Henle T. Acid – induced gelation of caseins glycated with lactose: impact of Maillard reaction – based glycoconjugation and protein cross – linking [J]. Journal of Agricultural and Food Chemistry, 2018, 66 (43): 11477-11485.

[84] Hashizume K, Watanabe T. Influence of Heating Temperature on Conformational Changes

of Soybean Proteins [J] . Agricultural and Biological Chemistry, 1979, 43 (4): 683-690.

[85] He M N, Su D, Liu Q H, et al. Mushroom lectin overcomes hepatitis B virus tolerance via TLR6 signaling [J] . Scientific Reports, 2017, 7 (1): 5814.

[86] Hellwig M, Henle T. Baking, Ageing, Diabetes: A short history of the maillard reaction [J] . Angewandte Chemie (International Ed), 2014, 53 (39): 10316-10329.

[87] Ho J C K, Sze S C W, Shen W Z, et al. Mitogenic activity of edible mushroom lectins [J] . Biochimica et Biophysica Acta (BBA) -General Subjects, 2004, 1671 (1/2/3): 9-17.

[88] Ho Q, Murphy K, Drapala K, et al. Modelling the changes in viscosity during thermal treatment of milk protein concentrate using kinetic data [J] . Journal of Food Engineering, 2019, 246: 179-191.

[89] Hodge J E. Dehydrated foods, chemistry of browning reactions in model systems [J] . Journal of Agricultural and Food Chemistry, 1953, 1 (15): 928-943.

[90] Hu H, Wu J, Li-Chan E C Y, et al. Effects of ultrasound on structural and physical properties of soy protein isolate (SPI) dispersions [J] . Food Hydrocolloids, 2013, 30 (2): 647-655.

[91] Huang Y T, Kinsella J E. Effects of phosphorylation on emulsifying and foaming properties and digestibility of yeast protein [J] . Journal of Food Science, 1987, 52 (6): 1684-1688.

[92] İbanoğlu E, Karataş Ş. High pressure effect on foaming behaviour of whey protein isolate [J] . Journal of Food Engineering, 2001, 47 (1): 31-36.

[93] Ishino K , Kudo S. Conformational Transition of Alkali-Denatured Soybean 7S and 11S Globulins by Ethanol [J] . Agricultural and biological chemistry, 1980, 44 (3): 537-543.

[94] Jambrak A R, Lelas V, Mason T J, et al. Physical properties of ultrasound treated soy proteins [J] . Journal of Food Engineering, 2009, 93 (4): 386-393.

[95] Jambrak A R, Mason T J, Lelas V, et al. Effect of ultrasound treatment on solubility and foaming properties of whey protein suspensions [J] . Journal of Food Engineering, 2008, 86 (2): 281-287.

[96] Jiang C, Liu L, Li X, et al. Separation and purification of hypocholesterolaemic peptides from whey protein and their stability under simulated gastrointestinal digestion [J] . International Journal of Dairy Technology, 2018, 71 (2): 460-468.

[97] Jiang L, Wang J, Li Y, et al. Effects of ultrasound on the structure and physical

properties of black bean protein isolates [J]. Food Research International, 2014, 62: 595-601.

[98] Jiang S, Zhao Y, Shen Q, et al. Modification of ACE-inhibitory peptides from Acaudina molpadioidea using the plastein reaction and examination of its mechanism [J]. Food Bioscience, 2018, 26: 1-7.

[99] Jiménez-Castaño L, Villamiel M, López-Fandiño R. Glycosylation of individual whey proteins by Maillard reaction using dextran of different molecular mass [J]. Food Hydrocolloids, 2007, 21 (3): 433-443.

[100] Kahle J, Watzig H. Interlaced size exclusion chromatography for faster protein analysis [J]. European Journal of Pharmaceutics and Biopharmaceutics, 2018, 126: 101-103.

[101] Khan K, Rai S R. A study on the acceptability of functional whole wheat bread fortified with mushroom (Agaricus bisporus) powder and whey protein isolates amongst gym goers (23-27 years) [J]. International Journal of Home Science, 2016, 2: 280-283.

[102] Khan S H, Butt M S, Sharif M K, et al. Functional properties of protein isolates extracted from stabilized rice bran by microwave, dry heat, and parboiling [J]. Journal of Agricultural and Food Chemistry, 2011, 59 (6): 2416-2420.

[103] Kim C S, Kamiya S, Sato T, et al. Improvement of nutritional value and functional properties of soybean glycinin by protein engineering [J]. Protein Engineering, 1990, 3 (8): 725-731.

[104] Kim K, Choi B, Lee I, et al. Bioproduction of mushroom mycelium of Agaricus bisporus by commercial submerged fermentation for the production of meat analogue [J]. Journal of the Science of Food and Agriculture, 2011, 91 (9): 1561-1568.

[105] Kimatu B M, Zhao L Y, Biao Y, et al. Antioxidant potential of edible mushroom (Agaricus bisporus) protein hydrolysates and their ultrafiltration fractions [J]. Food Chemistry, 2017, 230: 58-67.

[106] Kinsella J E, Melachouris N. Functional properties of proteins in foods: A survey [J]. Food Science and Nutrition, 1976, 7 (3): 219-280.

[107] Kumosinski T F, Brown E M, Jr. Farrell H M. Three-dimensional molecular modeling of bovine caseins: an energy-minimized β-casein structure [J]. Journal of Dairy Science, 1993, 76 (4): 931-945.

[108] Kumosinski T F, Brown E M, Jr. Farrell H M. Three-dimensional molecular modeling of bovine caseins: a refined, energy-minimized κ-casein structure [J]. Journal of Dairy Science, 1993, 76 (9): 2507-2520.

[109] Lam R S H, Nickerson M T. Food proteins: A review on their emulsifying properties using a structure‑function approach [J]. Food Chemistry, 2013, 141 (2): 975‑984.

[110] Lam S K, Ng T B. Hypsin, a novel thermostable ribosome inactivating protein with antifungal and antiproliferative activities from fruiting bodies of the edible mushroom hypsizigus marmoreus [J]. Biochemical and Biophysical Research Communications, 2001, 285 (4): 1071‑1075.

[111] Lappalainen K, Kärkkäinen J, Lajunen M. Dissolution and depolymerization of barley starch in selected ionic liquids [J]. Carbohydrate Polymers, 2013, 93 (1): 89‑94.

[112] Lassé M, Deb‑Choudhury S, Haines S, et al. The impact of pH, salt concentration and heat on digestibility and amino acid modification in egg white protein [J]. Journal of Food Composition and Analysis, 2015, 38: 42‑48.

[113] Le Maire M, Thauvette L, de Foresta B, et al. Effects of ionizing radiations on proteins. Evidence of non‑random fragmentations and a caution in the use of the method for determination of molecular mass [J]. Biochemical Journal, 1990, 267 (2): 431‑439.

[114] Lee S, Song K B. Effect of gamma‑irradiation on the physicochemical properties of porcine and bovine blood plasma proteins [J]. Food Chemistry, 2003, 82 (4): 521‑526.

[115] Lee Y S, Phang L, Ahmad S A, et al. Microwave‑Alkali Treatment of Chicken Feathers for Protein Hydrolysate Production [J]. Waste and Biomass Valorization, 2016, 7 (5): 1147‑1157.

[116] Lehmann A, Volkert B. Preparing esters from high‑amylose starch using ionic liquids as catalysts [J]. Carbohydrate Polymers, 2011, 83 (4): 1529‑1533.

[117] Lettera V, Pezzella C, Cicatiello P, et al. Efficient immobilization of a fungal laccase and its exploitation in fruit juice clarification [J]. Food Chemistry, 2016, 196: 1272‑1278.

[118] Li C, Enomoto H, Hayashi Y, et al. Recent advances in phosphorylation of food proteins: A review [J]. LWT‑Food Science and Technology, 2010, 43 (9): 1295‑1300.

[119] Li F, Wen H A, Zhang Y J, et al. Purification and characterization of a novel immunomodulatory protein from the medicinal mushroom Trametes versicolor [J]. Science China Life Sciences, 2011, 54 (4): 379‑385.

[120] Li Q Z, Wang X F, Zhou X W. Recent status and prospects of the fungal

immunomodulatory protein family [J]. Critical Reviews in Biotechnology, 2011, 31 (4):365-375.

[121] Li T, Ma L, Sun D, et al. Purification of lactoperoxidase from bovine milk by integrating the technique of salting-out extraction with cation exchange chromatographic separation [J]. Journal of Food Measurement and Characterization, 2019, 13 (2): 1400-1410.

[122] Li X, Tang C. Influence of glycation on microencapsulating properties of soy protein isolate-lactose blends [J]. Journal of the Science of Food and Agriculture, 2013, 93 (11): 2715-2722.

[123] Li Y R, Zhang G Q, Ng T B, et al. A novel lectin with antiproliferative and HIV-1 reverse transcriptase inhibitory activities from dried fruiting bodies of the monkey head mushroom Hericium erinaceum [J]. Journal of Biomedicine and Biotechnology, 2010: 716515.

[124] Li Y, Chen Z, Mo H. Effects of pulsed electric fields on physicochemical properties of soybean protein isolates [J]. LWT - Food Science and Technology, 2007, 40 (7): 1167-1175.

[125] Liao L, Zhao M, Ren J, et al. Effect of acetic acid deamidation-induced modification on functional and nutritional properties and conformation of wheat gluten [J]. Journal of the Science of Food and Agriculture, 2010, 90 (3): 409-417.

[126] Lin M J Y, Humbert E S, Sosulski F W. Certain functional properties of sunflower meal products [J]. Journal of Food Science, 1974, 39 (2): 368-370.

[127] Lin T Y, Hua W J, Yeh H, et al. Functional proteomic analysis reveals that fungal immunomodulatory protein reduced expressions of heat shock proteins correlates to apoptosis in lung cancer cells [J]. Phytomedicine, 2021, 80: 153384.

[128] Liu C, Ma X. Study on the mechanism of microwave modified wheat protein fiber to improve its mechanical properties [J]. Journal of Cereal Science, 2016, 70: 99-107.

[129] Liu G, Xiong Y L. Thermal transitions and dynamic gelling properties of oxidatively modified myosin, β-lactoglobulin, soy 7S globulin and their mixtures [J]. Journal of the Science of Food and Agriculture, 2000, 80 (12): 1728-1734.

[130] Liu K S. Soybeans: Chemistry, Technology, and Utilization [M]. Gaithersburg, MD: Aspen Publishers, Inc., 1999.

[131] Longvah T, Deosthale Y G. Compositional and nutritional studies on edible wild mushroom from northeast India [J]. Food Chemistry, 1998, 63 (3): 331-334.

[132] Luz Sanz M, Corzo-Martínez M, Rastall R A, et al. Characterization and in Vitro

Digestibility of Bovine β-Lactoglobulin Glycated with Galactooligosaccharides [J].
Journal of Agricultural and Food Chemistry, 2007, 55 (19): 7916-7925.

[133] Majumder R, Banik S P, Khowala S. Purification and characterisation of κ-casein
specific milk – clotting metalloprotease from Termitomyces clypeatus MTCC 5091
[J]. Food Chemistry, 2015, 173: 441-448.

[134] Manavalan P, Johnson W C. Sensitivity of circular dichroism to protein tertiary
structure class [J]. Nature, 1983, 305 (5937): 831-832.

[135] Manoi K, Rizvi S S H. Emulsification mechanisms and characterizations of cold,
gel-like emulsions produced from texturized whey protein concentrate [J]. Food
Hydrocolloids, 2009, 23 (7): 1837-1847.

[136] Marciniak – Darmochwal K, Kostyra H. Influence of nonenzymatic glycosylation
(glycation) of pea proteins (Pisum sativum) on their susceptibility to enzymatic
hydrolysis [J]. Journal of Food Biochemistry, 2009, 33 (4): 506-521.

[137] Martinez-Alvarenga M S, Martinez-Rodriguez E Y, Garcia-Amezquita L E, et
al. Effect of Maillard reaction conditions on the degree of glycation and functional
properties of whey protein isolate-Maltodextrin conjugates [J]. Food Hydrocolloids,
2014, 38: 110-118.

[138] Martins P L G, Braga A R, de Rosso V V. Can ionic liquid solvents be applied in the
food industry? [J]. Trends in Food Science and Technology, 2017, 66: 117-124.

[139] Maruyama N, Adachi M, Takahashi K, et al. Crystal structures of recombinant and
native soybean beta-conglycinin beta homotrimers [J]. European Journal of Bioch-
emistry, 2001, 268 (12): 3595-3604.

[140] Matemu A O, Kayahara H, Murasawa H, et al. Importance of size and charge of
carbohydrate chains in the preparation of functional glycoproteins with excellent
emulsifying properties from tofu whey [J]. Food Chemistry, 2009, 114 (4):
1328-1334.

[141] Matheis G, Whitaker J R. Chemical phosphorylation of food proteins: an overview
and a prospectus [J]. Journal of Agricultural and Food Chemistry, 1984, 32
(4): 699-705.

[142] Matheis G. Phosphorylation of food proteins with phosphorus oxychloride improvement
of functional and nutritional properties: a review [J]. Food Chemistry, 1991, 39
(1): 13-26.

[143] Matsudomi N, Inoue Y, Nakashima H, et al. Emulsion stabilization by Maillard-type
covalent complex of plasma protein with galactomannan [J]. Journal of Food
Science, 1995, 60 (2): 265-268.

[144] Matuszewska A, Karp M, Jaszek M, et al. Laccase purified from Cerrena unicolor exerts antitumor activity against leukemic cells [J]. Oncology Letters, 2016, 11 (3): 2009-2018.

[145] Means G E, Feeney R E. Chemical modifications of proteins: a review [J]. Journal of Food Biochemistry, 1998, 22 (5): 399-426.

[146] Means G E, Feeney R E. Reductive Alkylation of Proteins [J]. Analytical biochemistry, 1995, 224 (1): 1-16.

[147] Meng J, Kang T, Wang H, et al. Physicochemical properties of casein-dextran nanoparticles prepared by controlled dry and wet heating [J]. International Journal of Biological Macromolecules, 2018, 107: 2604-2610.

[148] Miedzianka J, Pęksa A. Effect of pH on phosphorylation of potato protein isolate [J]. Food Chemistry, 2013, 138 (4): 2321-2326.

[149] Minussi R C, Rossi M, Bologna L, et al. Phenols removal in musts: Strategy for wine stabilization by laccase [J]. Journal of Molecular Catalysis B: Enzymatic, 2007, 45 (3/4): 102-107.

[150] Molina E, Papadopoulou A, Ledward D A. Emulsifying properties of high pressure treated soy protein isolate and 7S and 11S globulins [J]. Food Hydrocolloids, 2001, 15 (3): 263-269.

[151] Moringo N A, Bishop L D C, Shen H, et al. A mechanistic examination of salting out in protein-polymer membrane interactions [J]. Proceedings of the National Academy of Sciences, 2019, 116 (46): 22938-22945.

[152] Mu L, Zhao H, Zhao M, et al. Physicochemical properties of soy protein isolates-acacia gum conjugates [J]. Czech Journal of Food Sciences, 2011, 29 (2): 129-136.

[153] Mulcahy E M, Park C W, Drake M, et al. Enhancement of the functional properties of whey protein by conjugation with maltodextrin under dry-heating conditions [J]. International Journal of Dairy Technology, 2018, 71 (1): 216-225.

[154] Mulcahy E M, Park C W, Drake M, et al. Enhancement of the functional properties of whey protein by conjugation with maltodextrin under dry-heating conditions [J]. International Journal of Dairy Technology, 2018, 71 (1): 216-225.

[155] Nayak S K, Arora S, Sindhu J S, et al. Effect of chemical phosphorylation on solubility of buffalo milk proteins [J]. International Dairy Journal, 2006, 16 (3): 268-273.

[156] Nishinari K, Fang Y, Guo S, et al. Soy proteins: A review on composition, aggregation and emulsification [J]. Food Hydrocolloids, 2014, 39: 301-318.

[157] Niu L, Jiang S, Pan L, et al. Characteristics and functional properties of wheat germ protein glycated with saccharides through Maillard reaction [J]. International Journal of Food Science and Technology, 2011, 46 (10): 2197-2203.

[158] Niu L, Jiang S, Pan L, et al. Characteristics and functional properties of wheat germ protein glycated with saccharides through Maillard reaction [J]. International Journal of Food Science and Technology, 2011, 46 (10): 2197-2203.

[159] Oh M, Kim Y, Hoon Lee S, et al. Prediction of CML contents in the Maillard reaction products for casein-monosaccharides model [J]. Food Chemistry, 2018, 267:271-276.

[160] Oliver C M, Melton L D, Stanley R A. Creating Proteins with Novel Functionality via the Maillard Reaction: A Review [J]. Critical Reviews in Food Science and Nutrition, 2006, 46 (4): 337-350.

[161] Oliver C M, Melton L D, Stanley R A. Functional properties of caseinate glycoconjugates prepared by controlled heating in the 'dry' state [J]. Journal of the Science of Food and Agriculture, 2006, 86 (5): 732-740.

[162] Pan W L, Wong J H, Fang E F, et al. Differential inhibitory potencies and mechanisms of the type I ribosome inactivating protein marmorin on estrogen receptor (ER) -positive and ER-negative breast cancer cells [J]. Biochimica et Biophysica Acta (BBA) -Molecular Cell Research, 2013, 1833 (5): 987-996.

[163] Panyam D, Kilara A. Enhancing the functionality of food proteins by enzymatic modification [J]. Trends in Food Science and Technology, 1996, 7 (4): 120-125.

[164] Payens T A. Association of caseins and their possible relation to structure of the casein micelle [J]. Journal of Dairy Science, 1966, 49 (11): 1317-1324.

[165] Pereira A M, Lisboa C R, Costa J A V. High protein ingredients of microalgal origin: obtainment and functional properties [J]. Innovative Food Science and Emerging Technologies, 2018, 47: 187-194.

[166] Petruccelli S, Añón M C. Relationship between the method of obtention and the structural and functional properties of soy protein isolates. 2. surface properties [J]. Journal of Agricultural and Food Chemistry, 1994, 42 (10): 2161-2169.

[167] Phillips D M, Drummy L F, Conrady D G, et al. Dissolution and regeneration of Bombyx mori silk fibroin using ionic liquids. [J]. Journal of the American Chemical Society, 2004, 126 (44): 14350-14351.

[168] Pirestani S, Nasirpour A, Keramat J, et al. Structural properties of canola protein isolate-gum Arabic Maillard conjugate in an aqueous model system [J]. Food

Hydrocolloids, 2018, 79: 228-234.

[169] Polaskova M, Cermak R, Polasek Z, et al. Influence of ionic liquids on the morphology of corn flour/polyester mixtures [J]. Starch – Stärke, 2018, 70 (11/12): 1700233.

[170] Poulin J, Caillard R, Subirade M. β-Lactoglobulin tablets as a suitable vehicle for protection and intestinal delivery of probiotic bacteria [J]. International Journal of Pharmaceutics, 2011, 405 (1/2): 47-54.

[171] Liu J M, Ru Q M, Ding Y T. Glycation a promising method for food protein modification: Physicochemical properties and structure, a review [J]. Food Research International, 2012, 49 (1): 170-183.

[172] Puppo C, Chapleau N, Speroni F, et al. Physicochemical modifications of high-pressure-treated soybean protein isolates [J]. Journal of Agricultural and Food Chemistry, 2004, 52 (6): 1564-1571.

[173] Puppo M C, Speroni F, Chapleau N, et al. Effect of high-pressure treatment on emulsifying properties of soybean proteins [J]. Food Hydrocolloids, 2005, 19 (2): 289-296.

[174] Qin Z, Guo X, Lin Y, et al. Effects of high hydrostatic pressure on physicochemical and functional properties of walnut (Juglans regia L.) protein isolate [J]. Journal of the Science of Food and Agriculture, 2013, 93 (5): 1105-1111.

[175] Qu W J, Zhang X X, Han X, et al. Structure and functional characteristics of rapeseed protein isolate-dextran conjugates [J]. Food Hydrocolloids, 2018, 82: 329-337.

[176] Riblett A L, Herald T J, Schmidt K A, et al. Characterization of β-Conglycinin and Glycinin Soy Protein Fractions from Four Selected Soybean Genotypes [J]. Journal of Agricultural and Food Chemistry, 2001, 49 (10): 4983-4989.

[177] Rich L M, Foegeding E A. Effects of sugars on whey protein isolate gelation [J]. Journal of Agricultural and Food Chemistry, 2000, 48 (10): 5046-5052.

[178] Hayakawa S, Nakai S. Relationships of hydrophobicity and net charge to the solubility of milk and soy proteins [J]. Journal of Food Science, 1985, 50 (2): 486-491.

[179] Schellman J A. Fifty years of solvent denaturation [J]. Biophysical Chemistry, 2002, 96 (2/3): 91-101.

[180] Sen L C, Lee H S, Feeney R E, et al. In vitro digestibility and functional properties of chemically modified casein [J]. Journal of agricultural and food chemistry, 1981, 29 (2): 348-354.

[181] Shi R J, Chen Z J, Fan W X, et al. Research on the physicochemical and digestive

properties of Pleurotus eryngii protein [J] . International Journal of Food Properties, 2018, 21 (1): 2785-2806.

[182] Singh J, Sindhu S C, Sindhu A, et al. Development and evaluation of value added biscuits from dehydrated shitake (Lentinus edodes) mushroom [J] . International Journal of Current Research, 2016, 8 (3): 27155-27159.

[183] Song C L, Zhao X H. Structure and property modification of an oligochitosan – glycosylated and crosslinked soybean protein generated by microbial transglutaminase [J] . Food Chemistry, 2014, 163: 114-119.

[184] Soria A C, Villamiel M. Effect of ultrasound on the technological properties and bioactivity of food: a review [J] . Trends in Food Science & Technology, 2010, 21 (7): 323-331.

[185] Stanić-Vučanić D, árković-Veličković T. The modifications of bovine β-lactog-lobulin: effects on its structural and functional properties [J] . Journal of the Serbian Chemical Society, 2013, 78 (3): 445-461.

[186] Stephan A, Ahlborn J, Zajul M, et al. Edible mushroom mycelia of Pleurotus sapidus as novel protein sources in a vegan boiled sausage analog system: Functionality and sensory tests in comparison to commercial proteins and meat sausages [J] . European Food Research and Technology, 2018, 244 (5): 913-924.

[187] Subirade M, Kelly I, Guéguen J, et al. Molecular basis of film formation from a soybean protein: comparison between the conformation of glycinin in aqueous solution and in films [J] . International Journal of Biological Macromolecules, 1998, 23 (4): 241-249.

[188] Sudheep N M, Sridhar K R. Nutritional composition of two wild mushrooms consumed by the tribals of the Western Ghats of India [J] . Mycology, 2014, 5 (2):64-72.

[189] Swaisgood H E. Chemistry of the caseins [M] //Advanced Dairy Chemistry Volume 1: Proteins, Fox P F, Mcsweeney H P L, New York: Kluwer Academic/Plenum Publishers, 2003: 139-187.

[190] Swatloski R P, Spear S K, Holbrey J D, et al. Dissolution of Cellose with Ionic Liquids [J] . Journal of the American Chemical Society, 2002, 124 (18): 4974-4975.

[191] Sze S C W, Ho J C K, Liu W K. Volvariella volvacea lectin activates mouse T lymphocytes by a calcium dependent pathway [J] . Journal of Cellular Biochemistry, 2004, 92 (6): 1193-1202.

[192] Tang C H, Ma C Y. Effect of high pressure treatment on aggregation and structural properties of soy protein isolate [J] . LWT – Food Science and Technology,

2009, 42 (2): 606-611.

[193] Tang C, Sun X, Foegeding E A. Modulation of physicochemical and conform-ational properties of kidney bean vicilin (phaseolin) by glycation with glucose: implications for structure-function relationships of legume vicilins [J]. Journal of Agricultural and Food Chemistry, 2011, 59 (18): 10114-10123.

[194] Thomas M E, Scher J, Desobry Banon S, et al. Milk powders ageing: Effect on physical and functional properties [J]. Critical Reviews in Food Science and Nutrition, 2004, 44 (5): 297-322.

[195] Tian S, Chen J, Small D M. Enhancement of solubility and emulsifying properties of soy protein isolates by glucose conjugation [J]. Journal of Food Processing and Preservation, 2011, 35 (1): 80-95.

[196] Toda M, Hellwig M, Henle T, et al. Influence of the maillard reaction on the allergenicity of food proteins and the development of allergic inflammation [J]. Current Allergy and Asthma Reports, 2019, 19 (1): 1-7.

[197] Torrezan R, Tham W P, Bell A E, et al. Effects of high pressure on functional properties of soy protein [J]. Food Chemistry, 2007, 104 (1): 140-147.

[198] Tu X, Sun F, Wu S, et al. Comparison of salting-out and sugaring-out liquid-liquid extraction methods for the partition of 10-hydroxy-2-decenoic acid in royal jelly and their co-extracted protein content [J]. Journal of Chromatography B, 2018, 1073: 90-95.

[199] Van Camp J, Messens W, Clément J, et al. Influence of pH and calcium chloride on the high-pressure-induced aggregation of a whey protein concentrate [J]. Journal of Agricultural and Food Chemistry, 1997, 45 (5): 1600-1607.

[200] Wang L, Wu M, Liu H. Emulsifying and physicochemical properties of soy hull hemicelluloses – soy protein isolate conjugates [J]. Carbohydrate Polymers, 2017, 163: 181-190.

[201] Wang X, Tang C, Li B, et al. Effects of high-pressure treatment on some phys-icochemical and functional properties of soy protein isolates [J]. Food Hydrocolloids, 2008, 22 (4): 560-567.

[202] Wang X, Zhao X. Using an enzymatic galactose assay to detect lactose glycation extents of two proteins caseinate and soybean protein isolate via the Maillard reaction [J]. Journal of the Science of Food and Agriculture, 2017, 97 (8): 2617-2622.

[203] Wang Y F, Zhang Y F, Shao J J, et al. Potential immunomodulatory activities of a lectin from the mushroom Latiporus sulphureus [J]. International Journal of Biological Macromolecules, 2019, 130: 399-406.

[204] Wang Y Q, Wang Y, Luo Q, et al. Molecular characterization of the effects of Ganoderma Lucidum polysaccharides on the structure and activity of bovine serum albumin [J]. Spectrochimica Acta Part A: Molecular and Biomolecular Spectroscopy, 2019, 206: 538-546.

[205] Wang Y, Wa Ng Y, Gao Y N, et al. Discovery and characterization of the highly active fungal immunomodulatory protein fip-vvo82 [J]. Journal of Chemical Information and Modeling, 2016, 56 (10): 2103-2114.

[206] Waugh D F, Creamer L K, Slattery C W, et al. Core polymers of casein micelles [J]. Biochemistry, 1970, 9 (4): 786-795.

[207] Whitaker J R, Voragen G, Wong D W S. Handbook of Food Enzymology [M]. New York: Marcel Dekker, Inc., 2003.

[208] Wilpiszewska K, Spychaj T. Ionic liquids: Media for starch dissolution, plasticization and modification [J]. Carbohydrate Polymers, 2011, 86 (2): 424-428.

[209] Wongaem A, Reamtong O, Srimongkol P, et al. Antioxidant properties of peptides obtained from the split gill mushroom (Schizophyllum commune) [J]. Journal of Food Science and Technology, 2021, 58 (2): 680-691.

[210] Wooster T J, Augustin M A. β-Lactoglobulin-dextran maillard conjugates: Their effect on interfacial thickness and emulsion stability [J]. Journal of Colloid and Interface Science, 2006, 303 (2): 564-572.

[211] Xi H, Yu J, Sun Q, et al. Expression and purification of pneumococcal surface protein a of clade 4 in Escherichia coli using hydroxylapatite and ion-exchange column chromatography [J]. Protein Expression and Purification, 2018, 151: 56-61.

[212] Xiang B Y, Ngadi M O, Ochoa-Martinez L A, et al. Pulsed electric field-induced structural modification of whey protein isolate [J]. Food and Bioprocess Technology, 2011, 4 (8): 1341-1348.

[213] Xiong Z, Ma M. Enhanced ovalbumin stability at oil-water interface by phosphorylation and identification of phosphorylation site using MALDI-TOF mass spectrometry [J]. Colloids and Surfaces B: Biointerfaces, 2017, 153: 253-262.

[214] Xiong Z, Zhang M, Ma M. Emulsifying properties of ovalbumin: Improvement and mechanism by phosphorylation in the presence of sodium tripolyphosphate [J]. Food Hydrocolloids, 2016, 60: 29-37.

[215] Xu R Y, Teng Z, Wang Q. Development of tyrosinase-aided crosslinking procedure for stabilizing protein nanoparticles [J]. Food Hydrocolloids, 2016, 60: 324-334.

[216] Xue F, Li C, Zhu X, et al. Comparative studies on the physicochemical properties

of soy protein isolate–maltodextrin and soy protein isolate–gum acacia conjugate prepared through Maillard reaction [J]. Food Research International, 2013, 51 (2): 490-495.

[217] Yahya F, Yusof N N M, Chen C K. Effect of varying ratios of oyster mushroom powder to tapioca flour on the physicochemical properties and sensory acceptability of fried mushroom crackers [J]. Malaysian Applied Biology, 2017, 46 (1): 57-62.

[218] Yalcin E, Sakiyan O, Sumnu G, et al. Functional properties of microwave–treated wheat gluten [J]. European Food Research and Technology, 2008, 227 (5): 1411-1417.

[219] Yang M, Shi Y, Liang Q. Effect of microbial transglutaminase crosslinking on the functional properties of yak caseins: a comparison with cow caseins [J]. Dairy Science and Technology, 2016, 96 (1): 39-51.

[220] Yang Q, Wei Z, Xing H, et al. Brönsted acidic ionic liquids as novel catalysts for the hydrolyzation of soybean isoflavone glycosides [J]. Catalysis Communications, 2008, 9 (6): 1307-1311.

[221] Yang S, Lee S, Pyo M C, et al. Improved physicochemical properties and hepatic protection of Maillard reaction products derived from fish protein hydrolysates and ribose [J]. Food Chemistry, 2017, 221: 1979-1988.

[222] Yen C H, Lin Y S, Tu C F. A novel method for separation of caseins from milk by phosphates precipitation [J]. Preparative Biochemistry and Biotechnology, 2015, 45 (1): 18-32.

[223] Yu L G, Fernig D G, White M R H, et al. Edible mushroom (Agaricus bisporus) lectin, which reversibly inhibits epithelial cell proliferation, blocks nuclear localization sequence–dependent nuclear protein import [J]. Journal of Biological Chemistry, 1999, 274 (8): 4890-4899.

[224] Yu X Y, Zou Y, Zheng Q W, et al. Physicochemical, functional and structural properties of the major protein fractions extracted from Cordyceps militaris fruit body [J]. Food Research International, 2021, 142: 110211.

[225] Yue J, Zhu Z, Yi J, et al. One–step extraction of oat protein by choline chloride–alcohol deep eutectic solvents: Role of chain length of dihydric alcohol [J]. Food Chemistry, 2022, 376: 131943.

[226] Zarski A, Ptak S, Siemion P, et al. Esterification of potato starch by a biocatalysed reaction in an ionic liquid [J]. Carbohydrate Polymers, 2016, 137: 657-663.

[227] Zha F, Dong S, Rao J, et al. Pea protein isolate–gum Arabic Maillard conjugates improves physical and oxidative stability of oil–in–water emulsions [J]. Food

Chemistry, 2019, 285: 130-138.

[228] Zhang J, Wu N, Yang X, et al. Improvement of emulsifying properties of Maillard reaction products from β - conglycinin and dextran using controlled enzymatic hydrolysis [J]. Food Hydrocolloids, 2012, 28 (2): 301-312.

[229] Zhang Y Q, Yao F Y, Liu J, et al. Synthesis and characterization of alkylated caseinate, and its structure-curcumin loading property relationship in water [J]. Food Chemistry, 2018, 244: 246-253.

[230] Zhang Z, Zhu Y, Shi Y. Molecular dynamics simulations of urea and thermal-induced denaturation of S-peptide analogue [J]. Biophysical Chemistry, 2001, 89 (2/3): 145-162.

[231] Zhao Q, Chu H, Zhao B, et al. Advances of ionic liquids-based methods for protein analysis [J]. TrAC Trends in Analytical Chemistry, 2018, 108: 239-246.

[232] Zhao S, Zhao Y C, Li S H, et al. A novel lectin with highly potent antiproliferative and HIV-1 reverse transcriptase inhibitory activities from the edible wild mushroom Russula delica [J]. Glycoconjugate Journal, 2010, 27 (2): 259-265.

[233] Zhao X, Cai P, Sun C, et al. Application of ionic liquids in separation and analysis of carbohydrates: State of the art and future trends [J]. TrAC Trends in Analytical Chemistry, 2019, 111: 148-162.

[234] Zheng H, Yang X, Tang C, et al. Preparation of soluble soybean protein aggregates (SSPA) from insoluble soybean protein concentrates (SPC) and its functional properties [J]. Food Research International, 2008, 41 (2): 154-164.

[235] Zhong L, Ma N, Wu Y, et al. Characterization and functional evaluation of oat protein isolate - Pleurotus ostreatus β - glucan conjugates formed via Maillard reaction [J]. Food Hydrocolloids, 2019, 87: 459-469.

[236] Zhu D, Damodaran S, Lucey J A. Physicochemical and emulsifying properties of whey protein isolate (WPI) -dextran conjugates produced in aqueous solution [J]. Journal of Agricultural and Food Chemistry, 2010, 58 (5): 2988-2994.

[237] Yu L, Fernig D G, Smith J A, et al. Reversible inhibition of proliferation of epithelial cell lines by Agaricus bisporus (edible mushroom) lectin [J]. Cancer Research, 1993, 53 (19): 4627-4632.

[238] Zou Y, Yu X Y, Zheng Q W, et al. Effect of beating process on the physicochemical and textural properties of meat analogs prepared with Cordyceps militaris fruiting body [J]. International Journal of Food Engineering, 2022, 18 (2): 153-160.

[239] Zou Y, Zheng Q W, Chen X, et al. Physicochemical and emulsifying properties of protein isolated from Phlebopus portentosus [J]. LWT, 2021, 142: 111042.

[240] 陈峰，杨帅伶，刘宾．微藻蛋白质及其在食品中的应用研究进展［J］．中国食品学报，2022，22（6）：21-32.

[241] 陈锋菊，张晓羲，宁丽红．有机溶剂沉淀法去除子宫内膜癌血清高丰度蛋白的比较研究［J］．湖南文理学院学报（自然科学版），2013，25（3）：32-34，68.

[242] 陈复生，郭兴风．蛋白质化学与工艺［M］．郑州：郑州大学出版社，2012.

[243] 陈海华，孙庆杰．食品化学［M］．北京：化学工业出版社，2016.

[244] 陈梦婷，郑昌亮，汪兰，等．超高压技术在蛋白质改性和活性肽制备中的应用研究进展［J］．食品科学，2023，44（5）：298-304.

[245] 丛之慧，李迪，周法婷，等．柠檬籽蛋白提取工艺优化及其不同酶解肽抗氧化活性分析［J］．食品工业科技，2022，43（16）：220-229.

[246] 崔晨露，赵勇，徐静雯．脱酰胺和磷酸化改性双孢菇蛋白质及其性质研究［J/OL］．食品与发酵工业，1-8［2025-7-14］.

[247] 崔中利，乔燕，叶现丰，等．一种利用 $\beta-1$，6 葡聚糖酶联产酵母葡聚糖、甘露糖蛋白和酵母提取物的方法：CN201910220003.9［P］．2022-08-09.

[248] 党琳燕．沙棘籽粕蛋白质提取工艺优化及抗疲劳活性研究［J］．中国调味品，2021，46（11）：133-136.

[249] 董铭，白云，李月秋，等．脉冲电场对食品蛋白质改性作用的研究进展［J］．食品工业科技，2019，40（2）：293-299.

[250] 杜莹莹，武福军，韩浩，等．离子交换色谱法测定重组人血清白蛋白干扰素α2b 融合蛋白纯度［J］．药物分析杂志，2020，40（8）：1490-1493.

[251] 付珊珊，周显青，张玉荣，等．超声辅助酶法和碱法对米糠蛋白提取率的影响研究［J］．食品科技，2021，46（9）：149-155.

[252] 付霞．基于毛细管电泳的蛋白质分离纯化方法开发［D］．天津：天津大学，2016.

[253] 高琦，张首央，唐子程，等．蛋白质纳米颗粒的制备及其在食品领域的应用研究进展［J］．食品工业科技，2023，44（11）：30-37.

[254] 管斌，林洪，王广策．食品蛋白质化学［M］．北京：化学工业出版社，2005.

[255] 胡二坤，郭兴风，郑慧．凝胶过滤色谱分离纯化鱼蛋白酶解产物［J］．食品工业，2020，41（12）：240-243.

[256] 胡娜，利佳炜，闫珍珍，等．蛋白质定量质谱技术及其在食品加工用酵母中的应用［J］．食品科学，2023，44（3）：12-21.

[257] 黄泽元，迟玉杰．食品化学［M］．北京：中国轻工业出版社，2017.

[258] 贾恬．黄秋葵籽蛋白提取、纯化及特性研究［D］．西安：陕西科技大学，2018.

［259］贾云虹，宋晓青，杨凯．凝胶过滤色谱法测定婴儿配方乳粉中 α-乳白蛋白
　　　［J］．食品科技，2015，40（5）：310-312.

［260］阚建全．食品化学［M］．3 版．北京：中国农业大学出版社，2016.

［261］李红．食品化学［M］．北京：中国纺织出版社，2015.

［262］李洪一，蔡协清，班允强．鸡枞菌蛋白提取及对运动大鼠肌肉增长和运动能
　　　力的影响［J］．中国食品添加剂，2021，32（12）：121-128.

［263］李良，周艳，王冬梅，等．微流化对豆乳粉蛋白结构及溶解性的影响［J］.
　　　食品科学，2019，40（17）：178-182.

［264］李述刚，邱宁，耿放．食品蛋白质——科学与技术［M］．北京：科学出版
　　　社，2019.

［265］李晓明，陈凯，黄占旺，等．白玉菇蛋白提取工艺优化及其功能特性研究
　　　［J］．食品与发酵工业，2020，46（4）：239-246.

［266］林洋．黑木耳蛋白质的提取、分离纯化及特性研究［D］．哈尔滨：东北林
　　　业大学，2016.

［267］刘洪国，孙德军，郝京诚．新编胶体与界面化学［M］．北京：化学工业出
　　　版社，2016.

［268］刘猛，樊凤娇，曲谱，等．酶解法提取核桃粕中蛋白质的工艺优化［J］．食品
　　　工业，2021，42（4）：58-62.

［269］鲁子贤．蛋白质化学［M］．北京：科学出版社，1981.

［270］孟桥，那治国，王鑫，等．响应面法优化黑木耳蛋白质的提取工艺［J］．食品
　　　工业，2021，42（2）：129-134.

［271］莫重文．蛋白质化学与工艺学［M］．北京：化学工业出版社，2007.

［272］沈同，王镜岩．生物化学-上册［M］．2 版．北京：高等教育出版
　　　社，1990.

［273］施燕平，孙飞，蒋政阳．楸树花粉蛋白质提取方法研究［J］．现代农业科
　　　技，2021（16）：219-223.

［274］孙华迪，王平，孔雅鑫，等．酶法改性对甘薯蛋白质结构及理化性质的影响
　　　［J］．扬州大学学报（农业与生命科学版），2024，45（5）：131-138.

［275］孙涛，徐宏蕾，谢晶，等．美拉德反应对燕麦 β-葡聚糖乳化性能影响的研
　　　究［J］．食品工业科技，2017（15）：15-19.

［276］王迪，代蕾，高彦祥．蛋白质酶法改性研究进展［J］．食品科学，2018，
　　　39（15）：233-239.

［277］王廷华，邹晓莉．蛋白质理论与技术［M］．北京：科学出版社，2005.

［278］Owen R. Fennema．食品化学［M］王璋，许时婴，江波，等译．北京：中国
　　　轻工业出版社，2003.

［279］韦月平，王鹏．有机溶剂沉淀法提取脲酶的条件优化［J］．辽东学院学报（自然科学版），2014，21（4）：241-243，256.

［280］魏君慧，薛媛，冯莉，等．杏鲍菇分离蛋白和清蛋白的理化性质及功能分析［J］．食品科学，2018，39（18）：54-60.

［281］吴大成，朱谱新，王罗新，等．表面、界面和胶体：原理及应用［M］．北京：化学工业出版社，2005.

［282］吴兰兰，吴伟菁，李建华，等．响应面法优化苦荞麸皮粉蛋白质提取工艺［J］．中国食物与营养，2022，28（3）：39-44.

［283］夏延斌，王燕．食品化学［M］．2版．北京：中国农业出版社，2015.

［284］肖潇，周晓玲，陆呈宏，等．不同方法提取雄蚕蛾蛋白质及提取工艺的优化［J］．广西蚕业，2020，57（2）：23-31.

［285］谢笔钧．食品化学［M］．2版．北京：科学出版社，2004.

［286］谢明勇．食品化学［M］．北京：化学工业出版社，2011.

［287］张昂，徐威，郭青松．酶解食品源蛋白质制备生物活性肽的研究进展［J］．食品研究与开发，2023，44（24）：208-215.

［288］张海杰，蒋丹，曹宇虹．蛋白质分离纯化技术的相关研究进展［J］．化工管理，2017（20）：173.

［289］张乐，王赵改，李鹏，等．提取方法对金针菇菌根蛋白特性的影响［J］．中国食品学报，2017，17（4）：89-97.

［290］张雷雷．长柄扁桃仁蛋白提取及其应用研究［D］．郑州：河南工业大学，2017.

［291］张林彤，杨雅丹，艾依涵，等．微藻蛋白质的提取纯化及其在食品应用中的现状与挑战［J/OL］．食品工业科技，1-14［2025-6-20］.

［292］张鹏，杨一帆，王辉，等．食品体系中糖基化蛋白质结构的表征和检测方法综述［J］．光谱学与光谱分析，2023，43（9）：2667-2673.

［293］张品，朱文秀，余顺波，等．响应面优化紫苏饼粕蛋白提取工艺［J］．食品工业，2022，43（1）：38-42.

［294］张强，刘昊，马玉涵，等．美拉德反应改性蛋白质/肽的研究进展［J］．食品与发酵工业，2022，48（18）：306-313.

［295］张艳荣，高宇航，刘婷婷，等．白灵菇蛋白提取及功能特性和结构分析［J］．食品科学，2018，39（14）：42-50.

［296］张艳贞，宣劲松．蛋白质科学：理论、技术与应用［M］．北京：北京大学出版社，2013.

［297］赵春江，孙进，程玉，等．鸡腿菇子实体蛋白提取工艺优化及其特性研究［J］．中国食品学报，2012，12（7）：9.

［298］赵新淮，孙辉．类蛋白反应在食品蛋白质和活性肽研究中的应用［J］．东北农业大学学报，2011，42（11）：1-8.

［299］赵新淮，徐红华，姜毓君．食品蛋白质：结构、性质与功能［M］．北京：科学出版社，2009.

［300］赵新淮，于国萍，张永忠，等．乳品化学［M］．北京：科学出版社，2007.

［301］郑新雷．杏鲍菇分离蛋白的制备、理化功能特性与抗氧化活性研究［D］．南宁：广西大学，2019.

［302］周桂，邹成林，丘立杭，等．三种甘蔗叶片蛋白质分离纯化方法比较及双向电泳体系优化［J］．中国糖料，2017，39（2）：1-5.

［303］祝启张，刘莉彬，崔绍进，等．霍山铁皮石斛糖蛋白提取方法对比研究［J］．安徽农学通报，2022，28（2）：24-26.